建筑与市政工程施工现场专业人员职业培训教材

标准员岗位知识与专业技能

本书编委会 编

中国建材工业出版社

图书在版编目(CIP)数据

标准员岗位知识与专业技能 /《标准员岗位知识与
专业技能》编委会编. —— 北京 ：中国建材工业出版社，
2016.10（2018.10 重印）

建筑与市政工程施工现场专业人员职业培训教材

ISBN 978-7-5160-1690-9

Ⅰ.①标… Ⅱ.①标… Ⅲ.①建筑工程－标准－职业
培训－教材 Ⅳ.①TU65

中国版本图书馆 CIP 数据核字（2016）第 243196 号

标准员岗位知识与专业技能

本书编委会 编

出版发行：中国建材工业出版社

地　　址：北京市海淀区三里河路 1 号

邮　　编：100044

经　　销：全国各地新华书店

印　　刷：北京鑫正大印刷有限公司

开　　本：787mm×1092mm　1/16

印　　张：18.5

字　　数：350 千字

版　　次：2016 年 10 月第 1 版

印　　次：2018 年 10 月第 4 次

定　　价：50.00 元

————————————————————————————————

本社网址：www.jccbs.com　微信公众号：zgjcgycbs

本书如出现印装质量问题，由我社市场营销部负责调换。电话：(010)88386906

《建筑与市政工程施工现场专业人员职业培训教材》

编审委员会

前　言

　　随着工程建设的不断发展和建筑科技的进步,国家及行业对于工程质量安全的严格要求,对于工程技术人员岗位职业技能要求也不断提高,为了更好地贯彻落实《建筑与市政工程施工现场专业人员职业标准》(JGJ/T 250－2011)和2015年最新颁布的《建筑业企业资质管理规定》对于工程建设专业技术人员素质与专业技能要求,全面提升工程技术人员队伍管理和技术水平,促进建设科技的工程应用,完善和提高工程建设现代化管理水平,我们组织编写了这套《建筑与市政工程施工现场专业人员职业培训教材》。本丛书旨在从岗前考核培训到实际工程现场施工应用中,为工程专业技术人员提供全面、系统、最新的专业技术与管理知识,满足现场施工实际工作需要。

　　本丛书主要依据现场施工中各专业岗位的实际工作内容和具体需要,按照职业标准要求,针对各岗位工作职责、专业知识、专业技能等知识内容,遵循易学、易懂、能现场应用的原则,划分知识单元、知识讲座,这样既便于上岗前培训学习时使用,也方便日常工作中查询、了解和掌握相关知识,做到理论结合实践。本丛书以不断加强和提升工程技术人员职业素养为前提,深入贯彻国家、行业和地方现行工程技术标准、规范、规程及法规文件要求;以突出工程技术人员施工现场岗位管理工作为重点,满足技术管理需要和实际施工应用,力求做到岗位管理知识及专业技术知识的系统性、完整性、先进性和实用性相统一。

　　本丛书内容丰富、全面、实用,技术先进,适合作为建筑与市政工程施工现场专业人员岗前培训教材,也是建筑与市政工程施工现场专业人员必备的技术参考书。

　　由于时间仓促和能力有限,本书难免有谬误之处和不完善的地方,敬请读者批评指正,以期通过不断修订与完善,使本丛书能真正成为工程技术人员岗位工作的必备助手。

编委会
2016 年 10 月

中国建材工业出版社
China Building Materials Press

我 们 提 供

图书出版　广告宣传　企业/个人定向出版　图文设计　编辑印刷　创意写作　会议培训　其他文化宣传

编 辑 部	010-88386119	邮箱	jccbs-zbs@163.com
出版咨询	010-68343948	网址	www.jccbs.com
市场销售	010-68001605		
门市销售	010-88386906		

发展出版传媒　　服务经济建设

传播科技进步　　满足社会需求

第1部分

工程建设标准实施与监督

第1单元 工程建设标准实施与监督管理

第1讲 标准管理的相关法规和管理规定

一、标准实施与监督的意义

1.实施标准是标准化工作的重要环节

按照标准化的定义，标准化的目的在于"获取最佳秩序和社会效益"。对于工程建设标准化而言，其目的就是要在工程建设领域内，通过标准化工作，实现工程建设活动在技术上的科学、协调、有序，取得建设活动应当达到的最佳经济效益、社会效益和环境效益，并确保合理的公众利益。因此，任何一项工程建设标准的制定，其目的都是围绕标准化的这一根本目的，保证该技术事项在确保工程质量、安全、卫生、环保和公众利益的同时，贯彻国家和地方的技术经济政策，推广新技术、新材料、新工艺、新设备以及科研新成果的广泛应用等。但是，仅仅把标准制定出来是远远不够的，即使该标准制定得再好、技术水平再高、对工程建设工作可能发挥的作用再大，不在建设活动中予以贯彻实施，束之高阁，也只能成为一纸空文，标准化的目的也只能是空中楼阁。从某种程度上讲，没有实施标准这一环节，开展工程建设标准化工作就没有任何实际意义，实施标准的工作不到位，标准化的作用就不可能得到充分发挥。

2.实施工程建设标准进行监督的意义

从我国现行的标准体制来看，工程建设标准分为强制性和推荐性两类标准。强制性标准法律规定必须在工程建设活动中贯彻执行，推荐性标准虽然法律规定自愿采用，但是，一旦经建设活动各方或双方共同确认，在工程承包活动中作了明确，同样具有法律的约束力而必须在建设活动中强制执行。严格贯彻执行工程建设强制性标准，应当说是从事建设活动者应尽的法律义务，但是，作为政府管理部门或政府委托的管理机构，如果不进行必要的监督，就不可能保证标准的实施或准确实施，也不可能了解标准在实际活动中贯彻执行的情况。目前，工程建设中出现的工程质量低劣、重大或特大恶性事故等问题，绝大部分都是没有贯彻或没有严格贯彻强制性标准的结果。因此，对标准实施进行监督，不仅仅是加强工程建设管理的一个环节，而且可以说是一个必不可少的重要环节。只有对工程建设标准的实施做到了有效的监督，标准化的目的才能够真正实现，其意义是重大的。

3.制定标准、实施标准和对标准的实施进行监督的关系

制定标准、实施标准和对标准的实施进行监督是《标准化法》规定的标准化工作的三项任务。对标准化工作而言，这三项任务是一个有机的整体，相辅相成，缺一不可，共同作用的结果是实现标准化的目的。

制定标准是标准化工作的前提，没有标准，就无所谓标准化，标准的质量和技术水平状况，决定着标准化作用发挥的程度。实施标准是标准化工作的目的，标准得不到实施，标准确定的目标就不可能在工程建设活动中得到实现，标准化的作用就没有了发挥的可能；对标准的实施进行监督是标准化工作的手段，有效的监督可以保证标准实施，从而确保标准化效益的实现。当然，制定标准、实施标准和对标准的实施进行监督三者之间也存在着相互的影响作用。比如，标准制定的不合适，如果严格实施与监督，必然会适得其反，阻碍技术的发展或降低标准化的威信。又如，在实施标准和对标准的实施进行监督的过程中，可以确切地检验标准的实际效益，获得标准中哪些内容是合适的，确实行之有效，哪些内容存在不足，或超前了或落后了，哪些方面尚属空白，需要亟须补充等等方面的信息，从而为标准的修订提供可靠的依据，推进标准水平的进一步提高等。

4.法律和法规对工程建设标准的实施与监督的规定

由于实施标准和对标准的实施进行监督这两项工作的重要性，因此，在目前已经发布的有关工程建设的法律、行政法规、部门规章以及法规性文件中，几乎都有相关的规定。比较重要的法律、行政法规有《标准化法》、《标准化法实施条例》、《建筑法》、《建设工程质量管理条例》、《建设工程勘察设计管理条例》、《工程建设标准化管理规定》以及《实施工程建设强制性标准监督规定》等。这些法律和法规，从不同的角度对实施工程建设标准和对标准实施进行监督作了或原则、或具体的规定。例如，《标准化法》规定，"强制性标准必须执行"，"推荐性标准自愿采用"等，从标准化的角度对执行标准提出了原则要求，这一规定也是我国标准实施与监督的最高的原则规定。目前，其他各有关法律、法规和法规性文件中的有关规定，可以说，都是落实这一规定的具体化。工程建设标准涉及各类建设工程的各个建设阶段，涉及到各地建设工程的管理，因此，除了国家发布的一些综合性法律、法规、规章外，国家也发布了不少有关建设工程的法律或法规，例如，《消防法》、《公路法》、《城市规划法》、《房地产管理法》、《招标投标法》等，同时，各行业主管部门以及地方人民政府，也都发布了许多有关建设工程管理的法规、规章或规范性文件，这些法律、法规、规章和规范性文件，

应当说都是实施工程建设标准的法律性依据。在这些法律性文件中，以《建设工程质量管理条例》、《建筑法》以及《实施工程建设强制性标准监督规定》对工程建设标准实施的要求最为明确。

二、工程建设标准实施与监督规定

1.《建筑法》和《建设工程质量管理条例》制定的背景

建设工程关系到人们日常生活和生产、经营、工作，是人类生存和发展的物质基础。建设工程的质量不但关系到生产经营活动的正常进行，也关系到人民生命财产安全。近些年来，随着我国国民经济的持续、快速发展，固定资产投资一致保持了较高的增长水平，工程建设规模逐年扩大，工业、民用、交通、城市基础设施等建设项目遍布城乡，一大批高难度、高质量的工程项目相继建成并投入使用。例如上海杨浦大桥、金茂大厦、深圳帝王大厦、京郑铁路电气化工程等，有的达到或接近国际先进水平。但是，建设工程质量方面存在的问题也相当突出，工程垮塌事故时有发生，如重庆綦江大桥、河南焦作天堂歌舞厅火灾、洛阳东都商厦火灾等，给国家财产和人民生命安全造成了巨大损失。一些民用建筑工程，特别是住宅工程，影响使用功能的质量通病比较普遍。更令人担忧的是已建成并投入使用的一些工程也存在质量问题，甚至有的还存在影响结构安全的重大隐患。因此，进一步提高工程质量水平，确保建设工程的安全可靠，保证人民生命财产安全，加强工程质量监督管理已成为全社会的要求和呼声。《建筑法》正是在这样的社会背景下制定的。虽然《建筑法》对建筑施工许可、建筑工程发包与承包、建筑安全生产管理、建筑工程质量管理等主要方面作了原则规定，但是，为进一步加大建设工程质量管理的执法力度，使《建筑法》中确立的一些制度和法律责任具体化，明确参与建设活动各方主体的责任和义务，以及处罚的额度，国务院于 2000 年 1 月 30 日发布、实施了我国第一部建筑工程质量管理的行政法规——第 279 号令《建设工程质量管理条例》。可以说，《建设工程质量管理条例》是《建筑法》发布、实施后国家制定的第一部配套的行政法规。

2.《建筑法》与《建设工程质量管理条例》区别

《建筑法》与《建设工程质量管理条例》除在法律地位上存在差别外，区别的关键在于其适用范围。《建筑法》第二条规定："在中华人民共和国境内从事建筑活动，实施对建筑活动的监督管理，应当遵守本法。本法所称建筑活动，是指各类房屋建筑及其附属设施的建造和与其配套的线路、管道、设备的安装活动。，也就是

说，《建筑法》只适用于各类房屋建筑及其附属设施的建造和与其配套的线路、管道、设备的安装活动。或者说，对于其他类型的工程，《建筑法》的有关规定不适用。而《建设工程质量管理条例》第二条规定："凡在中华人民共和国境内从事建设工程的新建、扩建、改建等有关活动及实施对建设工程质量监督管理的，必须遵守本条例。本条例所称建设工程，是指土木工程、建筑工程、线路管道和设备安装工程及装修工程。"根据《建设工程质量管理条例释义》的提法，土木工程包括矿山、铁路、公路、隧道、桥梁、堤坝、电站、码头、飞机场、运动场、营造林、海洋平台等工程；建筑工程是指房屋建筑工程，即有顶盖、梁柱、墙壁、基础以及能够形成内部空间，满足人们生产、生活、公共活动的工程实体，包括厂房、剧院、商店、学校、医院和住宅等工程；线路、管道和设备安装工程包括电力、通信线路、石油、燃气、给水、排水、供热等管道系统和各类机械设备、装置的安装活动；装修工程包括对建筑物内、外进行以美化、舒适化、增强使用功能为目的的工程建设活动。明显，《建设工程质量管理条例》的适用范围要比《建筑法》更为广泛。

3.《建筑法》对标准的实施与监督规定

《建筑法》是 1997 年 11 月 1 日经第八届全国人民代表大会常务委员会第二十八次会议通过的，由第 91 号主席令发布的我国建筑领域的第一部法律文件，自 1998 年 3 月 1 日起施行。该法有关标准实施与监督的规定，具体包括：

（1）总则中规定："建筑活动应当确保建筑工程质量和安全，符合国家的建设工程安全标准。"

（2）涉及建设单位的规定包括两条。第五十四条规定："建设单位不得以任何理由，要求建筑设计单位或建筑施工企业在工程质量或者施工作业中，违反法律、行政法规和建筑工程质量、安全标准，降低工程质量。建筑设计单位和建筑施工企业对建设单位违反前款规定提出的降低工程质量的要求，应当予以拒绝。"第七十二条规定："建设单位违反本法规定，要求建筑设计单位或者建筑施工企业违反建筑工程质量、安全标准，降低工程质量的，责令改正，可以处以罚款；构成犯罪的，依法追究刑事责任。"

（3）涉及建筑工程勘察、设计单位的规定包括三条。第三十七条规定："建筑工程设计应当符合按照国家规定制定的建筑安全规程和技术规范，保证工程的安全性能。"第五十六条规定："建筑工程勘察、设计单位必须对其勘察、设计的质量负责。勘察、设计文件应当符合有关法律、行政法规的规定和建筑工程质量、安全标准、建筑工程勘察、设计规范以及合同的约定。设计文件选用的建筑材料、建筑构配件和设备，应当注明其规格、型号、性能等技术指标，其质量要求必须符合国家规定的标准。"第七十三条规定："建筑设计单位不按照建筑工程质量、安全标准进行设计的，责令改正，处以罚款；造成工程质量事故的，责令停业整顿，降低资质等级或者吊销资质证书，没收非法所得，并处罚款；造成损失的，承担赔偿责任；

构成犯罪的，依法追究刑事责任。"

（4）涉及建筑施工企业的规定包括四条。第四十七条规定："建筑施工企业和作业人员在施工过程中，应当遵守有关安全生产的法律、法规和建筑行业安全规章、规程，不得违章指挥或违章作业。"第五十八条规定："建筑施工企业对工程的施工质量负责。建筑施工企业必须按照工程设计图纸和施工技术标准施工，不得偷工减料。"第六十一条规定："交付竣工验收的建筑工程，必须符合规定的建筑工程质量标准，有完整的工程技术经济资料和经签署的工程保修书，并具备国家规定的其他竣工条件。"第六十六条规定："建筑施工企业转让、出借资质证书或者以其他方式允许他人以本企业的名义承揽工程的，责令改正，没收违法所得，并处罚款，可以责令停业整顿，降低资质等级；情节严重的，吊销资质证书。对因该项承揽工程不符合规定的质量标准造成的损失，建筑施工企业与使用本企业名义的单位或者个人承担连带赔偿责任。"第七十四条规定："建筑施工企业在施工中偷工减料的，使用不合格的建筑材料、建筑构配件和设备的，或者有其他不按照工程设计图纸或者施工技术标准施工的行为的，责令改正，处以罚款；情节严重的，责令停业整顿，降低资质等级或者吊销资质证书；造成建筑工程质量不符合规定的质量标准的，负责返工、修理，并赔偿因此造成的损失；构成犯罪的，依法追究刑事责任。"

（5）涉及建筑工程监理的规定有一条。即：第三十二条规定："建筑工程监理单位应当依照法律、行政法规及有关的技术标准、设计文件和建筑工程承包合同，对承包单位在施工质量、建设工期和建设资金使用等方面，代表建设单位实施监督。工程监理人员认为工程施工不符合工程设计要求、施工技术标准和合同约定的，有权要求建筑施工企业改正。工程监理人员发现工程设计不符合建筑工程质量标准或者合同约定的质量要求的，应当报建设单位要求设计单位改正。

4.《建设工程质量管理条例》对标准的实施和监督规定

《建设工程质量管理条例》对标准实施与监督的规定，是按照不同的责任主体分别作出的。这些责任主体包括建设单位、勘察单位、设计单位、施工单位、工程监理单位以及政府主管部门。

（1）涉及建设单位的规定有两条。第十条中规定："建设单位不得明示或暗示设计单位或者施工单位违反工程建设强制性标准。"第五十六条规定："违反本条例规定，有下列行为之一的，责令改正，处20万元以上50万元以下的罚款：……（三）明示或暗示设计单位或者施工单位违反工程建设强制性标准，降低工程质量的。"

（2）涉及勘察、设计单位的规定有三条。第十九条规定："勘察设计单位必须按照工程建设强制性标准进行勘察、设计，并对其勘察、设计的质量负责。"第二十二条规定："设计单位在设计文件中选用的建筑材料、建筑构配件和设备，应当注明规格、型号、性能等技术指标，其质量要求必须符合国家规定的标准。"第六

十三条规定："违反本条例规定，有下列行为之一的，责令改正，处 10 万元以上
30 万元以下的罚款：（一）勘察单位未按照工程建设强制性标准进行勘察的；……
（四）设计单位未按照工程建设强制性标准进行设计的。有前款所列行为，造成工
程质量事故的，责令停业整顿，降低资质等级；情节严重的，吊销资质证书；造成
损失的，依法承担赔偿责任。"

（3）涉及施工单位的规定有三条。第三十八条规定："施工单位必须按照工程
设计图纸和施工技术标准施工，不得擅自修改工程设计，不得偷工减料。"第二十
九条规定："施工单位必须按照工程设计要求、施工技术标准和合同约定，对建筑
材料、建筑构配件、设备和商品混凝土进行检验，检验应当有书面记录和专人签字；
未经检验或者检验不合格的，不得使用。"第六十四条规定："违反本条例规定，施
工单位在施工中偷工减料的，使用不合格的建筑材料、建筑构配件和设备的或者有
不按照工程设计图纸或者施工技术标准施工的其他行为的，责令改正，处工程合同
价款 2% 以上 4% 以下的罚款；造成建设工程质量不符合规定的质量标准的，负责
返工、修理，并赔偿因此造成的损失；情节严重的，责令停业整顿，降低资质等级
或者吊销资质证书。"

（4）涉及工程监理单位的规定有两条。第三十六条规定："工程监理单位应当
依照法律、法规以及有关技术标准、设计文件和建设工程承包合同，代表建设单位
对施工质量实施监理，并对施工质量承担监理责任。"第三十八条规定："监理工程
师应当按照工程监理规范的要求，采取旁站、巡视和平行检验等形式，对建设工程
实施监理。"

（5）涉及政府对工程建设强制性标准实施情况进行监督的规定有两条。第四
十四条规定："国务院建设行政主管部门和国务院铁路、交通、水利等有关部门应
当加强对有关建设工程质量的法律、法规和强制性标准执行情况的监督检查。"第
四十七条规定："县级以上地方人民政府建设行政主管部门和其他有关部门应当加
强对有关建设工程质量的法律、法规和强制性标准执行情况的监督检查。"

**5. 《建筑法》和《建设工程质量管理条例》对工程建设强制性标准的实施与
监督工作影响**

工程建设标准化的任务是制定标准、实施标准和对标准的实施进行监督。《标
准化法》规定"强制性标准必须执行"。但是，从 1988 年 12 月《标准化法》发布、
实施以来，工程建设标准化工作的重点始终停留在标准的制定方面，付出了大量的
艰苦努力，使工程建设标准的数量基本满足了各类建设工程的需要。20 世纪 90 年
代以后，我国标准化工作者已经意识到了转移工作重点的必要性，1992 年就提出
并开始了有关开展工程建设强制性标准实施与监督工作的研究，组织起草了"工程
建设标准实施监督管理办法"的初稿，设定了工程建设标准实施与监督的方式和方
法。但是，这些在当时认为可行或有效方式，受到了更广泛的标准化工作者和其他

有关管理部门的异议，难以得到人们的普遍认可。由于受长期的计划经济体制的影响，单一的强制性标准体制对人们的影响根深蒂固，加上工程建设标准综合性、政策性、经济性都很强的特点，难以从"标准一经发布就是技术法规"的圈子里摆脱出来，政府发布的标准几乎都是强制性标准。同时，由于固定资产投资主体多样化刚刚开始，政府的投资仍然占据着固定资产投资的绝对的优势，政府对工程建设的管理既有宏观的，也有微观的，可以说是全方位管理，工程质量责任全部属于政府或其委托的机构，政府既是投资方，又是管理方，还是监督方，"三位一体"。因此，强化工程建设标准的实施与监督工作则显得并不紧迫了，受此大环境的影响，推进工程建设标准化工作的改革只能在对标准体制改革的突破上，对标准的实施与监督则喊的多、做的少。

党的十四大明确把逐步建立和完善社会主义市场经济体制作为我国经济体制改革的目标后，为我国国民经济的发展重新注入了新的活力，固定资产投资主体多元化步伐明显加快，建设市场主体逐步形成，政府对建设工程管理应当扮演的角色逐步明确。就工程建设标准化工作而言，经过标准化工作者的艰难探索，政府应当如何管理这项工作的目标也逐步明确。《建筑法》，尤其是《建设工程质量管理条例》的发布实施，明确了建设市场各主体的责任、义务以及政府管理的方式和要求，可以说为我国建设市场的发展进一步注入了活力。《建筑法》和《建设工程质量管理条例》有关强制性标准实施与监督的有关规定，为加强工程建设标准的实施与监督工作指明了方向，对强化工程建设标准实施与监督工作的必要性和紧迫性作出了明确的回答，同时，也为开展工程建设标准的实施与监督工作提供了法律的依据。应当说，工程建设标准化工作贯彻落实《建筑法》和《建设工程质量管理条例》的过程，就是加强工程建设标准实施与监督工作的过程。

三、工程建设标准化相关标准

1. 施工企业工程建设技术标准化管理规范

《施工企业工程建设技术标准化管理规范》（JGJ/T 198—2010），于 2010 年 10 月 1 日正式实施。规范是从施工企业工程建设技术标准化管理方面着手来改进和提高企业技术管理水平，从工程建设标准化工作的基本任务来看主要是五个方面 一是执行国家现行有关标准化法律法规和规范性文件，以及工程建设技术标准；二是实施国家标准、行业标准和地方标准；三是建立和实施企业工程建设技术标准体系表；四是制订和实施企业技术标准 五是对国家标准、行业标准、地方标准和企业技术标准实施的监督检查。

根据当前施工企业对上述标准化工作的贯彻落实情况，该规范从五个方面作出规定，以促进施工企业标准化工作的进一步开展。

（1）在第三章中规定了施工企业技术标准化工作的作用、任务和与企业有关技术工作的协调发展；

（2）建立施工企业技术标准化体系、从五个方面来建立有关组织和管理工作 一是建立领导和日常工作管理机构 解决工作的组织机构.包括人员 经费及与各部门协调等，这是开展标准化工作的基础；二是建立企业工程建设技术标准体系表，将企业应贯彻执行的有关技术标准列成表，包括国家标准、行业标准和地方标准以及企业技术标准、使贯彻标准制度化 方便技术标准的贯彻落实；三是开展标准化管理工作，包括计划工作、管理工作、标准化培训、评价等；四是对技术标准的实施进行监督检查；五是信息和档案管理等；

（3）工程建设技术标准实施管理，从三个方面来进行落实。一是对国家标准、行业标准和地方标准实施步骤提出了要求；二是对强制性标准条文和全文强制性标准实施进行重点管理；三是对企业标准实施提出补充要求；

（4）对技术标准实施的监督检查做出具体要求；

（5）规定了施工企业技术标准编制管理工作 从基本要求、编制 审批与发布、复审与修订等过程做了规定 并附录了编制程序；

（6）该规范附录中提出了《施工企业工程建设技术标准化工作评价表》。基本上包括了施工企业工程建设标准化的主要工作内容便于检查施工企业工程建设技术标准化工作的开展情况和成效。

2.技术类标准规范信息、来源及管理

（1）管理工作流程图

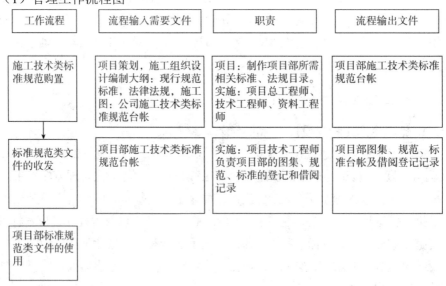

工作流程	流程输入需要文件	职责	流程输出文件
施工技术类标准规范购置	项目策划，施工组织设计编制大纲；现行规范标准，法律法规，施工图；公司施工技术类标准规范台帐	项目：制作项目部所需相关标准、法规目录。实施：项目总工程师、技术工程师、资料工程师	项目部施工技术类标准规范台帐
标准规范类文件的收发	项目部施工技术类标准规范台帐	实施：项目技术工程师负责项目部的图集、规范、标准的登记和借阅记录	项目部图集、规范、标准台帐及借阅登记记录
项目部标准规范类文件的使用			

（2）管理工作内容

1）施工技术类标准规范购置

本规定所称的技术规范是指国家、行业、地方、中国工程建设标准化协会、企业颁布的与施工技术相关的标准、规范、规程、图集等。

项目技术工程师负责技术规范的管理工作,确保施工时使用当前有效的规范版本。

外埠项目由项目技术工程师自行收集所在地的施工技术类地方标准规范,并应根据当年标准规范的作废或修改情况及时更新有效版本清单,项目总工程师监督检查。

所购置的标准规范必须是当时的有效版本。标准规范类文件只购置单行本,不得购置合订本。

项目施工所需的各种标准规范,原则上由项目部负责购置,由项目总工程师提出申请,项目经理批准,其发生的费用计入项目成本。竣工项目后移交给公司的所有标准规范,项目在向公司项目管理部技术资料工程师申请并经批准后可以免费使用,项目竣工后,项目必须按时归还项目管理部,否则,将由项目按原价赔偿,计入项目成本。

2)标准规范类文件的借阅登记及管理

项目经理部自己购置和从项目管理部领用的各类施工技术类标准规范,由项目资料工程师统一进行登记,编号,填写《施工技术类标准规范台帐》。

根据项目经理部相关部门和个人需求情况,由个人或部门到技术工程师处填写《工程标准规范图集借阅记录》,进行受控管理。

项目在工程竣工后应将所有技术规范移交给项目管理部,移交由项目总工程师负责,由项目管理部资料工程师审核签收《项目部施工技术类标准规范移交表》,否则项目管理部将不进行竣工总结中技术总结的审核工作。

3)标准规范的变更、作废

项目经理部使用标准规范的选择根据公司推荐的清单使用,防止使用过期标准规范。

项目管理部技术工程师在每年初公布现行标准规范的有效版本清单,并及时公布新颁布、修订或作废的标准规范清单。

项目经理部技术资料工程师应根据公司发布的修订或作废的标准规范清单及时更新,收回旧版标准规范并作好作废标识。

3)标准规范管理负责人

组织:项目总工程师

实施:项目技术工程师、资料工程师。

第2讲 工程建设标准实施监督工作要求

一、标准实施

1.标准实施的原则

（1）强制性标准，企业必须严格执行。

工程建设中，国家标准、行业标准、地方标准中的强制性标准直接涉及工程质量、安全、环境保护和人身健康，依照《标准化法》、《建筑法》、《建设工程质量管理条例》等法律法规，企业必须严格执行，不执行强制性标准，企业要承担相应的法律责任。

（2）推荐性标准，企业一经采用，应严格执行。

推荐性标准，只要适用于企业所承担的工程项目建设，就应积极采用。企业在投标中承诺所采用的推荐性标准，以及承包合同中约定采用的推荐性标准，应严格执行。

（3）企业标准，只要纳入到工程项目标准体系当中，应严格执行

企业标准是企业的一项制度，是国家标准、行业标准、地方标准的必要补充，是为实现企业的目标而制定的，只要纳入到工程项目建设标准体系当中，就与体系中的相关标准相互依存、相互关联、相互制约，如果标准得不到实施，就会影响其他标准的实施，标准体系的整体功能得不到发挥，因此，企业标准只要纳入到工程项目标准体系当中，在工程项目建设过程中就应严格执行。

2.标准宣贯培训

开展标准宣贯培训的目的是要让执行标准的人员掌握标准中的各项要求，在生产经营活动中标准有效贯彻执行，企业和工程项目部均要组织宣贯活动。

标准发布后，企业派本企业人员参加标准化主管部门组织的宣贯培训。另一方面，企业组织以会议的形式，请熟悉标准专业人员向本企业的有关人员讲解标准的内容。第三，企业组织以研讨的方式相互交流，加深对标准内容的理解。

工程项目部组织宣贯活动，要根据工程项目的实际情况，有针对性开展宣贯培训。形式可以多样，会议的形式和研讨的形式均可以采用。

3.标准实施交底

标准实施交底是保障标准有效贯彻执行的一项措施，是由施工现场标准员向其他岗位人员说明工程项目建设中应执行的标准及要求。

标准实施交底工作可与施工组织设计交底相结合，结合施工方案落实明确各岗位工作中执行标准的要求。施工方法的标准，可结合各分项工程施工工艺、操作规程，向现场施工员进行交底。工程质量的标准，可结合工程项目建设质量目标，向现场质量员交底。

标准实施交底应采用书面交底的方式进行，交底中，标准员要详细列出各岗位应执行的标准明细，以及强制性条文明细。另外，在交底中说明标准实施的要求。

二、标准实施的监督

1.标准实施监督检查的任务。

对于建设工程的管理，大多是围绕标准的实施开展的。对于施工现场的管理，施工员、质量员、安全员等各岗位的人员的工作也是围绕标准的实施开展，同时也是监督标准实施的情况，可以说，标准实施监督是各岗位人员的重要职责。

施工现场标准员要围绕工程项目标准体系中所明确应执行的全部标准，开展标准实施监督检查工作，主要任务，一是监督施工现场各管理岗位人员认真执行标准。二是监督施工过程各环节全面有效执行标准。三是解决标准执行过程中出现的问题。

2.标准实施监督检查方式、方法

（1）施工方法标准。

针对工程施工，施工方法标准主要规定了各分项工程的操作工艺流程，以及各环节的相关技术要求及要达到的技术指标。对于这类标准的监督检查主要要通过施工现场的巡视及查阅施工记录进行，在现场巡视当中检查操作人员是否按照标准中的要求施工，并通过施工记录的查阅检查操作过程是否满足标准规定的各项技术指标要求，填写检查记录表。同时，对于施工方法标准实施的监督要与施工组织设计规定的施工方案的落实相结合，施工要按照施工方案的规定的操作工艺进行，并要满足相关标准的要求。

（2）工程质量标准

工程质量标准规定了工程质量检查验收程序，以及检验批、分项、分部、单位工程的质量标准。对于这类标准，要通过验收资料的查阅，监督检查质量验收的程序是否满足标准的要求，同时要检查质量验收是否存在遗漏检查项目的情况，重点检查强制性标准的执行情况，填写检查记录表。

（3）产品标准

现行的产品标准对建筑材料和产品的质量和性能有严格的要求，现行工程建设标准对建筑材料和产品在工程中应用也有严格的规定，包括了材料和产品的规格、尺寸、性能，以及进场后的取样、复试等等。对于与产品相关的标准的监督，通过检查巡视与资料查阅相结合的方式开展，重点检查进场的材料与产品的规格、型号、性能等是否符合工程设计的要求，另外，进场后现场取样、复试的过程是否符合相关标准的要求，同时还要检查复试的结果是否符合工程的需要，以及对不合格产品处理是否符合相关标准的要求，填写检查记录表。

（4）工程安全、环境、卫生标准

这类标准规定了，为保障施工安全、保护环境、人身健康，工程建设过程中应采取技术、管理措施。针对这类标准的监督检查，要通过现场巡视的方式，检查工程施工过程中所采取的安全、环保、卫生措施是否符合相关标准的要求，重点是危险源、污染源的防护措施，以及卫生防疫条件。同时，还要查阅相关记录，监督相关岗位人员的履职情况。填写检查记录表。

（5）新技术、新材料、新工艺的应用

这里是指无标准可依的新技术、新材料、新工艺在工程中应用，一般会经过充分的论证，并经过有关机构的批准，并制定切实可行的应用方案以及质量安全检查验收的标准。针对这类新技术、新材料、新工艺的应用的监督检查，标准员要对照新技术、新材料、新工艺的应用方案进行检查，重点要保证工程安全和质量，填写检查记录表。同时，要分析与相关标准的关系，向标准化主管部门提出标准制修订建议。

3.整改

标准员对在监督检查中发现的问题，要认真记录，并要对照标准分析问题的原因，提出整改措施，填写整改通知单发相关岗位管理人员。

对于由于操作人员和管理人员对标准理解不正确或不理解标准的规定造成的问题，标准员应根据标准前言给出的联系方式，进行咨询，要做到正确掌握标准的要求。

整改通知单中要详细说明存在不符合标准要求的施工部位、存在的问题、不符合的标准条款以及整改的措施要求。

4.标准体系评价

针对项目所建立的标准体系

（1）评价目的

出现下列情况时，需及时组织评价工作：

——国家法规、制度发生变化时；

——发布了新的国家标准、行业标准和地方标准，并与项目有较强关联；

——相关国家标准、行业标准、地方标准修订，与项目有较强关联

——企业不具备某项标准的实施条件，对工程建设有较大影响；

——企业管理要求开展评价。

（2）评价的内容　评价的内容包括体系的完整性和适用性：

施工方法标准：对工程项目建设施工中各分项工程的操作工艺要求均有明确的规定，并对各操作环节均有明确的技术要求。

工程质量标准：各施工项目、各分项均有明确的质量验收标准。

产品标准：工程中所采用的建筑材料和产品均有相应的质量和性能的标准，以及检验试验的方法标准。

安全环境卫生标准：标准体系中规定的各项技术、管理措施全面、有效，并符合法规、政策的要求，项目建设过程中未发生任何事故。

管理标准：满足企业和项目管理的要求，并保证工程项目建设活动高效运行。

工作标准：能够覆盖各岗位人员，并满足企业和项目管理的要求。

（3）评价要求

由项目主要负责人牵头组织，标准员负责实施。首先，应通过问卷或访谈的形式向相关岗位管理人员征求意见，汇总意见后，组织召开相关人员参加的会议，共同讨论确定评价的结论。

评价的结论应包括标准体系是否满足工程建设的需要和整改措施建议两部分，其中整改措施建议应包括两方面，一是针对工程项目施工还有那些环节或工作需要制定标准，二是现行的国家标准、行业标准、地方标准那些方面需要进行改进和完善，特别是现行标准中规定的技术方法和指标要求有哪些不适应当前工程建设的需要。

第3讲　工程建设标准的分类

工程建设标准由于对象不同，具有不同的性质，并且还分成不同的层次，相互关联，错综复杂，有不同的划分方法，是一个较为复杂的问题。

按现行的《中华人民共和国标准化法》，标准总体上划分为两类，强制性标准和推荐性标准。

按层次可划分为国家标准、行业标准、地方标准、企业标准。在《中华人民共和国标准化法》修订中增加了团体标准（协会标准）。

按性质可划分为技术标准、经济标准和管理标准三类。其中技术标准又分为基础标准、方法标准、通用标准、专用标准、综合性标准、控制性标准、应用性标准等等。

一、强制性标准与推荐性标准

标准划分强制性和推荐性，是《标准化法》根据我国社会主义经济体制改革需要，对我国的标准体制进行的重要改革。标准体制的这项改革，虽然说是为了适应有计划的商品经济的产物，但对我国标准化工作却产生了极其深刻的影响，它从根本上打破了几十年来标准一经批准发布就是技术法规，有关的部门单位和个人就必须遵照执行的指导思想，一方面为标准化工作在新的经济体制下深入发展开拓了视野，指明了方向，另一方面也为标准化工作提出了新的研究课题。

在长期单一的强制性标准的思想指导下，标准的制定被禁锢在行之有效的狭小圈子里，而且，所谓的行之有效是指标准覆盖范围内绝大多数都能执行得了，从而使标准的技术水平只能做到平均先进水平或最低水平，先进的技术措施、工艺等难以纳入标准之中，因此，它对于技术水平、管理水平比较高的行业、地区或单位，形同虚设或成了充分发挥技术和管理水平的障碍，它对于技术水平、管理水平比较低的行业、地区或单位，却成了奋斗的目标。这种状况，导致了标准制定中协调的难度，造成了对标准执行中的两极分化和对标准作用的不同评价，呼吁提高标准技术水平的有之，呼吁适当控制标准技术水平的也有之。就标准的制定者而言，左右均难，各方的要求都要照顾，相互都需要协调，最终制定出来的标准，必然成了折中的产物。这种折中的产物，在单一的计划经济体制下，是正常的、最佳的，但在我国经济体制逐步改革的条件下，必然会限制某些企业技术水平的提高，起不到在竞争的条件下判别不同企业技术水平的尺度作用。

由于上述原因，在我国新的经济体制逐步建立和健全的过程中，改革以往的标准体制是非常必要的，方向也是正确的。

《标准化法》规定：保障人体健康，人身、财产安全的标准和法律、行政法规规定强制执行的标准是强制性标准，其他标准是推荐性标准。

从《标准化法》的规定可以看出，对强制性标准和推荐性标准的划分，实际上只给出了划分强制性标准的原则，包括两个方面：一是保障人体健康，人身、财产安全的标准，即：凡是为保障人体健康，人身、财产安全需要统一的技术要求，均应强制执行，为此而制定的标准，应当作为强制性标准；二是法律、行政法规规定强制执行的标准，这里所说的法律是全国人大或其常委会审议通过，并经国家主席发布的规范性文件，如《建筑法》、《公路法》等，而行政法规则是特指由国务院审议并发布的规范性文件，如《建设工程质量管理条例》、《城市市容管理条例》等，正是有了这一规定，对于某一项标准，如《建设工程监理规范》，虽然其内容不属于保障人体健康，人身、财产安全的技术要求，但《建设工程质量管理条例》中有明确规定，因此，也应当发布为强制性标准。

虽然《标准化法》和《标准化法实施条例》对强制性标准和推荐性标准的范围作了界定，给出了相应的定义。但是，由于它们的适用面很广，涉及到全国成千上万个标准，也只能是一个笼统的概念，结合到不同的领域，在这个笼统的概念不变的情况下，其内涵也必然存在着差异。

就工程建设标准化工作而言，对于强制性标准和推荐性标准的研究是在《标准化法》发布施行前就已经开始了。当时，人们的注意力集中在推荐性标准的作用、范围方面，作了许多有益的探索，而且，由中国工程建设标准化协会开展了试点工作。目前看来，当时对工程建设推荐性标准范围的研究是不完备的，其出发点建立在强制性标准的范围不变的基础上，所以，其指导思想也就成了推荐性标准如何成为强制性标准的补充，把那些没有及时或尚不具备纳入强制性标准条件的技术要求，作为推荐性标准制定的范围，例如当时提出的有些技术性较强或新技术、新工艺、新材料、新方法等还不具备马上制定成国家标准和部（专业）标准的技术要求，可考虑先制定推荐性标准等。同时，也可以看出，当时所说的推荐性标准不是真正意义上的推荐，与国外自愿采用的标准本质上是有区别的，与《标准化法》所规定的推荐性标准的内涵也存在着一定的差异。

工程建设标准化工作者在认真研究工程建设领域标准的特点之后，结合我国经济体制的特点，提出了工程建设强制性标准与推荐性标准划分的具体原则，并已相应纳人了《工程建设国家标准管理办法》和《工程建设行业标准管理办法》。工程建设强制性标准和推荐性标准划分原则确定的指导思想主要有三个方面:一是根据《标准化法》和《标准化法实施条例》的规定;二是将推荐性标准作为工程建设标准的一个组成部分;三是限定强制性标准的范围，凡不属于强制性标准范围的一律作为推荐性标准的范围。

工程建设强制性标准的范围包括:

（1）工程建设勘察、规划、设计、施工（包括安装）及验收等的综合性标准和重要的质量标准;

（2）工程建设有关的安全、卫生和环境保护的标准;

（3）工程建设重要的术语、符号代号、量与单位、建筑模数和制图方法标准;

（4）工程建设重要的试验、检验和评定方法等标准;

（5）国家需要控制的其他工程建设标准。

工程建设强制性标准以外的其他工程建设标准为工程建设推荐性标准。

工程建设标准的强制性与推荐性，从形式和对象上看，应当说是分清楚了。但是具体到某一项工程建设标准，由于综合性强的特点，可能同时存在强制性和推荐性的内容，而且，标准的重要和需要控制与否，除法律、行政法规有明确规定外，人为因素影响很大，不同的人或站在不同角度的同一个人，对标准的划分结果，很可能是不相同的:这些问题必然造成工程建设标准体系不可能科学地建立，可以说，这些划分原则实际上操作性不强。

目前，随着人们标准化意识的增强和对标准化认识的不断提高，对标准强制性和推荐性的理解已经脱开本本的概念。国务院标准化行政主管部门已经开始推行条文强制，即:在一项标准中标准化行政主管部门已经开始推行条文强制，即:在一项标准中可以同时存在强制性条文和推荐性条文。国务院建设行政主管部门也在推行条文强制的同时，推出了《工程建设标准强制条文》。强制性标准和推荐性标准的概念已经得到了发展。

二、国家标准、行业标准、地方标准与企业标准

1. 国家标准

《标准化法》规定,对需要在全国范围内统一的技术要求,应当制定国家标准。也就是说,国家标准是指对国民经济和技术发展有重大意义,需要在全国范围内统

一的标准。工程建设国家标准是指在全国范围内需要统一或国家需要控制的工程建设技术要求所制定的标准。

按照《工程建设国家标准管理办法》的规定，在全国范围内需要统一或国家需要控制的工程建设技术要求主要包括以下六个方面：

（1）工程建设勘察、规划、设计、施工（包括安装）及验收等通用的质量要求；

（2）工程建设通用的术语、符号、代号、量与单位、建筑模数和制图方法；

（3）工程建设通用的试验、检验和评定等方法；

（4）工程建设通用的有关安全、卫生和环境保护的技术要求；

（5）工程建设通用的信息技术要求；

（6）国家需要控制的其他工程建设通用的技术要求。

对工程建设国家标准范围的理解，关键在于两点：一是何谓通用，二是哪些方面国家需要控制。

1992年发布的《工程建设国家标准管理办法》，在确定国家标准的范围时，遇到了一个实际问题，即：很难找到一个恰当的词，准确地把国家标准的定义实质反映出来，以区别与其他标准的关系，因此，只能笼统地使用一个词—"通用"。所谓通用，指的是在全国范围内普遍行得通，也就是指不受行业的限制，均能够得到实施。另外，为了保证国家标准的覆盖范围，规定了对国家需要控制的其他工程建设通用的技术要求也可以制定国家标准，这里的"国家需要控制"，主要是根据国家的产业政策，对那些与国民经济发展有重大意义的，国家需要重点推动的技术，需要通过标准进行控制的情况。例如:对能源、交通运输、原材料等方面的技术要求所制定的标准以及根据国务院领导批示精神组织制定的一些标准等。

2.行业标准

"行业标准"一词，在我国标准化的历史上出现较晚，是《标准化法》（草案）审议时，全国人大常委会委员们建议采用的。当然，行业标准一词的采用并不是偶然的，既有标准化发展历史的原因，也有现实上的某些原因。从标准化发展历史的原因讲，1962年国务院发布的《工农业产品与工程建设技术标准管理办法》中，划分了部标准一级，到1979年国务院发布的《标准化管理条例》中，在部标准之后均用括号注上了专业标准字样，目的是部标准要逐步向专业标准过渡，打破部门界限。从现实的某些原因来说，我国正在推行行业管理，国务院各个行政主管部门逐步向行业管理过渡，同时，这一级标准又需要由行业主管部门组织制定。所以，综合考虑，确定将部标准、行业标准集中称为行业标准。

工程建设行业标准，是指对没有国家标准，而又需要在全国某个行业范围内统一的技术要求所制定的标准。工程建设行业标准的范围主要包括以下六个方面：

（1）工程建设勘察、规划、设计、施工〔包括安装）及验收等行业专用的质量要求；

（2）工程建设行业专用的有关安全、卫生和环境保护的技术要求；

（3）工程建设行业专用的术语、符号、代号、量与单位、建筑模数和制图方法；

（4）工程建设行业专用的试验、检验和评定等方法；

（5）工程建设行业专用的信息技术要求；

（6）工程建设行业需要控制的其他技术要求。

3.地方标准

《标准化法》中对地方标准界定为：对没有国家标准和行业标准而又需要在省、自治区、直辖市范围内统一的工业产品的安全、卫生要求，可以制定地方标准。这一规定限定了二个前提，其一是没有国家标准和行业标准；其二是需要在省、自治区、直辖市范围内统一；其三是工业产品的安全、卫生要求。对于这三个前提，前两个应当说目前没有太大的争议，而第三个前提的确立却是有失慎重的。比如北京的空气质量指标与西藏拉萨的空气质量指标，无论从项目上还是从指标等级的划分上，甚至指标的定量要求上，都不可能采用相同的规定，否则，要么北京的空气质量指标永远实现不了，要么西藏拉萨的空气污染必然会逐步加剧。因此，人们在执行《标准化法》的规定时，对于该法规定的目的自然而然地产生了新的理解。即《标准化法》限定了可以制定地方标准的内容，并没有限定不可以制定地方标准的内容，因此，在不违反其明确限定的前提下，对没有明确限定的部分组织地方标准的制定，只能说尚无法律规定。

工程建设地方标准是工程建设标准的重要组成部分，是地方建设主管部门实行科学管理的手段。总体来看，需要制定工程建设地方标准的原因有以下几个方面：

（1）建设工程与工农业产品有着重要的区别。后者可以在某个地方生产，而在其他地方使用，实现其相应的使用价值，而前者则不然，在那个地方建设，将永远地固定在那个地方，发挥其相应的使用功能。工程的这一特殊性，决定了它必然受当地的气候、地理、资源等自然因素的制约。我国幅员辽阔，各地区的自然因素差异比较大，因此，在工程建设中，需要根据各地特殊条件和当地的建设经验，采用不同的技术措施，明确不同要求。例如：建筑工程的地基处理，不同的地区地基土的情况差别很大，沿海的软土、西部的黄土、山区的边坡等等，没有相应的地方标准作为国家标准或行业标准的补充，结果是很难设想的。

（2）从全国的经济发展来看，各地区的经济发展水平是不平衡的，例如：沿海与内地、城市与乡村、山区与平原等。同时，我国又是一个多民族的国家，少数民族地区有着本民族独特的建筑风格。这些因素决定了在工程建设方面，不可能采用全国统一的一个尺度，而应当根据各地的具体情况，体现量力而行、保持和发扬民族特色的原则。

（3）从国外一些国土面积比较大的国家来看，都不同程度地制定了工程建设地方标准。例如:美国的州标准、前苏联的各加盟共和国标准、加拿大的省标准等等。

（4）从工程建设标准化的发展历史来看，19$fl 年原国家建委发布的（工程建设标准规范管理办法》中，明确规定了地方标准一级。二十多年来，各地方也相应制定了数量不等的地方标准，例如：《北京市日照标准》、《黑龙江省建筑外墙面砖饰面工程技术规定》、《云南省农村房屋建筑设计与施工技术规定》、《福建省基本风压》、《贵州省建筑气象参数标准》等，工程建设地方标准的总数已经达到 1000 多项。

（5）近年来，随着我国社会主义市场经济体制的建立和不断完善，特别是我国加人世界贸易组织以后，强化建设市场、建设工程质量安全管理的要求更加迫切，虽然自 1988 年以后，工程建设地方标准工作一直受到法律、法规和政策的困惑，但这项工作作为地方建设主管部门实现工程建设科学管理的重要手段，作为工程建设勘察、规划、设计、施工、验收以及建筑工程维护管理的重要技术保证之一，仍然得到了国家和地方建设主管部门的重视，所批准发布的工程建设地方标准，在补充完善国家或行业标准、完善工程建设标准体系、推进地方建设领域的技术进步、确保建设工程的质量和安全等方面，发挥了重要的作用。实践表明，工程建设地方标准不是可有可无的，必须结合实际情况，积极地推进其发展。

对工程建设地方标准的制定，在 Zoos 年 2 月 4 日建设部印发的《工程建设地方标准化工作管理规定》中，作了比较详细的规定，主要包括以下几个方面：

（1）工程建设地方标准在省、自治区、直辖市范围内由建设行政主管部门统一计划、统一审批、统一发布、统一管理。

（2）工程建设地方标准项目的确定，应当从本行政区域工程建设的需要出发，并应体现本行政区域的气候、地理、技术等特点。对没有国家标准、行业标准或国家标准、行业标准规定不具体，且需要在本行政区域内作出统一规定的工程建设技术要求，可制定相应的工程建设地方标准。

（3）制定工程建设地方标准，应当严格遵守国家的有关法律、法规，贯彻执行国家的技术经济政策，密切结合自然条件，合理利用资源，积极采用新技术、新材料、新工艺、新设备，做到技术先进、经济合理、安全适用。

（4）制定工程建设地方标准应当以实践经验和科学技术发展的综合成果为依据，做到协商一致，共同确认。

（5）工程建设地方标准不得与国家标准和行业标准相抵触。对与国家标准或行业标准相抵触的工程建设地方标准的规定，应当自行废止。当确有充分依据，且需要对国家标准或行业标准的条文进行修改的，必须经相应标准的批准部门审批。

（6）工程建设地方标准中，对直接涉及人民生命财产安全、人体健康、环境保护和公共利益的条文，经国务院建设行政主管部门确定后，可作为强制性条文。

（7）工程建设地方标准应报国务院建设行政主管部门备案，未经备案的工程建设地方标准，不得在建设活动中使用。对有强制性条文的工程建设地方标准，应当在批准发布前报国务院建设行政主管部门备案;对没有强制性条文的工程建设地方标准，应当在批准发布后三十日内报国务院建设行政主管部门备案。

（8）工程建设地方标准实施后，应根据科学技术的发展、本行政区域工程建设的需要以及工程建设国家标准、行业标准的制定、修订情况，适时进行复审，复审周期一般不超过五年。对复审后需要修订或局部修订的工程建设地方标准，应当及时进行修订或局部修订。

（9）工程建设地方标准的出版发行由省、自治区、直辖市建设行政主管部门负责组织，未经批准发布的，不得以任何形式出版发行。

（10）工程建设地方标准属于科技成果。对技术水平高、取得显著经济效益或社会效益的，应当纳入科学技术奖励范围，予以奖励。

4. 企业标准

根据我国现行的法规规定，企业标准是指对企业范围内需要协调、统一的技术要求、管理要求和工作要求所制定的标准，是企业组织生产和经营活动的依据。企业标准量大面广，每个企业都可以根据其业务范围，制定出一系列相应的标准，在本企业内施行。企业标准的水平，本身代表着整个企业的技术水平、管理水平和工作水平。同时，企业标准也是国家标准、行业标准和地方标准的基础，大量的企业标准是制定国家标准、行业标准和地方标准的前提。全面地推动工程建设企亚标准工作的开展，是全国工程建设标准化工作现在和今后相当长一段时期的重要任务。由于工程建设企业千差万别，有设计的、勘察的、施工的、科研的，有国营的、地方的、集体的，有大型的、中型的、小型的，有甲（一）级的、乙（二）级的等等，所以，开展工程建设企业标准化工作难度相当大。只能在统一某些基本原则的条件下，依靠各个企业，根据本企业的实际情况组织开展。因此，组织开展企业标准工作，需要分析企业在技术方面有哪些要求，在管理上应当采取哪些对策，在工作岗位上应当如何具体予以落实，建立起以企业技术标准为主，包活管理标准和工作标准在内的企业标准体系。

第 4 讲　标准实施与监督中标准员主要职责

一、标准员岗位工作职责及素质要求

（1）标准员的工作职责宜符合表 1—1 的规定。

表 1—1　标准员的工作职责

项次	分类	主要工作职责
1	标准实施计划	（1）参与企业标准体系表的编制。 （2）负责确定工程项目应执行的工程建设标准，编列标准强制性条文，并配置标准有效版本。 （3）参与制定质量安全技术标准落实措施及管理制度。
2	施工前期标准实施	（4）负责组织工程建设标准的宣贯和培训。 （5）参与施工图会审，确认执行标准的有效性。 （6）参与编制施工组织设计、专项施工方案、施工质量计划、职业健康安全与环境计划，确认执行标准的有效性。
3	施工过程标准实施	（7）负责建设标准实施交底。 （8）负责跟踪、验证施工过程标准执行情况，纠正执行标准中的偏差，重大问题提交企业标准化委员会。 （9）参与工程质量、安全事故调查，分析标准执行中的问题。
4	标准实施评价	（10）负责汇总标准执行确认资料、记录工程项目执行标准的情况，并进行评价。 （11）负责收集对工程建设标准的意见、建议，并提交企业标准化委员会。
5	标准信息管理	（12）负责工程建设标准实施的信息管理。

（2）标准员应具备表 1—2 规定的专业技能。

表 1—2　标准员应具备的专业技能

项次	分类	专业技能
1	标准实施计划	（1）能够组织确定工程项目应执行的工程建设标准及强制性条文。 （2）能够参与制定工程建设标准贯彻落实的计划方案。
2	施工前期标准实施	（3）能够组织施工现场工程建设标准的宣贯和培训。 （4）能够识读施工图。
3	施工过程标准实施	（5）能够对不符合工程建设标准的施工作业提出改进措施。 （6）能够处理施工作业过程中工程建设标准实施的信息。 （7）能够根据质量、安全事故原因，参与分析标准执行中的问题。
4	标准实施评价	（8）能够记录和分析工程建设标准实施情况。 （9）能够对工程建设标准实施情况进行评价。 （10）能够收集、整理、分析对工程建设标准的意见，并提出建议。
5	标准信息管理	（11）能够使用工程建设标准实施信息系统。

（3）标准员应具备表 1—3 规定的专业知识。

表 1—3　标准员应具备的专业知识

项次	分类	专业知识
1	通用知识	（1）熟悉国家工程建设相关法律法规。 （2）熟悉工程材料、建筑设备的基本知识。 （3）掌握施工图绘制、识读的基本知识。 （4）熟悉工程施工工艺和方法。 （5）了解工程项目管理的基本知识。
2	基础知识	（6）掌握建筑结构、建筑构造、建筑设备的基本知识。 （7）熟悉工程质量控制、检测分析的基本知识。 （8）熟悉工程建设标准体系的基本内容和国家、行业工程建设标准体系。 （9）了解施工方案、质量目标和质量保证措施编制及实施基本知识。
3	岗位知识	（10）掌握与本岗位相关的标准和管理规定。 （11）了解企业标准体系表的编制方法。 （12）熟悉工程建设标准化监督检查的基本知识。 （13）掌握标准实施执行情况记录及分析评价的方法。

二、标准员前期准备

（1）了解本企业标准体系的内容及要求。

（2）了解本项目勘察、设计的相关要求。

主要是使用功能、结构安全、环境保护等方面的强制性条文要求。

（3）收集并配置工程项目应执行的工程建设标准。

（4）确定、编列工程项目执行标准的名单表，按分部工程提出有效版本，包括确认使用的推荐性标准和相关企业标准。

（5）编列工程项目相关强制性条文，按分部工程分别列出，以质量验收规范为主，其它强条全部列出。

三、施工前期标准实施

（1）负责组织工程建设标准的宣贯和培训。

（2）参与施工图会审，确认执行标准的有效性。

（3）参与编制施工组织设计、专项施工方案、施工质量计划、职业健康安全与环境计划，确认执行标准的有效性。

（4）参与、促进、协助对施工员、质量员、资料员、材料员制定和落实质量措施；对安全员、机械员制定和落实安全措施；

四、施工过程标准实施

要求标准员在工程项目施工过程中，通过交底、对标准实施进行跟踪、验证以及对发现的问题及时进行整改等工作，促进标准准确实施：

（1）负责建设标准实施交底。

（2）跟踪、验证施工过程标准执行情况，纠正执行标准中的偏差，重大问题提交企业标准化委员会。

（3）工程质量检查评定的落实，按技术措施操作情况，达到标准要求情况，质量记录情况。

（4）参与工程质量、安全问题和事故调查，分析标准执行中的问题，找出标准不落实的原因。

五、项目标准实施评价

这类职责要求标准员通过开展标准实施评价，收集工程技术人员对标准的意见、建议，为改进标准化工作提供支持：

（1）负责汇总标准执行确认资料、记录工程项目执行标准的情况，并进行评价。

（2）负责收集对工程建设标准的意见、建议，并提交企业标准化委员会。

六、标准信息管理

（1）能正确查询工程标准、强制性条文信息系统，了解标准化动态。

（2）能把工地上的标准评价结果等情况形成文字材料。

（3）能协同有关人员一道进行分析，找出标准落实不好的因素，以及改进措施，及时向上级部门反馈。

第5讲 施工现场标准员实施和监督案例

通过某企业的在建项目中，标准员实际履职和运行情况，介绍施工现场标准实施和监督的过程，供参考借鉴。

一、标准实施评价类别与指标

1. 标准实施评价的类别

根据工程建设领域的实施标准的特点，将工程建设标准实施评价分为标准实施状况、标准实施效果和标准科学性三类。其中，又将标准实施状况再分为推广标准状况和标准应用状况两类。

开展标准实施状况评价，主要针对标准化管理机构和标准应用单位推动标准实施所开展的各项工作，目的是通过评价改进推动标准实施工作；开展标准实施效果评价，主要针对标准在工程建设中应用所取得的效果，为改进工程建设标准工作提供支撑；开展标准科学性评价主要针对标准内容的科学合理性，反映标准的质量和水平。

2. 不同类别标准的实施评价重点与指标

根据被评价标准的内容构成及其适用范围，工程建设标准可分为基础类、综合类和单项类标准。对基础类标准，一般只进行标准的实施状况和科学性评价。对于涉及质量验收和检验、鉴定、评价的工程建设标准或内容不评价经济效果。对质量验收、管理和检验、鉴定、评价以及运营维护、维修等类工程建设标准或内容不评价环境效果。综合类及单项类标准对应评价类别与指标，见表1—4：

表1—4　综合类及单项类标准对应评价类别与指标

评价类别与指标 环节	实施状况评价		效果评价			科学性评价		
	推广标准状况	执行标准状况	经济效果	社会效果	环境效果	可操作性	协调性	先进性
规划	√	√	√	√	√	√	√	√
勘察	√	√	√	√	√	√	√	√
设计	√	√	√	√	√	√	√	√
施工	√	√	√	√	√	√	√	√
质量验收	√	√	—	√	—	√	√	√
管理	√	√	√	√	—	√	√	√
检验、鉴定、评价	√	√	—	√	√	√	√	√
运营维护、维修	√	√	√	√	—	√	√	√

注："√"表示本指标适用于该环节的评价

　　"—"表示本指标不适用于该环节的评价

二、标准实施状况评价

1.标准实施状况评价的内容

标准的实施状况是指标准批准发布后一段时间内，各级建设行政主管部门、工程建设科研、规划、勘察、设计、施工、安装、监理、检测、评估、安全质量监督、施工图审查机构以及高等院校等相关单位实施标准的情况。为便于评价进行，将评价划分为标准推广状况评价和标准执行状况评价，最后通过综合各项评价指标的结果，得到标准实施评价状况等级。

2.标准推广状况评价

标准的推广状况是指标准批准发布后，标准化管理机构为保证标准有效实施，进行的标准宣传、培训等活动以及标准出版发行等。这些推动标准实施的措施作为推广状况评价的指标。对基础类标准，采用评价标准发布状况、标准发行状况两项指标。对单项类和综合类，应采用标准发布状况、标准发行状况、标准宣贯培训状况、管理制度要求、标准衍生物状况等五项指标评价推广标准状况。标准推广状况评价内容，见表1—5：

表1—5 标准推广状况评价内容

指标	评价内容
标准发布状况	1. 是否面向社会在相关媒体刊登了标准发布的信息; 2. 是否及时发布了相关信息
标准发行状况	标准发行量比率(实际销售量/理论销售量)*
标准宣贯培训状况	1. 工程建设标准化管理机构及相关部门、单位是否开发了标准宣贯活动; 2. 社会培训机构是否开展了以所评价的标准为主要内容的培训活动
管理制度要求	1. 所评价区域的政府是否制定了以标准为基础加强某方面管理的相关政策; 2. 所评价区域的政府是否制定了促进标准实施的相关措施
标准衍生物状况	是否有与标准实施相关的指南、手册、软件、图集等标准衍生物在评价区域内销售

注:*理论销售量应根据标准的类别、性质,结合评价区域内使用标准的专业技术人员的数量估算得出。

3.标准执行状况评价

标准的执行状况是指标准批准发布后,工程建设各方应用标准、标准在工程中应用以及专业技术人员执行标准和专业技术人员对标准的掌握程度等方面的状况。执行标准状况采用单位应用状况、工程应用状况、技术人员掌握标准状况等三项指标进行评价,见表1—6。

表1—6 标准执行状况评价内容

标准应用状况	评价内容
单位应用状况	1. 是否将所评价的标准纳入到单位的质量管理体系中; 2. 所评价的标准在质量管理体系中是否"受控"; 3. 是否开发了相关的宣贯、培训工作
工程应用状况	1. 执行率*; 2. 在工程中是否能准确、有效应用
技术人员掌握标准状况	1. 技术人员是否掌握了所评价标准的内容; 2. 技术人员是否能准确应用所评价的标准

注:*执行率是指调查单位自所评价的标准实施之后所承担的项目中,应用了所评价的标准的项目数量与所评价标准适用的项目数量的比值。

三、标准实施效果评价

工程建设标准化的目的是促进最佳社会效益、经济效益、环境效益和获得最佳资源、能源使用效率。在标准实施效果评价中设置经济效果、社会效果、环境效果等三个指标，使得标准的实施效果体现在具体某一（经济效果、社会效果、环境效果）因素的控制上。

评价综合类标准实施效果时，要考虑标准实施后对规划、勘察、设计、施工、运行等工程建设全过程各个环节的影响，分别进行分析，综合评估标准的实施效果，见表1—7。

表1—7　标准实施效果评价表

指标	评价内容
经济效果	1. 是否有利于节约材料； 2. 是否有利于提高生产效率； 3. 是否有利于降低成本
社会效果	1. 是否对工程质量和安全产生影响； 2. 是否对施工过程安全生产产生影响； 3. 是否对技术进步产生影响； 4. 是否对人身健康产生影响； 5. 是否对公众利益产生影响
环境效果	1. 是否有利于能源资源节约； 2. 是否有利于能源资源合理利用； 3. 是否有利于生态环境保护

四、标准科学性评价

1.基础类

标准的科学性评价，见表1—8。

表1—8　标准科学性评价

	评价内容
科学性	1. 标准内容是否得到行业的广泛认同、达成共识； 2. 标准是否满足其他标准和相关使用的需求； 3. 标准内容是否清晰合理、条文严谨准确、简练易懂； 4. 标准是否与其他基础类标准相协调

2.单项和综合类

标准的可操作性、协调性、先进性评价，见表1—9。

表1—9 标准的单项和综合类评价表

指标	评价内容
可操作性	1. 标准中规定的指标和方法是否科学合理
	2. 标准条文是否严谨、准确、容易把握
	3. 标准在工程中应用是否方便、可行
协调性	1. 标准内容是否符合国家政策的规定
	2. 标准内容是否与同级标准不协调
	3. 行业标准、地方标准是否与上级标准不协调
先进性	1. 是否符合国家的技术经济政策
	2. 标准是否采用了可靠的先进技术或适用科研成果
	3. 与国际标准或国外先进标准相比是否达到先进的水平

第2单元 工程建设标准化监督检查

第1讲 标准实施与监督管理主体

一、主体及其权利义务

1.管理主体

工程建设标准化工作的法律主体可以分为管理主体和执行主体两个部分。根据职能的不同，目前我国工程建设标准化工作的管理主体可以从理论上分为主管机构、标准编制机构、强制性标准的执行监督机构、技术和产品的检验认证机构等四个部分。

（1）主管机构

主管机构又可以分为政府主管部门和非政府管理机构两类。政府管理部门包括国务院标准化行政主管部门、国务院工程建设主管部门、国务院有关行业主管部门、地方标准化行政主管部门、地方工程建设主管部门。非政府管理机构包括：

政府主管部门委托的负责工程建设标准化管理工作的机构、以及专门的社会团体机构。此处所谓的主管，包括制定标准化的规章制度，制定标准化工作的规划与计划，对标准进行日常管理，组织标准的实施，对标准进行审批和备案，对无标产品和技术进行审批，对国外标准的采用进行备案，以及参与或组织各种标准编制活动等。

国务院标准化行政主管部门统一管理全国标准化工作。国务院工程建设主管部门负责全国的工程建设标准化工作。国务院有关行业主管部门配合国务院工程建设主管部门管理本行业的工程建设标准化工作。地方标准化行政主管部门统一管理本地方的标准化工作。地方工程建设主管部门负责管理本地方的工程建设标准化工作。目前非政府的管理机构只有中国工程建设标准化协会一家。受政府委托，该协会负责组织制定和管理工程建设推荐性标准。

（2）标准编制机构

工程建设标准的编制机构包括组织编制标准和具体编写标准的机构。目前我国的工程建设标准的编制机构包括国务院标准化行政主管部门、国务院工程建设主管部门、国务院有关行业主管部门、地方标准化行政主管部门、地方工程建设主管部门、中国工程建设标准化协会、工程建设各行业协会、科学研究机构和学术团体、企业等。

根据现行法律的规定，我国的工程建设国家标准由国务院工程建设行政主管部门组织制定和审批，由国务院工程建设行政主管部门和国务院标准化行政主管部门联合编号发布。涉及交通、通信、电力、民航、石油等行业的国家标准，由国务院工程建设行政主管部门和相关行业的主管部门共同制定。地方标准化行政主管部门和地方工程建设主管部门共同组织制定地方性工程建设标准，并由地方标准化行政主管部门审批编号发布。

法律规定，在标准编制过程中，应当发挥各种非政府组织、民间机构和企业的作用，吸引更多的主体参与到工程标准的编制工作中来。但是就现状而言，政府部门仍然是标准的最主要编制者，社会力量的参与仍然有限。政府组织编制所有的强制性标准，而将推荐性标准的制定和管理工作交由中国工程建设标准化协会负责。

（3）监督机构

强制性标准的执行监督机构是指对工程建设强制性标准的执行情况进行监督检查，并根据执行主体违反强制性标准的情况做出相应行政处罚决定，或者向有关行政主管部门建议做出行政处罚决定的机构。包括国务院工程建设主管部门、国务院有关行业主管部门、地方工程建设主管部门、建设项目规划审查机关、施工设计图设计文件审查单位、建筑安全监督管理机构、工程质量监督机构等。工程建设标准批准部门应当对工程项目执行强制性标准情况进行监督检查。

监督检查可以采取重点检查、抽查和专项检查的方式。建设项目规划审查机构应当对工程建设规划阶段执行强制性标准的情况实施监督。施工图设计文件审查单位应当对工程建设勘察、设计阶段执行强制性标准的情况实施监督。建筑安全监督管理机构应当对工程建设施工阶段执行施工安全强制性标准的情况实施监督。工程质量监督机构应当对工程建设施工、监理、验收等阶段执行强制性标准的情况实施监督。

（4）检验和认证机构

技术和产品的检验和认证机构包括国家和地方标准化行政主管部门和工程建

设主管部门认可的检测机构和行业认证机构。法律规定，县级以上政府标准化行政主管部门，可以根据需要设置检验机构，或者授权其他单位的检验机构，对产品是否符合标准进行检验。国务院标准化行政主管部门组织或授权国务院有关行政主管部门建立行业认证机构，进行产品质量认证工作。国务院工程建设主管部门可以根据需要和国家有关规定设立检验机构，负责工程建设行业的检验工作。

检验和认证机构有权对建设工程中使用的材料、技术和施工工艺等是否符后现行国家强制性标准进行检验和认证。并对工程中拟采用的不符合现行强制性标准规定的新技术、新工艺、新材料进行检验，并做出是否可以采用的结论。

2.执行主体

工程建设标准化工作的执行主体指工程建设强制性标准和推荐性标准的执行者，包括建设单位、勘察设计单位、咨询服务单位、施工单位、工程建设产品的生产单位和注册执业人员等。

我国现行的法律、法规和与工程建设标准化工作有关的部门规章中，对工程建设标准化工作的执行主体的权利和义务做出了如下规定。

（1）建设单位

建设单位有权要求勘察、设计、施工、工程监理等单位的行为符合工程建设强制性标准和双方约定采用的推荐性标准的规定。建设单位有权得到符合以上标准要求的工程建设产品。

建设单位不得对勘察、设计、施工、工程监理等单位提出不符合工程建设强制性标准规定的要求，不管这种要求是通过明示还是暗示的方式提出的。

（2）勘察设计单位

建设工程勘察、设计单位必须依法进行建设工程勘察、设计，严格执行工程建设强制性标准和与建设单位约定采用的推荐性标准，并对建设工程勘察、设计的质量负责。设计文件中选用的材料、构配件、设备，应当注明其规格、型号、性能等技术指标，其质量要求必须符合国家规定的标准。对于勘察、设计文件中拟采用的可能影响建设工程质量和安全又没有国家技术标准的新技术、新材料，勘察设计单位应当将其送往国家认可的检测机构进行试验、论证，待该认可检测机构出具检测报告，并经国务院有关部门或者省、自治区，直辖市人民政府有关部门组织的建设工程技术专家委员会审定通过后，方可使用。

（3）咨询服务单位

工程咨询服务单位有权代表建设单位，对勘察、设计、施工单位和工程建设产品的提供单位执行工程建设强制性标准和工程双方约定采用的推荐性标准的情况进行监督，要求勘察、设计和施工单位改正不符合标准规定的工艺、技术，有权要求施工单位停止采用不符合标准规定的工艺、技术和产品施工，有权拒绝使用不符合强制性标准要求的材料和工程产品。

工程咨询服务单位有义务按照强制性标准和工程双方约定采用的推荐性标准的要求,对勘察、设计、施工单位和工程建设产品的提供单位的执行情况进行监督。并将勘察、设计、施工单位违反标准要求的情况报告建设单位。

（4）施工单位

施工单位有权利得到满足强制性标准和工程双方约定采用的推荐性标准的勘察报告、设计图纸和工程材料。

施工单位发现建设工程勘察、设计文件不符合工程建设强制性标准和工程双方约定采用的推荐性标准的,应当报告建设单位。施工单位不得擅自更改工程设计。施工单位必须按照强制性标准和工程双方约定采用的推荐性标准施工,必须按照强制性标准和工程双方约定采用的推荐性标准对建筑材料、建筑构配件和设备进行检验,不合格的不得使用。

（5）工程建设产品供应单位

现行的工程建设标准化法律体系并未对工程建设产品的生产单位的权利与义务做出规定。但是类比其他相关法律（如《标准化法》、《产品质量法》）的规定可以看出,工程建设产品的生产单位与其他产品的生产单位一样,负有生产满足强制性标准的产品的义务。

二、主体的法律责任

1.管理主体的法律责任

现行法律法规对于作为法人的管理主体的法律责任没有做出规定,仅有《标准化法》、《标准化法实施条例》和《实施工程建设强制性标准监督规定》对于管理主体中有违法行为的具体责任人（自然人）的法律责任做出了规定。建设行政主管部门和有关行政部门工作人员,玩忽职守、滥用职权、徇私舞弊的,给予行政处分;构成犯罪的,依法追究刑事责任。

2.执行主体的法律责任

现行法律法规对于执行主体的法人和自然人的法律责任（行政责任,民事责任和刑事责任）都做出了详细的规定,下面按照执行主体的分类进行归纳总结。

（1）建设单位

建设单位违反法律规定,对勘察、设计、施工、工程监理等单位提出不符合安全生产法律、法规和强制性标准规定的要求的,明示或暗示其违反建筑工程质量、安全标准,降低工程质量、随意压缩工期的,责令改正,可以处以罚款（20 万元以上 50 万元以下）;造成损失的,依法承担赔偿责任。

（2）勘察设计单位

勘察单位不按照工程质量、安全标准进行勘察,设计单位不按照工程质量、安全标准和勘察成果文件进行设计的,责令改正,处以罚款（10 万元以上 30 万元以下）；造成工程质量事故的，责令停业整顿，降低资质等级直至吊销资质证书，没收违法所得，并处罚款；造成损失的，承担赔偿责任。

（3）咨询服务单位

工程监理单位未依照法律、法规和工程建设强制性标准实施监理的，责令限期改正；逾期未改正的，责令停业整顿，并处罚款（10 万元以上 30 万元以下）；违反强制性标准规定，将不合格的建设工程以及建筑材料、建筑构配件和设备按照合格签字的，责令改正，处以罚款（50 万元以上 100 万元以下）；以上两种行为情节严重的，降低资质等级，直至吊销资质证书；有违法所得的，予以没收；造成损失的，依法承担赔偿责任。

（4）施工单位

建筑施工企业转让、出借资质证书或者以其他方式允许他人以本企业的名义承揽工程的，承包单位将承包的工程转包的，或者违法进行分包的，责令改正，没收违法所得，并处罚款，可以责令停业整顿，降低资质等级；情节严重的，吊销资质证书。对因该项承揽工程不符合规定的质量标准造成的损失，建筑施工企业与使用本企业名义的单位或者个人承担连带赔偿责任；对因转包工程或者违法分包的工程不符合规定的质量标准造成的损失，与接受转包或者分包的单位承担连带赔偿责任。

建筑施工企业违反工程建设强制性标准的，在施工中偷工减料的，使用不合格的建筑材料、建筑构配件和设备的，或者有其他不按照工程设计图纸或者施工技术标准施工的行为的，未采取现场安全防护措施或采取的措施不符合安全、卫生标准的，责令改正，处以罚款（工程合同价款 2% 以上 4% 以下）；情节严重的，责令停业整顿，降低资质等级或者吊销资质证书；造成建筑工程质量不符合规定的质量标准的，负责返工、修理，并赔偿因此造成的损失。

（5）工程建设产品供应单位

《标准化法》、《标准化法实施条例》规定：生产、销售、进口不符合强制性标准的产品的，由法律、行政法规规定的行政主管部门依法处理，法律、行政法规未作规定的，由工商行政管理部门责令其停止生产或销售，没收产品或限期追回已售出的商品，监督销毁或作必要技术处理，同时没收违法所得，并处罚款（该批产品货值金额百分之二十至百分之五十或者该批商品货值金额百分之十至百分之二十，同时对有关责任者处以五千元以下罚款）。

产品未经认证或者认证不合格而擅自使用认证标志出厂销售的，已经授予认证证书的产品不符合国家标准或者行业标准而使用认证标志出厂销售的，由标准化行政主管部门责令停止销售，并处罚款（前者违法所得三倍以下，后者违法所得二倍以下，同时可对单位负责人处以五千元以下罚款）；情节严重的，由认证部门撤销其认证证书。

企业研制新产品、改进产品、进行技术改造，不符合标准化要求的；科研、设计、生产中违反有关强制性标准规定的，由标准化行政主管部门或有关行政主管部门在各自的职权范围内责令限期改进，并可通报批评或给予责任者行政处分。

（6）自然人

《刑法》、《建设工程质量管理条例》、《建设工程安全生产管理条例》规定：建设单位、设计单位、施工单位、工程监理单位违反国家规定，降低工程质量标准，造成重大安全事故的，对直接责任人员处五年以下有期徒刑或者拘役，并处罚金；后果特别严重的，处五年以上十年以下有期徒刑，并处罚金。注册执业人员未执行法律、法规和工程建设强制性标准的，责令停止执业 3 个月以上 1 年以下；情节严重的，吊销执业资格证书，5 年内不予注册；'造成重大安全事故的，终身不予注册；构成犯罪的，依照刑法有关规定追究刑事责任。

第 2 讲　工程建设标准规范实施监督检查

一、工程建设标准规范的实施管理

1.国家标准、行业标准和地方标准的实施管理

（1）施工企业工程建设标准化工作应以贯彻落实国家标准、行业标准和地方标准为主要任务。

（2）施工企业应将从事工程项目范围内的相关技术标准，都列入企业工程建设标准体系表进行系统管理。施工企业应有计划、有组织地贯彻落实国家标准、行业标准和地方标准。并应符合下列要求：

1）施工企业应对新发布的工程建设标准开展宣贯学习，了解和掌握新标准的内容，并对标准中技术要点进行深入研究；

2）施工企业在工程项目施工前应制定每一项技术标准的落实措施或实施细则；并应将相关技术标准的要求落实到工程项目的施工组织设计、施工技术方案及各项工序质量控制中；

3）施工企业工程项目技术负责人应结合工程项目的要求，在工程项目施工前对贯彻落实标准的控制重点向有关技术管理人员进行技术交底；

4）施工企业工程项目技术管理人员在每个工序施工前，应对该工序使用的技术标准向操作人员进行操作技术交底，说明控制重点和保证工程质量及安全的措施；

5）施工企业应经常组织开展对技术标准执行情况及技术交底有效性的研究，以便不断改进执行技术标准的效果。

（3）施工企业工程建设标准化工作管理部门应将有关的技术标准逐项落实到相关部门、工程项目经理部，明确任务、内容和完成时间，并督促各相关部门制定

落实措施。

（4）施工企业工程建设标准化工作管理部门，应组织对新颁布的技术标准的落实措施和实施细则进行检查，并一股脑对首次首道工序执行的情况进行检查；当工程质量达到标准要求后，在其后的工序应按首道工序执行的措施和细则进行。

（5）施工企业工程建设标准的贯彻落实应以工程项目为载体，充分发挥工程项目管理的作用。

2.工程建设强制性标准的实施管理

（1）施工企业应对有关国家标准、行业标准和地方标准中的强制性条文和全文强制性标准进行重点管理，在标准宣贯学习中，应组织有关技术人员制定落实措施文件。施工组织设计、施工技术方案审查批准和技术交底的内容应包括落实措施文件。

（2）施工企业对国家标准、行业标准和地方标准中的强制性条文和全文强制性标准应落实到每个相关部门和工程项目经理部。项目经理、项目负责人及有关人员都应掌握相关强制性条文和全文强制性标准的技术要求，并应掌握控制的措施、工程质量指标和判定工程质量的方法。

3.施工企业技术标准的实施管理

（1）施工企业技术标准的实施管理应与国家标准、行业标准和地方标准的实施管理协调一致。企业技术标准的编制应与标准的实施协调一致。

（2）施工企业技术标准从编制开始就应在各方面考虑为标准的实施创造条件。

（3）施工企业技术标准批准后，属施工技术标准的，应由参与该标准编制的主要技术人员演示其技术要点，并应达到企业有关技术人员能掌握该项技术标准；属施工工艺标准或操作规程的，应由参与编制的主要技术人员或技师演示该项技术，并应达到操作人员能执行该标准。

二、工程建设标准规范的实施监督检查

（1）施工企业对国家标准、行业标准和地方标准实施情况的监督检查，应分层次进行，由工程项目经理部组织现场的有关人员以工程项目为对象进行检查；由企业工程建设标准化工作管理部门组织企业内部有关职能部门以工程项目和技术标准为对象进行检查。

（2）施工企业工程建设标准实施监督检查，应以贯彻技术标准的控制措施和技术标准实施结果为检查重点。在工程施工前，应检查相关工程技术标准的配备和落实措施或实施细则等落实技术标准及措施文件的执行情况；在施工过程中，应检查有关落实技术标准及措施文件的执行情况；在每道工序及工程项目完工后，应检查有关技术标准的实施结果情况。

（3）施工企业工程建设标准的监督检查应符合下列要求：

　　1）每项国家标准、行业标准和地方标准颁布后，对在企业工程项目上首次首道工序上执行时，应由企业工程建设标准化工作管理部门组织企业内部有关职能部门重点检查；

　　2）在正常情况下每道工序完工后，操作者应自我检查，然后由企业质量部门检验评定；在每项工程项目完工后，由企业质量部门组织系统检查；

　　3）施工企业对每项技术标准执行情况，可由企业工程建设标准化工作管理部门组织按年度或阶段计划进行全面检查；

　　4）施工企业工程建设标准化工作管理部门，还可以对工程项目和技术标准随时组织抽查。

　　（4）施工企业工程建设标准监督检查，宜以工程项目为基础进行。每个工程项目应统计各工序技术标准落实的有效性和标准覆盖率，并应对工程项目开展工程建设标准化工作情况进行评估；

　　施工企业应统计所有工程项目技术标准执行的有效性和标准覆盖率，并应对企业开展工程建设标准化工作情况进行评估。

　　（5）施工企业工程建设标准监督检查发现的问题，应及时向企业工程建设标准化工作管理部门报告，并应督促相关部门和项目经理及时提出改进措施。

第 3 讲　强制性标准及强制性条文实施监督

一、工程建设强制性标准实施监督

1.编制《实施工程建设强制性标准监督规定》的目的

　　《实施工程建设强制性标准监督规定》（以下内容中简称《监督规定》）是 2000 年 8 月 21 日经建设部第 27 次常务会议通过，2000 年 8 月 25 日以第 81 号建设部令发布实施的部门规章。该《监督规定》编制并发布实施的目的，概括起来有以下两个方面：

　　一是为了完善工程建设标准化法规体系。《标准化法》规定的标准化工作的任务是制定标准、实施标准和对标准的实施进行监督，近十多年来，国务院建设行政主管部门、国务院有关部门以及地方建设行政主管部门，在标准化工作中制定了一系列的法规或规范性文件，总体来看，这些法规或规范性文件基本上是有关工程建设标准制定方面的。长期以来，工程建设标准化工作者一直试图制定出有关标准实施与监督方面的法规或规范性文件，但始终没能找到恰当的切入点。《建设工程质量管理条例》的发布实施，对工程建设标准的实施作出了明确而具体的规定，从某种程度上讲，基本解决了实施标准的法律依据问题，《监督规定》的发布实施，可以说解决了对标准实施进行监督活动中的具体问题。

二是奠定了《强制性条文》的法律基础。《建设工程质量管理条例》有关工程建设标准实施和处罚的规定，都是针对强制性标准而言的，建设部会同各有关主管部门组织编制的《强制性条文》，与"强制性标准"显然不是同一个概念，虽然建设部在发布《强制性条文》的通知中规定了它的法律地位，但是文件并不能代替法规，必须要有法规对此予以规定。《监督规定》中明确了这一关系，即："本规定所称工程建设强制性标准是指直接涉及工程质量、安全、卫生及环境保护等方面的工程建设标准强制性条文。"这一规定，使得《强制性条文》作为监督标准实施的依据具有了合法的地位，从而，形成了《建设工程质量管理条例》、《监督规定》、《强制性条文》相互依存、相互协调的，完整、有效的工程建设强制性标准的实施与监督法规体系。

2.工程建设强制性标准实施监督的职责

《监督规定》对工程建设强制性实施进行监督职责的规定，包括以下三点：

（1）国务院建设行政主管部门负责全国实施工程建设强制性标准的监督管理工作。国务院有关行政主管部门按照国务院的职能分工负责实施工程建设强制性标准的监督管理工作。县级以上地方人民政府建设行政主管部门负责本行政区域内实施工程建设强制性标准的监督管理工作。

（2）建设项目规划审查机关应当对工程建设规划阶段执行强制性标准的情况实施监督。施工图设计文件审查单位应当对工程建设勘察、设计阶段执行强制性标准的情况实施监督。建筑安全监督管理机构应当对工程建设施工阶段执行施工安全强制性标准的情况实施监督。工程质量监督机构应当对工程建设施工、监理、验收等阶段执行强制性标准的情况实施监督。

（3）工程建设标准批准部门应当定期对建设项目规划审查机关、施工图设计文件审查单位、建筑安全监督管理机构、工程质量监督机构实施强制性标准的监督进行检查，对监督不力的单位和个人，给予通报批评，建议有关部门处理。工程建设标准批准部门应当对工程项目执行强制性标准情况进行监督检查。监督检查可以采取重点检查、抽查和专项检查的方式。

3.工程建设标准实施监督职责

各有关机构履行工程建设标准实施监督职责的义务，有以下几个方面：

（1）建设行政主管部门或者有关行政主管部门在处理重大工程事故时，应当有工程建设标准方面的专家参加。工程事故报告应当包括是否符合工程建设强制性标准的意见。

（2）建设项目规划审查机关、施工图设计文件审查单位、建筑安全监督管理机构、工程质量监督机构的技术人员必须熟悉、掌握工程建设强制性标准。

（3）工程建设标准批准部门应当将强制性标准监督检查结果在一定范围内公

告；负责工程建设强制性标准的解释，对有关标准具体技术内容的解释，可以委托该标准的编制管理单位负责。

（4）工程技术人员应当参加有关工程建设强制性标准的培训，并可以计入继续教育学时。

4.工程建设强制性标准进行监督检查内容

对工程建设强制性标准进行监督检查与对建设工程质量的监督检查是有区别的，重点在于监督检查工程建设强制性标准是否真正在建设工程实际中得到了贯彻落实。据此确定的监督检查内容包括：

（1）有关工程技术人员是否熟悉、掌握强制性标准；

（2）工程项目的规划、勘察、设计、施工、验收等是否符合强制性标准的规定；

（3）工程项目采用的材料、设备是否符合强制性标准的规定；

（4）工程项目的安全、质量是否符合强制性标准的规定；

（5）工程中采用的导则、指南、手册、计算机软件的内容是否符合强制性标准的规定。

5.工程建设强制性标准未作规定的处理

《监督规定》中确定：

工程建设中拟采用的新技术、新工艺、新材料,不符合现行强制性标准规定的,应当由拟采用单位提请建设单位组织专题技术论证,报批准标准的建设行政主管部门或者国务院有关主管部门审定。

工程建设中采用国际标准或者国外标准,现行强制性标准未作规定的,建设单位应当向国务院建设行政主管部门或者国务院有关行政主管部门备案。

6.违反工程建设强制性标准的处罚

对违反工程建设强制性标准的处罚措施，主要包括以下几个方面：

（1）任何单位和个人对违反工程建设强制性标准的行为有权向建设行政主管部门或者有关部门检举、控告、投诉。

（2）建设单位有下列行为之一的，责令改正，处 20 万元以上 50 万元以下的罚款：

1）明示或暗示施工单位使用不合格的建筑材料、建筑构配件和设备的；

2）明示或暗示设计单位或者施工单位违反工程建设强制性标准，降低工程质量的。

（3）勘察、设计单位违反工程建设强制性标准进行勘察、设计的，责令改正，处 10 万元以上 30 万元以下的罚款。有前款行为，造成工程质量事故的，责令停业整顿，降低资质等级；情节严重的，吊销资质证书；造成损失的，依法承担赔偿责任。

（4）施工单位违反工程建设强制性标准的，责令改正，处工程合同价款 2%

以上 4% 以下的罚款；造成建设工程质量不符合规定的质量标准的，负责返工、修理，并赔偿因此造成的损失；情节严重的，责令停业整顿，降低资质等级或者吊销资质证书。

（5）工程监理单位违反工程建设强制性标准的，将不合格的建设工程以及建筑材料、建筑构配件和设备按照合格签字的，责令改正，处 50 万元以上 100 万元以下的罚款，降低资质等级或者吊销资质证书；有违法所得的，予以没收；造成损失的，承担连带赔偿责任。

（6）违反工程建设强制性标准造成工程质量、安全隐患工程事故的，按照《建设工程质量管理条例》有关规定，对事故责任单位和责任人进行处罚。

（7）有关责令停业整顿、降低资质等级和吊销资质证书的行政处罚，由颁发资质证书的机关决定；其他行政处罚，由建设行政主管部门或者有关部门依照法定职权决定。

（8）建设行政主管部门和有关行政主管部门工作人员，玩忽职守、滥用职权、徇私舞弊的，给予行政处分；构成犯罪的依法追究刑事责任。

二、工程建设强制性条文实施监督

1.《工程建设标准强制性条文》的概念

简单地说，《工程建设标准强制性条文》（以下内容中简称《强制性条文》）就是现行工程建设标准中强制执行的所有条文的集合。所谓强制执行的条文，是指那些直接涉及工程建设安全、卫生、环保和其他公众利益的、必须执行的强制性条款；所谓集合，就是根据各部分的具体需要，合理地安排章节，把从现行标准中摘录出来的强制性条文，有序地排列在一起。《强制性条文》包括十五部分，即：城乡规划、城市建设、房屋建筑、工业建筑、水利工程、电力工程、信息工程、水运工程、公路工程、铁道工程、石油和化工建设工程、矿山工程、人防工程、广播电影电视工程和民航机场工程。这里的集合，也反映了《强制性条文》是十五部分内容的集合。

2.编制《工程建设标准强制性条文》意义

编制《强制性条文》有着特定的历史背景和现实需求。

（1）《强制性条文》首先是经济发展与经济体制改革的产物

工程建设活动作为经济建设活动中的重要组成部分，其规模、形式必然要适应整个社会经济建设形势、模式的需要。飞速发展的经济建设和日趋深化的经济体制改革，势必带来大规模的工程建设，以及相应的工程建设运行及管理机制的变革。工程建设标准和为工程建设活动的基本技术依据和通用规则，其框架体系、管理体制和运行机制的建立，也必然依附并适应于工程建设体制、机制乃至整个经济体制的改革与发展。

纵观我国社会主义经济体制改革的历程，并对应分析我国工程建设标准化的发展，我们可以清楚地看出，一定时期的工程建设标准化体制均与当时的经济体制相关联，同时也与当时政府在经济建设活动中所承担的角色有关。

1）单一计划经济体制时期。从建国初期一直到改革开放之前，我国在较长的社会主义建设时期实行的是单一的计划经济体制，工程建设标准体制也一直沿用的是单一的强制性标准体制。1979年7月31日我国颁布的《中华人民共和国标准化管理条例》中，明确规定："技术标准是从事生产、建设工作以及商品流通的一种共同技术依据"。"标准一经发布，就是技术法规，各级生产、建设、科研、设计、管理部门和企事业单位不得擅自更改或降低标准。"即：标准一经批准发布就是技术法规，就必须严格贯彻执行。这种长期形成的观念对后期标准化工作的改革发展产生了深远的影响。在30多年的时间里，批准发布了相当数量的标准，大量的基础性标准都是在这一时期，在国家的全力支持下得以完成，尤其是房屋建筑部分的标准体系框架在此时期初步成形。

2）计划指导下的商品经济时期。从1989年《标准化法》发布实施以来，在经过的十多年的时间里，工程建设强制性与推荐性标准相结合的体制已初步确立。强制性与推荐性相结合的标准体制，是计划指导下的商品经济体制的产物。《标准化法》的立法目的中规定，制定本法的目的之一就是适应有计划的商品经济，即从其发布之日起，就已经打上了"有计划韵商品经济"的烙印。所规定的强制性与推荐性相结合的标准体制，自然也是对应着有计划的商品经济体制。我国由计划经济体制向有计划的商品经济体制过渡，标准也由单一的强制性标准体制向强制性与推荐性相结合的标准体制过渡，可以说是历史发展的必然。但受长期计划经济的影响，此期间批准的标准，绝大部分定为强制性标准，并未按照《标准化法》严格界定强制性标准的范畴和内容。我国现行的各类工程建设强制性标准约2700项，占工程建设标准总量的75%，与房屋建筑有关的有750项之多，需要执行的强制性条文超过了15万条，强制性的技术要求覆盖房屋建筑的各个环节。如此众多的强制性内容，要么使人们对强制性标准讳莫如深，要么使人们感到"法不责众"而不严格执行有关要求。

从工程建设强制性标准的现状和具体内容来看，由于历史原因，现行标准的强制性，只是根据标准的适用范围和标准对建设工程质量或安全的影响程度，按照标准项目而划分的，并没有从内容上进行区分。现行的工程建设强制性标准，并非实质意义上的、完全符合《标准化法》规定的强制性标准，标准中的技术要求，不仅仅是涉及建设工程安全、人体健康、环境保护和公众利益方面的技术要求，而且更大量的是属于正常情况下技术人员应当做的、属于手册、指南等方面的技术要求，如果不加区分地要求在实际工作中予以严格执行，不可能达到政府控制工程质量的目的。总体来看，工程建设强制性标准带来的现实问题，主要包括：

①非强制执行的技术要求也要强制执行。已经划分为强制性的标准规范，内容上还保留着大量的非强制执行的技术要求，随着我国法律、法规体系的不断完善，人们法律意识的不断增强以及对标准规范实施监督力度的进一步加强，这些非必要强制执行的技术要求，将在工程建设中得到严格的贯彻执行，在我国建设市场逐步开放的条件下，必然影响工程技术人员积极性和创造性的发挥，影响新技术、新材料、新工艺、新设备在工程建设中的推广应用。例如，1998年三江水灾之后，国务院各有关部门曾按照总理的批示，组织制定和修订了28项工程建设标准规范，为推广应用土工合成材料奠定了基础，但是，在诸如屋面防水工程等其他可以应用土工合成材料的领域，由于《屋面防水工程技术规范》等相应的标准规范，在材料选择、设计方法、施工工艺等方面的要求没有得到及时修改，土工合成材料在这些领域的推广应用受到了限制。又如，在《住宅设计规范》中，规定了在阳台上应当设置晾晒衣物的设施，如果建设单位或设计者没有执行这条规定而受到处罚，确实难有心服口服之感，这类事件处罚多了只能使技术人员丧失创新的意识和信心。

②需要强制执行的技术要求得不到突出，难以严格贯彻落实，必然影响标准规范在保障工程建设质量、安全方面作用的充分发挥。这方面的问题目前已经反映出来了，建设部1999年开展的工程质量大检查，其重点就是住宅工程的地基基础、结构安全方面强制性标准规范的执行情况，采取"拉网式"检查，由于涉及的标准规范内容庞杂，也只能是有选择地按照检查大纲，对部分重点内容进行检查。

③加大了工程建设技术人员了解和掌握标准规范的难度。标准强制性与推荐性体制建立的过程，实际上是标准项目和标准内容都在发生变化的过程。在这个过程中，需要工程技术人员特别关注标准规范的动态，随时了解和掌握标准规范法律属性和内容变化的情况，这个过程越长，掌握和执行的难度也就越大。编制《强制性条文》的目的就是为了贯彻落实《建设工程质量管理条例》，强化工程建设标准的实施与监督。

③逐步建立与完善的市场经济时期。从1994年起，我国开始逐步建立和完善社会主义市场经济体制，即宏观经济体制由有计划的商品经济体制向社会主义市场经济体制的转换。市场经济，其核心是竞争机制。国家行政主管部门仅对产品、建设工程的特性及验收要求制定标准，即技术法规，控制产品的成品质量，满足法定规定的各项功能要求，而生产过程的技术条件及措施，行政部门不作强制规定，即体现了在技术领域内实行开放政策，行政部门不介入。我国实行开放政策，经济体制转为社会主义市场经济，并日益深化完善，必然将促进竞争机制日益发展。马克思主义的观点认为，在社会的变革中，生产力是最活跃的因素，促进生产力发展的动力是科学技术，因此，对生产技术不应该强制约束，而应该是开放性的。国际上经济发达国家之所以经济发展快速，就在于对技术市场赋予竞争机制，行政部门仅止于宏观控制和疏导，并不具体干预、控制，否则只能阻滞技术发展。

伴随着经济体制改革，政府职能也同时在转变，已逐步从政府包办一切转为宏观调控。对关系国家和公众利益的建设工程的质量与安全问题，是政府重点监控的对象。在讲求依法行政的今天，工程建设标准势必成为各级政府对工程质量、安全进行监督管理的重要技术依据。面对如此众多和内容庞杂的强制性标准，政府部门要面面俱到地监控每一个环节是根本不可能的。2000 年 1 月，国务院《建设工程质量管理条例》的出台，对在我国社会主义市场经济条件下建立新的建设工程质量管理制度的一系列重大问题，作出了明确规定。其中，建设市场主体实施工程建设强制性标准的责任、义务、处罚措施，以及政府主管部门对实施工程建设强制性标准监督的规定，具体而严格。不执行工程建设强制性标准就是违反《建设工程质量管理条例》，就要给予相应的处罚，这些要求是迄今为止国家对不执行强制性标准所作出的最为严厉的规定。但与此同时，将强制性标准作为建设工程活动各方主体必须遵循的基本依据，也使现有工程建设标准体制与市场经济体制间的矛盾日益突出和激化。改革工程建设标准的体制，按照国际惯例重新构建适应社会主义市场经济体制的工程建设标准新体制并为宏观经济体制改革瞒务，已势在必行。

正是由于工程建设标准存在的这些问题，造成了标准的实施，尤其是监督管理重点不突出、缺乏可操作性，实施监督的方式、方法、组织管理等都难以落实。

3.《强制性条文》是建设工程质量管理工作的需要

随着各级领导对工程质量管理工作的高度重视，单纯依靠行政手段管理质量问题已远远不能适应形势的需要，规范、监督对建设工程质量有决定性作用的工程技术活动，显得日趋重要：充分发挥行政法规和技术标准两方面的作用，二者相辅相成，共同规范监督建设活动中的市场行为与技术行为，从而保证建设工程质量、安全。建设部在 1999 年的工程质量大检查中，首次将是否执行现行强制性标准列为重要内容之一。虽然当时仅是针对房屋建筑的结构和基础两部分的质量问题进行检查，但为了使检查工作顺利进行，不得不临时组织有关专家，依据相应的强制性标准，提炼、摘录出与质量安全直接相关的条文，编成《质量检查要点》以供检查之用。此时的《质量检查要点》可以说相当于现在的强制性条文的雏形，也是工程建设标准化为适应质量管理工作的需要而迈出的探索性的一步。《建设工程质量管理条例》促使这种探索不得不加快进程，确保有关规定贯彻落实，并真正体现条例处罚的目的，做到重点突出、要求明确、处罚得当、处罚到位，因此，必须把现行标准中的强制性条款抽出来，形成《强制性条文》。就在《条例》出台 4 个月后，经过 150 余名专家 10 余天夜以继日的工作，2000 年版强制性条文得以诞生。

（3）《强制性条文》是在现行法律构架内的权宜之策

上面已经谈到，工程建设标准体制必须要适应社会经济体制。为适应社会主义市场经济体制和国际形势的需要，1996 年的《工程建设标准化"九五"工作纲要》中，就明确了需要研究建立工程建设技术法规和技术标准体制，以使我国的工程建设标准体制更好地适应开放政策和市场经济的深化发展。研究工作目前已取得一定成果，参照发达国家的先进经验，尽快建立我国的技术法规——技术标准相结合的工程建设标准体制，以满足市场经济和加入 WTO 的要求，成为工程建设标准化改革的首要任务。但从研究中我们也看到，任何国家的技术法规都不是孤立存在的，其密切依附于这一国家的法律构架之中，并由此产生相应的法律效力。《标准化法》作为我国技术立法的基本依据，其赋予了强制性标准的法律效力，在其未修改之前，工程建设标准体制改革，只能在其所规定的强制性标准与推荐性标准相结合的体制框架中进行。所以，《工程建设标准强制性条文》从其名称、产生过程、表达形式到批准发布程序，都基本遵照了标准的模式，并纳入了工程建设标准体系中，成为重要组成部分。所有这些，并不能有损于其标准化历史中里程碑的地位。随着其在规范市场和质量管理中所发挥的重要作用的日益体现，以及其自身的不断完善，完全可能成为真正意义上的、具有中国特色的"技术法规"，或成为将来"技术法规"的最重要基础。

4.执行《工程建设标准强制性条文》应注意的问题

从 2000 年版的强制性条文发布至今，广大的工程技术及管理人员对其均有了不同程度的理解和掌握，但在执行的过程中，可能还会有各种疑惑。为了有助于大家能够在进一步深入理解的基础上，正确贯彻执行强制性条文和强制性标准，从而使自身的技术活动始终处于国家法律法规允许的范围内，根据部分反馈意见，提出以下几点执行《工程建设标准强制性条文》应当注意的问题：

（1）准确理解强制性条文与强制性标准的关系

目前的强制性条文仍是摘自相应的强制性标准，二者由此有着密不可分的联系。强制性条文和强制性标准同属工程建设标准化范畴，强制性条文因源于强制性标准，依据《标准化法》，二者在法律上具有相同的效力。但它们的目的、适用范围有所区别。

强制性条文是保证建设工程质量安全的必要技术条件，是为确保国家及公众利益，针对建设工程提出的最基本的技术要求，体现的是政府宏观调控的意志，是为政府部门进行建设工程质量监督检查提供的重要技术依据。在政府部门所组织的以强制性条文为依据的各项检查、审查中，对违反强制性条文规定者，无论

其行为是否一定导致事故的发生，都将依据《建设工程质量管理条例》和 81 号部令的规定进行处罚。即平常所说的"事前查处"。

目前阶段所称的强制性标准包含三部分的标准：一部分是批准发布时未明确为强制性标准，但从不带"／"的编号可看出其为强制性标准；另一部分是批准发布时已明确为强制性标准的；还有一部分就是 2000 年后批准发布的，批准时虽然未明确其为强制性标准，但其中有必须严格执行的强制性条文（黑体字），编号也不带"／"，此类标准也应视为强制性标准。

强制性标准是每个工程技术及管理人员在正常的技术活动中均应遵循的规则。强制性标准中的所有条文都是围绕某一范围的特定目标提出的技术要求或技术途径，这些技术要求或技术途径都是成熟可靠、切实可行的，工程技术人员应当根据标准条文中采用的严格程度不同的用词（如"必须"、"应"、"宜"、"可"等）去遵照执行。强制性标准更多体现了政府的技术指导性，在无充分理由且未经规定程序评定时，不得突破强制性标准的规定。当发生质量安全问题后，强制性标准将作为判定责任的依据。即"事后处理"。

（2）全面准确执行强制性条文和强制性标准的规定

广大工程技术人员应积极以现行工程建设标准为技术指导及技术依据，开展自己的技术活动。现行的工程建设技术标准已基本覆盖了工程建设的各个领域和各个环节，而且其中的技术要求或实现某一目标的技术途径都是有可靠基础和成熟应用经验，且切实可行的，在一定程度上体现着国家的技术经济政策。以往的经验已经说明，在建设工程勘察、设计、施工、监理和验收过程中严格执行国家现行标准，就能够保证工程的质量与安全。此外，认真学习和掌握强制性条文，不仅是质量监督管理人员，也是所有工程技术人员所必需的。这可以帮助我们准确把握技术活动的关键环节，从而确保自身的技术活动是在法律法规允许的范围内。但绝对不能把强制性条文视为保证工程质量的充分条件，亦即不能把强制性条文作为自身技术活动的惟一依据。

在此还要提请大家注意，无论强制性条文还是强制性标准，均有一定的时效性，是不断发展变化的。随着强制性标准制定、修订和发布，不仅要废止原有相应标准，其中的强制性条文也将补充、替代原有的强制性条文。如，2002 年版强制性条文发布实施后，又有新标准批准发布，这些标准中的强制性条文（黑体字）就将补充（对新制定标准而言）或替代（对修订标准而言）2002 年版强制性条文，2002 年版强制性条文中的相应条文同时废止。所以，要执行强制性条文必须要将 2002 年版强制性条文与新批标准中的强制性条文对照合并使用，才能称得上全面、准确。从动态的意义上讲，2002 年版的强制性条文一经批准发布，可能在实施之前就已经是含有部分失效内容的版本了。这种问题的出现，也是源于强制性条文的产生方式及其与强制性标准间的密切联系。所以我们所说的现行强制性条文应该是 2002 年版和新批准标准中强制性条文的综合体。这是我们必须注意和面对的事实，标准所追求的先进性和法规所要求的稳定性，在目前形式的强制性条文中无法同时体现。这一问题的解决只能有待于今后工程建设标准体制的进一步改革。

另外，还有强制性条文自身存在的一些不足之处，因执行当中尚存在以下问题：

①由于强制性条文摘自各呈有机整体的强制性标准中，所以难免有断章取义之嫌，各强制性条文间的内在逻辑关联性不强。所以，在贯彻执行强制性条文时，必须在全面理解、掌握原强制性标准相关条文的基础上，准确把握强制性条文的实质。

②目前强制性条文仅摘自现行强制性标准，这一方面是由于法律效力有效延续的问题，但也造成现行强制性条文并不能覆盖工程建设领域的各个环节。一些推荐性标准所覆盖的领域、环节中可能也有直接涉及质量、安全、环保、人身健康和公众利益的技术要求。所以，作为工程技术人员，要确保工程质量安全，除必须严格执行强制性条文和强制性标准外，还应积极采用国家推荐性标准。

③要及时向《强制性条文》相应部分的管理委员会进行咨询和反馈信息。在《强制性条文》执行中，当遇到有争议的具体问题时，最好的办法是及时地向《强制性条文》相应部分的咨询委员会进行咨询，寻求帮助或确认。当《强制性条文》在实际执行中遇到困难或技术上处理不妥时，应当及时把有关的信息反馈给相应的咨询委员会，以便在修改《强制性条文》时处理，促使《强制性条文》的内容不断趋于合理。

④与不执行《强制性条文》的行为作斗争。执行《强制性条文》的规定，是参与建设活动各方的法定义务，遇到不按照《强制性条文》规定执行的情况时，一定要坚持原则，防止同流合污。既可以坚决拒绝，也可以向有关主管部门反映。

第4讲 工程建设标准化的监督保障措施

一、对强制性标准执行情况的监督

1.监督部门

按照我国现行法律法规的规定，强制性标准的执行监督机构包括国务院工程建设主管部门、国务院有关行业主管部门、地方工程建设主管部门、建设项目规划审查机关、施工设计图设计文件审查单位、建筑安全监督管理机构、工程质量监督机构等。

国务院建设行政主管部门负责全国实施工程建设强制性标准的监督管理工作。国务院有关行政主管部门按照国务院的职能分工负责实施工程建设强制性标准的监督管理工作。县级以上地方人民政府建设行政主管部门负责本行政区域内实施工程建设强制性标准的监督管理工作。工程建设标准批准部门应当对工程项目执行强制性标准情况进行监督检查。

建设项目规划审查机构应当对工程建设规划阶段执行强制性标准的情况实施监督。施工图设计文件审查单位应当对工程建设勘察、设计阶段执行强制性标准的情况实施监督。建筑安全监督管理机构应当对工程建设施工阶段执行施工安全强制性标准的情况实施监督。工程质量监督机构应当对工程建设施工、监理、验收等阶段执行强制性标准的情况实施监督。建设项目规划审查机关、施工设计图设计文件审查单位、建筑安全监督管理机构、工程质量监督机构的技术人员必须熟悉、掌握工程建设强制性标准。

2.监督手段

我国现行法律法规中，《建设工程质量管理条例》、《建设工程安全生产管理条例》、《实施工程建设强制性标准监督规定》对工程建设强制性标准的监督手段做出了规定。从这些规定中可以看出，我国目前对工程建设强制性标准执行的监督手段主要包括检查文件和资料、现场检查两种，而监督检查的方式则包括重点检查、抽检和专项检查三类。

县级以上人民政府建设行政主管部门和其他有关部门履行监督检查职责时，有权采取下列措施：要求被检查的单位提供有关工程质量的文件和资料；进入被检查单位的施工现场进行检查；发现有影响工程质量的问题时，责令改正。

3.责任认定程序

目前我国法律法规对违反工程建设强制性标准的责任认定程序并无明确规定，《标准化法》和《标准化法实施条例》对产品标准的检验和认证机构做出了规定。《建筑法》和《建筑法修改稿》也对工程建设行业的质量认证制度做出了初步规定。但是目前对于工程建设强制性标准的认证制度针对的只是工程质量，而对于健康、安全、环境等其他方面的标准的检验和认证制度还没有完全建立起来。

二、对推荐性标准的认证

我国现行法律法规均未对推荐性标准的认证问题做出规定。相比对于强制性标准执行监督的详细规定，这是一片空白区域。在将来的技术法规.技术标准体系中，技术标准不应该成为技术法规的补充，而应当成为技术要求高于技术法规的更高的标准。虽然不强制执行，却应该比强制执行的技术标准更具有吸引力，成为优秀的企业竞相追逐的目标。将来的制度设计应该能够让那些执行比技术法规要求的技术更为先进的技术标准的企业获得相应的好处，这样才能鼓励它们采用先进的标准。如何对将来的技术标准执行情况进行认证，并对采用比技术法规要求更为严格的技术标准的企业进行鼓励，是一个亟待解决的问题。不解决这个问题，就无法改变目前推荐性标准无人问津的尴尬局面。

三、对无标产品和技术的认证

我国现行的标准化法律和工程建设法律施行时间都比较早，当时还没有考虑到无标产品和技术的认证问题，所以其中并未对其做出规定。近年来，随着我国加入WTO，工程建设行业也越来越开放，大量我国现行标准中没有规定的新技术和新产品进入到我国工程建设市场，对这些产品和技术如何认证成了一个亟待解决的问题。

在较晚出台的《建设工程勘察设计管理条例》中，对于无标产品和技术的认证第一次做出了明确的规定。"建设工程勘察、设计文件中规定采用的新技术、新材料，可能影响建设工程质量和安全，又没有国家技术标准的，应当由国家认可的检测机构进行试验、论证，出具检测报告，并经国务院有关部门或者省、自治区、直辖市人民政府有关部门组织的建设工程技术专家委员会审定后，方可使用"。

《实施工程建设强制性标准监督规定》更进一步，对于现行强制性标准无规定的国际标准或国外标准的应用问题做出了规定，"工程建设中拟采用的新技术、新工艺、新材料，不符合现行强制性标准规定的，应当由拟采用单位提请建设单位组织专题技术论证，报批准标准的建设行政主管部门或者国务院有关主管部门审定。工程建设中采用国际标准或者国外标准，现行强制性标准未作规定的，建设单位应当向国务院建设行政主管部门或者国务院有关行政主管部门备案"。规定对于此类标准的采用实行备案制，透露出我国对于采用工程建设领域国际先进标准的积极开放态度。

第3单元　标准实施执行情况记录及分析评价方法

第1讲　施工企业标准化体系建设

一、工作机构

（1）施工企业应建立工程建设标准化委员会，主任委员应由本企业的法定代表人或授权的管理者担任。

（2）施工企业工程建设标准化委员会的主要职责应符合下列要求：

1）统一领导和协调企业的工程建设标准化工作；贯彻执行国家现行有关标准化法律、法规和规范性文件，以及工程建设标准；

2）确定与本企业方针目标相适应的工程建设标准化工作任务和目标；

3）审批企业工程建设标准化工作的长远规划、年度计划和标准化活动经费；

4）审批工程建设标准体系表和企业技术标准；

5）负责国家标准、行业标准、地方标准和企业技术标准的实施，以及企业技术标准化工作的监督检查。

（3）施工企业应设置工程建设标准化工作管理部门。主要职责应符合下列要求：

1）贯彻执行过安家现行有关标准化法律、法规和规范性文件，以及工程建设标准；

2）组织制订和落实企业工程建设标准化工作任务和目标；

3）组织编制和执行企业工程建设标准化工作长远规划、年度计划和标准化工作活动经费计划等；

4）组织编制和执行企业工程建设标准体系表，负责企业技术标准的编制及管理；

5）负责组织协调本企业工程建设标准化工作，以及专、兼职标准化工作人员的业务管理；

6）组织编制企业工程建设标准化工作管理制度和奖惩办法，并贯彻执行；

7）负责组织国家标准、行业标准、地方标准和企业技术标准执行情况的监督检查；

8）贯彻落实企业工程建设标准化委员会对工程建设标准化工作的决定；

9）参加国家、行业有关标准化工作活动等。

（4）施工企业工程建设标准化委员会和标准化工作管理部门应配备相应的专（兼）职工作人员。工作人员应具备工程建设标准化知识和相应的专业技术知识。

（5）各职能部门的标准化职责应符合下列要求：

1）组织实施企业标准化工作由职能部门下达的标准化工作任务；

2）组织实施与本部门相关的技术标准；

3）确定本部门负责标准化工作的人员；

4）按技术标准化工作要求对员工进行培训、考核和奖惩。

（6）各工程项目经理部应配置专（兼）职标准员负责标准的具体实施工作。

二、企业工程建设标准体系表

（1）施工企业应建立本企业工程建设标准体系表。

（2）施工企业工程建设标准体系表应符合企业方针目标，并应贯彻国家现行有关标准化法律、法规和企业标准化规定。

（3）施工企业工程建设标准体系表的层次结构通用图，宜符合图1—1的规定。

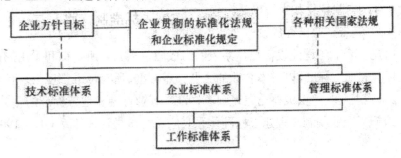

图1—1 施工企业工程建设标准体系表层次结构通用图

施工企业工程建设技术标准体系表层次结构基本图，宜符合图1-2的规定。

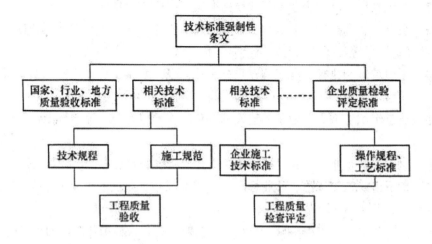

图1-2 施工企业工程建设，技术标准体系表层次结构基本图

施工企业应将本企业工程建设技术标准体系表层次结构基本图中每个方框中技术标准列出明细表，明细表宜符合表1—9的规定。

表1—9 ××层次工程建设技术标准名称表

序号	编码	标准代号和编号		标准名称	实施日期	被代替标准号	备注
		国标、行标、地标	企标				

（4）施工企业工程建设标准体系表应编制标准编码，编码规则可结合企业标准体系中标准种类、数量等情况确定，并应在本企业内统一。

（5）施工企业建立的工程建设标准体系表应进行标准的符合性和有效性评价。评价应分为自我评价和水平确认。

（6）施工企业工程建设标准体系表的组成应符合下列要求：

1）施工企业工程建设标准体系表的组成应包括企业所贯彻和采用的国家标准、行业标准和地方标准，以及本企业的企业技术标准。所有标准都应为现行有效版本；

2）施工企业应积极补充完善国家标准、行业标准和地方标准的相关内容；

3）施工企业编制工程建设标准体系表应符合质量管理体系 GB/T 19001 等的要求；

4）施工企业工程建设标准体系表，宜与企业所涉及范围的其他标准相互配套；

5）施工企业工程建设标准体系表应动态管理，及时将新发布的工程建设国家标准、行业标准和地方标准列入体系表内。

三、组织管理工作

（1）施工企业工程建设标准化工作管理部门应根据本企业的发镇方针目标，提出本企业工程建设标准化工作的长远规划。长远规划应包括下列主要内容：

1）本企业标准化工作任务目标；

2）标准化工作领导机构和管理部门的不断健全完善；

3）标准化工作人员的配置；

4）标准体系表的完善；

5）标准化工作经费的保证；

6）贯彻落实国家标准、行业标准和地方标准的措施、细则的不断改进和完善；

7）企业技术标准的编制、实施；

8）国家标准、行业标准、地方标准和企业技术标准实施情况的监督检查等。

（2）施工企业工程建设标准化工作管理部门应根据本企业工程建设标准化工作长远规划制定工程建设标准化工作的年度工作计划、人员培训计划、企业技术标准编制计划、经费计划，以及年度和阶段技术标准实施的监督检查计划等，并应组织实施和落实。

（3）施工企业工程建设标准化工作年度计划应包括长远规划中的有关工作项目分解到本年度实施的各项工作。

（4）施工企业工程建设标准化工作年度企业人员培训计划应包括不同岗位人员培训的目标、培训学时数量、培训内容、培训方式等。

（5）施工企业工程建设标准化工作年度企业技术标准编制计划，应包括企业技术标准的名称、编制技术要求、负责编制部门、编制组组成、开编及完成时间及经费保证等。

（6）施工企业工程建设标准化工作年度及阶段技术标准实施监督检查计划，应包括检查的重点标准、重点问题，检查要达到的目的，以及检查的组织、参加人员、检查的时间、次数等。每次检查应写出检查总结。

（7）施工企业工程建设标准化工作应明确标准化工作管理部门、工程项目经理部和企业内各职能部门的工作关系，以及有关人员的工作内容、要求、职责，并应符合下列要求：

1）标准化工作管理部门和企业各职能部门及有关人员的工作内容和职责应是《施工企业工程建设技术标准化管理规范》（JGJ／T 198—2010）各项内容的细化。并采取措施保证国家标准、行业标准和地方标准在本部门贯彻落实。

2）施工企业内部各职能部门应将有关标准化工作内容、要求落实到有关人员。

3）施工企业内部各职能部门、工程项目经理部和人员，应接受标准化工作管理部门对标准化工作的组织与协调。

（8）施工企业工程建设标准化工作管理部门，应负责本企业有关人员日常标准化工作的指导。在实施标准的过程和日常业务工作中，应及时为有关人员提供标准化工作方面的服务。

（9）施工企业应建立工程建设标准化工作人员考核制度，对每项标准的落实执行情况和每个工作岗位工作完成情况进行考核。

（10）施工企业工程建设标准化委员会，应对企业工程建设标准化工作管理部门的工作进行监督检查。

四、信息和档案管理

（1）施工企业工程建设标准化信息和档案，应由企业工程建设标准化工作管理部门或资料管理部门负责收集、整理、登记和保管，并应达到技术标准档案完整、准确和系统，以及有效利用。

（2）施工企业工程建设标准化信息资料分类整理后，应加盖资料专用长、编目建卡，并应方便借阅。资料应为纸质文档和电子文档，并应逐步向电子文档发展。有条件的宜建立企业网站、企业标准资料库。

（3）施工企业工程建设标准化工作开展情况的信息，应按时向企业主管领导报告，重要情况或重大问题应向当地住房和城乡建设主管部门报告。

（4）施工企业工程建设标准化信息应包括下列内容：

1）国家现行有关标准化法律、法规和规范性文件，以及工程建设标准的信息；

2）本企业技术标准化工作任务和目标，技术标准化工作长远计划，以及年度工作计划等；

3）本企业工程建设标准化组织机构、管理体系和有关工作管理制度及奖惩办法等；

4）国家标准、行业标准和地方标准现行标准目录、发布信息及有关标准；

5）国家现行有关标准化法律、法规和规范性文件执行情况；

6）本企业工程建设标准化体系表及执行情况；

7）国家标准、行业标准和地方标准执行情况；

8）本企业技术标准编制及实施情况；

9）企业工程建设技术标准化工作评价情况；

10 主要经验及存在问题等。

五、工作评价

（1）施工企业应每年进行一次工程建设标准化工作的评价，不断改进标准化工作,并应根据评价绩效进行奖惩。对在企业标准化工作中成绩突出的部门和人员应给予表扬或奖励;对贯彻标准不力或造成不良后果的应进行批评教育,对造成事故的应按规定进行处理。

(2)施工企业工程建设标准化工作评价宜符合表 1—10 的规定。

表 1—10　施工企业工程建设技术标准化工作评价表

序号	评价标准		分值	实得分
1	企业工程建设标准化领导机构是否健全		5	
2	企业工程建设标准化工作管理部门是否健全		5	
3	企业工程建设标准化实施等管理制度是否健全		5	
4	企业决策层及最高管理层对企业技术标准化工作的认知度情况		5	
5	执行国家标准、行业标准和地方标准情况	有完善的国家标准、行业标准和地方标准的执行措施,强制性条文逐条有措施文件,其他标准 70%及以上有措施文件	20	
		有完善的国家标准、行业标准和地方标准的执行措施,强制性条文有措施文件,其他标准 50%以上有措施文件	15	
		有基本的国家标准、行业标准和地方标准的执行措施,强制性条文有措施文件	10	
6	企业技术标准体系完善程度	完善,涉及主要分部分项工程,有标准体系表,并能执行	10	
		较完善,涉及部分分部分项工程,有标准体系表,基本执行	8	
7	企业技术标准的编制、复审和修订情况		5	
8	企业技术标准化宣传、培训及执行情况		5	
9	工程项目执行技术标准情况	执行达到目标,95%以上执行	15	
		基本达到目标,75%以上执行	10	
		一般化	8	
10	工程建设标准资料档案管理情况	较好,有制度能执行	5	
		一般,无制度或有制度执行不好	2	
11	工程建设标准化的奖罚情况	设立奖励基金,制定奖罚办法并运行良好	5	
		有奖罚措施,运行一般	2	

续表

序号		评价标准	分值	实得分
12	对工程建设标准化工作投入资金情况	能满足企业技术标准化工作需要	10	
		基本满足企业技术标准化工作需要	5	
13	标准化工作绩效管理评价	有制度定期进行绩效评价	5	
综合得分		优秀	95及以上	
		良好	85及以上	
		合格	75及以上	
		不合格	75以下	

注：特级施工企业应有自己独立的企业技术标准体系；一级施工企业应有自己的企业技术标准（可以是自己独立、也可以是自己所打品牌的企业技术标准）。

（3）企业标准属科技成果，施工企业可将具有显著经济效益、社会效益、环境效益的企业标准作为科技成果申报相应的科技奖励。

第2讲 强制性标准执行情况检查

一、检查目的

（1）进一步增强对工程建设强制性标准执行和建筑节能工作重要性和紧迫性的认识；

（2）督促贯彻落实《工程建设质量管理条例》、《民用建筑节能条例》；

（3）督促各建设、设计、施工、监理单位、施工图审查机构严格执行工程强制性标准，落实国家建设部和省市关于工程建设强制性标准和建筑节能的政策措施；

（4）总结省、市工程建设强制性标准执行和建筑节能工作中好的经验和做法，及时发现存在的问题并提出改进措施。

二、检查内容

1.工程建设强制性标准执行情况

（1）各地市、区县建设行政主管部门及其委托的质量、安全机构实施工程建设强制性标准监督管理情况；

（2）建设过程中规划、勘察、设计、施工图审查、施工、监理、验收等各环节实施工程建设强制性标准情况，并通过实施各环节检查建设、勘察、设计、施工、监理等各方责任主体及施工图审查机构和检测机构执行工程建设强制性标准的情况。

2. 建筑节能专项检查

（1）各市、区、县建设行政主管部门贯彻落实国家建筑节能有关政策法规、技术标准及结合本地实际推进建筑节能工作的情况；

（2）各市、区、县建筑节能专项规划和建筑节能考核目标责任分解落实情况；

（3）各市、区、县既有建筑节能改造和供热计量等工作的实施情况；

（4）通过施工图审查的民用建筑施工图设计文件；

（5）在建项目建筑节能施工质量情况；

（6）建筑节能信息公示和建筑能效测评情况。

三、检查程序

（1）听取被查地市贯彻执行工程建设强制性标准和建筑节能政策情况；

（2）查看被检地市有关执行工程建设强制性标准和建筑节能的具体文件及资料；

（3）按照"随机抽取"的原则，对建设项目进行检查。听取建设、施工、监理、勘察设计等单位的汇报，查看施工图文件、检测报告等有关内业资料，重点检查施工现场的安全、质量、建筑节能的强制性标准执行情况。

四、检查重点

1. 工程建设强制性标准执行情况

（1）各地市、区县建设局建筑节能日常管理工作，重点检查：

1）贯彻国家、省有关政策法规、规范性文件情况；

2）出台地方相关措施情况；

3）制定地方标准发展规划情况；

4）组织机构和责任落实情况；

5）是否组织专项自查，有无书面报告；

6）是否组织强制性标准培训，参加人员层次、数量和范围；

（2）在建工程重点检查涉及工程质量、安全、抗震等相关问题。

1）勘察阶段标准执行情况；

2）施工图设计阶段标准执行情况；

3）工程建设、设计、施工、施工图审查、施工、监理等单位执行标准情况。

2. 建筑节能

（1）各市、区县建设局建筑节能日常管理工作，重点检查：

1）制定操作性强的实施方案情况、建筑节能管理制度或规范性文件制定情况、结合本地实际推进建筑节能工作情况；

2）执行建筑节能标准的情况；

3）有关专业人员节能技术宣传、培训组织情况；

4）节能技术及材料推广、应用情况；

（2）施工图设计文件重点检查：

1）设计单位是否按照现行国家强制性节能设计标准进行设计，是否进行节能指标的验算，对窗墙比、冷桥等部位是否采取相应措施以确保标准的落实；

2）施工图设计审查机构是否按有关规定进行节能设计专项审查；

3）审查通过的施工图设计文件是否符合节能设计标准。

（3）在建工程重点检查：

1）建设单位是否存在施工图设计文件未经审查，擅自组织施工，是否擅自变更已批准的施工图设计文件；有无明示或暗示施工单位违反节能设计标准，不做或少做节能措施；是否存在"阴阳图"问题；是否在施工、销售现场张贴民用建筑节能信息；

2）施工单位是否按经审查合格的图纸施工，对涉及到节能施工的隐蔽性工程有无记录，记录资料是否真实、齐全、完整；

3）工程监理单位是否督促施工单位严格按照节能设计进行施工，有无见证资料，见证材料是否真实、齐全、完整；

4）涉及到节能的围护结构、墙体材料、门窗、保温材料和其它节能产品与设备是否达到国家相关标准和推广应用要求，是否进行了必要的检测。

5）工程验收时，有无建筑节能的设计审查记录、施工监理记录、隐蔽验收记录和材料等相关文件。

工程建设强制性标准执行情况检查

建设行政主管部门工作评分用表

部门名称：

序号	检 查 内 容	满分	得分	评分标准
1	贯彻落实国家、省有关政策法规、规范性文件的情况	20		是否按要求组织开展相关工作？
2	出台地方相关措施情况	10		是否出台或即将出台相关措施？
3	制定地方相关发展规划情况	10		是否制定规划？规划的深度？规划实施情况？
4	组织机构情况	10		是否落实责任部门和人员？有无专项经费？
5	专项监督检查情况	20		是否组织自查？有无书面检查结果？
6	施工图设计文件审查工作开展情况	10		是否在施工图审查中发行违反强制性标准的情况进行处理？
7	相关培训和普及工作情况	10		是否组织标准培训？参加培训人员层次、数量、范围
8	工作创新举措情况	10		有何创新举措？成效如何？
以上得分				
9	施工图设计文件抽查情况	30		是否发现施工图设计文件中存在违反强制性标准？
10	工地现场抽查情况	20		是否发现工地现场存在违反强制性标准？
合计得分				

检查组成员签字：　　　　　　　　　　　　　　检查日期：

工程建设强制性标准执行情况检查
施工图设计文件抽查用表

工程所在地：

工程名称			
工程地点		总建筑面积	（平方米）
建筑类别		建筑层数	
规划内容标准执行情况			
勘察阶段标准执行情况			
施工图设计阶段标准执行情况	建筑		
	结构		
	水电		
	暖通		
	电气		
	节能		
	其他		
工程有关责任主体单位基本情况			
	单位名称	资质情况	负责人及联系方式
建设单位			
设计单位			
施工图审查机构			
施工单位			
监理单位			

检查组成员签字：　　　　　　　　　　　检查日期：

工程建设强制性标准执行情况检查
工地现场抽查用表

工程所在地：

工程名称				
工程地点			总建筑面积	平方米
建筑类别			建筑层数	
建设单位			联系人	
	单位名称		资质情况	负责人及联系方式
施工单位				
监理单位				
检测单位				
施工现场执行标准情况	施工单位执行标准专设机构、人员的情况			
	监理单位执行标准专设机构、人员的情况			
	现场实施情况（可参考基本需求表形式）			

检查组成员签字：　　　　　　　　　　　　检查日期：

基 本 要 求

受检地区：　　　　　　　　　　　　　　　　　　时间：　　年　月　日

工程名称		建设单位		检查人员	
结构类型		受检部位		开工日期	
施工单位		项目经理		负责人	

《建筑工程施工质量验收统一标准》（GB 50300—2013）

条号	项　目	检查内容	检查方法	检查情况	判定	
3.0.3.1	规范执行	1. 建筑工程施工质量应符合本标准和相关专业验收规范的规定。	检查规范、标准的储备与执行		符合	不符合
3.0.3.2	工程施工符合勘察、设计的要求	2. 建筑工程施工应符合工程勘察、设计文件的要求。	检查按图施工、技术交底、设计变更、组织设计		符合	不符合
3.0.3.3	人员资格	3. 参加工程施工质量验收的各方人员应具备规定的资格。	检查资格证书		符合	不符合
3.0.3.4	验收过程	4. 工程质量的验收均应在施工单位自行检查评定的基础上进行。	检查验收程序		符合	不符合
3.0.3.5	隐蔽验收	5. 隐蔽工程在隐蔽前应由施工单位通知有关单位进行验收，并应形成验收文件。	检查隐蔽验收记录		符合	不符合
3.0.3.6	见证取样	6. 涉及结构安全的试块、试件以及有关材料，应按规定进行见证取样检测。	检查见证取样方案、报告、台账		符合	不符合
3.0.3.7	检验批	7. 检验批的质量应按主控项目和一般项目验收。	抽查检验批验收记录		符合	不符合
3.0.3.8	功能检测	8. 对涉及结构安全和使用功能的重要分部工程应进行抽样检测。	抽查检测报告		符合	不符合

续表

条　号	项　目	检查内容	检查方法	检查情况	判定
3.0.3.9	检测单位资质	9. 承担见证取样检测及有关结构安全检测的单位应具有相应资质。	检查检测单位及人员证书		符合 不符合
3.0.3.10	观感质量	10. 工程的观感质量应由验收人员通过现场检查，并应共同确认。	抽查检查记录		符合 不符合
5.0.4	单位（子单位）工程验收	单位（子单位）工程质量验收合格应符合下列规定：1. 单位（子单位）工程所含分部（子分部）工程的质量均应验收合格。2. 质量控制资料应完整。3. 单位（子单位）工程所含分部工程有关安全和功能的检测资料应完整。4. 主要功能项目的抽查结果应符合相关专业质量验收规范的规定。5. 观感质量应符合要求。	抽查分部验收、质量控制、功能检测、主要功能抽查、观感等验收资料		符合 不符合
5.0.7	严禁验收	通过返修或加固处理仍不能满足安全使用要求的分部工程、单位（子单位）工程，严禁验收。	检查结构修补方案、验收报告		符合 不符合
5.0.3	验收报告	单位工程完工后，施工单位应自行组织有关人员进行检查评定，并向建设单位提交工程验收报告。	检查验收报告		符合 不符合
5.0.4	工程验收	建设单位收到工程验收报告后，应由建设单位（项目）负责人组织施工（含分包单位）、设计、监理等单位（项目）负责人进行单位（子单位）工程验收。	检查工程验收的组织与程序		符合 不符合
5.0.7	工程备案	单位工程质量验收合格后，建设单位应在规定时间内将工程竣工验收报告和有关文件，报建设行政管理部门备案。	检查工程竣工验收备案表		符合 不符合

建 筑 节 能 专 项 检 查
建设行政主管部门检查用表

部门名称：

序号	检查项目	具体内容	满分分值	得分			评分标准
				好	中	差	
1	政策法规	贯彻落实国家、省有关政策法规、规范性文件的情况	10				是否按要求组织开展工作?是否提出贯彻措施?
		出台地方相关政策	10				是否出台或即将出台地方政策?有无专项资金?
		制定地方建筑节能发展规划	10				是否制定规划?规划的深度?规划实施情况?
		墙体改革工作开展情况	5				墙改工作是否与建筑节能协调,墙改专项基金征收、对建筑节能支持情况
2	标准、新技术	建筑节能国家、地方标准执行情况	10				是否提出具体实施措施、要求?
		建筑节能新技术、产品研发、推广使用	10				是否提出工作要求、措施,取得怎样成效?
		可再生能源利用情况	10				是否结合地方特点开展可再生能源的应用?,应用成效如何?
3	行政监管	建筑节能管理机构	10				是否成立专门机构?人员、经费、职能、工作开展情况
		建筑节能施工图设计文件审查工作开展情况	5				是否开始建筑节能施工图专项审查?审查情况如何?
		组织开展本地区建筑节能专项检查	5				是否组织自查?有无书面检查结果?
		建筑节能试点示范及成果扩散	10				是否组织示范?按什么标准?成果是否推广?
		在施工、竣工验收与备案等环节对建筑节能设计标准的监督管理	5				在施工、竣工验收环节是否有建筑节能专项内容
4	宣传培训	全社会宣传建筑节能工作	5				是否召开现场会、是否开展市民公开宣传活动
		在新闻媒体上宣传建筑节能工作	5				是否在电视、电台、报纸、网络等媒体开展宣传?
		组织建筑节能相关培训和普及工作	10				是否组织培训?参加培训人员层次、数量、范围
5	其他	建筑节能工作创新举措	10				有何创新举措?成效如何?
	以上得分共计						
6	项目抽查	抽查项目建筑节能实施情况	70				图纸50分,现场 20分。
	得 分 合 计（分）		200				

检查组成员签名：_____   检查日期：

评分说明

1.检查范围：主要针对各市和县（市）建设行政主管部门。

2.本评分表主要围绕日常推进建筑节能主要方面工作进行评分，具体包括政策法规、技术标准、行政监管及宣传培训四个方面，同时考虑各地在推进建筑节能方面工作方法、侧重的不同，另设了建筑节能创新举措的分值。本次专项检查将对具体工程进行抽查，抽查结果将作为对推进建筑节能工作的实际效果的评估计入，满分为 70 分。以上各部分总和为 200 分。

3.项目抽查的得分是所有单个项目的平均得分。

建筑节能专项检查受检工程基本情况表

工程所在地：

工程名称				
工程地点		总建筑面积		平方米
建筑类别		建筑层数		
项目建设周期				
建筑节能	建筑专业设计节能措施概况			
	电气专业设计节能措施概况			
	暖通专业设计节能措施概况			
给排水专业设计节水措施概况				
其他节能、节地、节材等措施概况				

项目有关单位基本情况			
	单位名称	资质情况	项目负责人员
建设单位			
设计单位			
施工图审查机构			
施工单位			
监理单位			
综合评价			

检查组成员签字：　　　　　　　　　　　检查日期：

建筑节能专项检查
居住建筑节能设计质量检查用表

工程所在地：　　　　　　　　　项目名称：

序号	检查项目	检查内容与依据	符合	基本符合	不符合	得分并说明
一、建筑围护结构						
1	体形系数	建筑物体形系数符合北京市《民用建筑节能设计标准》（DB11-XXX）第 XXX 条的规定，若不符合，则建筑物围护结构应加强保温，其传热系数应符合表第 5.2.1 条规定的限值	3～4	1～2	0	
2	外窗传热系数	不同朝向、不同窗墙比的外窗传热系数符合北京市《民用建筑节能设计标准》（DB11-XXX）第 XXX 条的规定，若不符合，则建筑物外窗的传热系数应按表 5.2.4 采用。	3～4	1～2	0	
3	外窗气密性	外窗气密性等级符合北京市《民用建筑节能设计标准》（DB11-XXX）第 XXX 条的规定	3～4	1～2	0	
4	围护结构传热系数	围护结构各部分的传热系数和热惰性指标符合北京市《民用建筑节能设计标准》（DB11-XXX）第 XXX 条的规定，若不符合，其传热系数不应超过表 5.2.1 条规定的限值	3～4	1～2	0	
二、采暖系统						
1	计量与温控	集中采暖系统按北京市《民用建筑节能设计标准》（DB11-XXX）第 XXX 条的规定，设置分室（户）温度控制及分户热计量装置	3～4	1～2	0	
项目综合得分						
综合评价	□好（15 分以上）　　　□中（15～12 分）　　　□差（12 分以下）					

检查组成员签字：　　　　　　　　　　　　检查日期：

建筑节能专项检查公共建筑节能设计质量检查用表

项目所在地：　　　　　　　　　　　　　　项目名称：

序号	检查项目	检查内容与依据	符合	基本符合	不符合	得分并说明
一、建筑围护结构						
1	建筑热工性能	建筑围护结构的热工性能符合《公共建筑节能设计标准》（GB 50189-2015）第4.2.2的规定；或不符合规定时，按要求进行权衡判断	2	1	0	
2	窗墙比	建筑窗墙比符合《公共建筑节能设计标准》（GB 50189-2015）第4.2.4条的规定；或不符合规定时，按要求进行权衡判断	2	1	0	
3	屋顶	建筑屋顶透明部分面积不超过《公共建筑节能设计标准》（GB 50189-2015）第4.2.6条规定的限值；或超过时，按要求进行权衡判断	2	1	0	
二、采暖空调系统						
1	电热源的限制	电热锅炉、电热水器作为直接采暖和空调系统的热源，必须符合《公共建筑节能设计标准》（GB 50189-2015）第5.4.2条的规定	2	1	0	
2	锅炉	锅炉额定热效率符合《公共建筑节能设计标准》（GB 50189-2015）第5.4.3条的规定	2	1	0	
3	电压缩式冷（热）水机组	电压缩式冷（热）水机组的性能系数（COP）符合《公共建筑节能设计标准》（GB 50189-2015）第5.4.5条的规定	2	1	0	
4	单元式空调机组	电压缩单元式空调机组的能效比（EER）不低于《公共建筑节能设计标准》（GB 50189-2015）第5.4.8条的规定	1	0	0	
5	吸收式机组	溴化锂吸收式冷水机组及直燃型溴化锂吸收式冷（温）水机组性能参数符合《公共建筑节能设计标准》（GB 50189-2015）第5.4.9条的规定	1	0	0	
6	空调负荷计算	建筑物冷热负荷按《公共建筑节能设计标准》（GB 50189-2015）第5.1.1条的规定进行热负荷和逐项逐时的冷负荷计算	1	0	0	
三、照明						
1	办公	办公建筑照明功率密度值不超过《建筑照明设计标准》（GB 50034-2013）第6.1.2条规定的限值	1	0	0	
2	商业	商业建筑照明功率密度值不超过《建筑照明设计标准》（GB 50034-2013）第6.1.3条规定的限值	1	0	0	
3	旅馆	旅馆建筑照明的功率密度值不超过《建筑照明设计标准》（GB 50034-2013）第6.1.4条规定的限值	1	0	0	
4	医院	医院建筑照明功率密度值不超过《建筑照明设计标准》（GB 50034-2013）第6.1.5条规定的限值	1	0	0	
5	学校	学校建筑照明功率密度值不超过《建筑照明设计标准》（GB 50034-2013）第6.1.6条规定的限值	1	0	0	
项目综合得分						
综合评价		□好（15分以上）　　　□中（15～12分）　　　□差（12分以下）				

检查组成员签字：　　　　　　　　　　　　　检查日期：

第2部分

工程建设标准的编制

第1单元　工程建设标准编制规定

第1讲　工程建设标准的结构

一、一般规定

1.标准应由前引部分、正文部分和补充部分构成。

2.标准各部分的构成包括下列内容：

（1）前引部分

1）封面；

2）扉页；

3）公告；

4）前言；

5）目次。

（2）正文部分

1）总则；

2）术语和符号；

3）技术内容。

（3）补充部分

1）附录；

2）标准用词说明；

3）引用标准名录。

二、前引部分

1.标准封面应包括标准类别、检索代号、分类符号、标准编号、标准名称、英文译名、发布日期、实施日期、发布机构等要素。行业标准和地方标准的封面还应包括标准备案号。

2.标准编号由标准代号、发布标准的顺序号、发布标准的年号组成。同一类或同一领域标准的代号应统一。当标准中无强制性条文时，标准代号后应加"/T"表示。例如：某项有强制性条文的国家标准编号采用"GB 50×××-20××"表示，某项无强制性条文的国家标准编号采用"GB/T 50×××-20××"表示。

3.标准名称应符合下列规定：

（1）标准名称应简练明确地反映标准的主题内容；

（2）标准名称宜由标准的对象、用途和特征名三部分组成；

例如：<u>钢结构</u>　　<u>设计</u>　　<u>规范</u>

　　　（对象）　（用途）　（特征名）

（3）标准应根据其特点和性质，采用"标准"、"规范"或"规程"作为特征名；

（4）标准名称应有对应的英文译名。

4.标准发布公告应包括下列主要内容：

（1）标题及公告号；

（2）标准名称和编号；

（3）标准实施日期；

（4）有强制性条文的，应列出强制性条文的编号；全文强制的，用文字表明；

（5）全面修订的标准应列出被替代标准的名称、编号和废止日期；

（6）局部修订的标准，应采用"经此次修改的原条文同时废止"的典型用语予以说明；

（7）批准部门需要说明的其他事项。

5.标准的前言应包括下列内容：

（1）制订（修订）标准的任务来源；

（2）概述标准编制的主要工作和主要技术内容；对修订的标准，还应简述主要技术内容的变更情况；

（3）当标准中有强制性条文时，应采用"本标准（规范、规程）中以黑体字标志的条文为强制性条文，必须严格执行"的典型用语，予以说明；同时还应说明强制性条文管理、解释的负责部门；

（4）标准的管理部门、日常管理机构，以及具体技术内容解释单位名称、邮编和通信地址；

（5）标准的主编单位、参编单位、主要起草人和主要审查人员名单。必要时，还可包括参加单位名单。

6.参加单位名单的确定和编排，应符合下列规定：

（1）对在标准编制过程中提供技术、科研、试验验证等支持且贡献比较突出的，同时而未具体承担标准编写的单位，可作为标准的参加单位；

（2）参加单位名单应在参编单位名单之后顺序编排。

7.主要审查人员名单的确定和编排，应符合下列规定：

（1）主要审查人员应是参与标准审查的专家组成员，并应以签名为准；

（2）主要审查人员名单应在主要起草人名单之后另行编排。

8.标准正文目次应包括中文目次和英文目次；英文目次应与中文目次相对应，并在中文目次之后另页编排；英文目次页码应与中文目次页码连续。

9.标准的目次应从第 1 章按顺序列出，包括：章名、节名、附录名、标准用词说明、引用标准名录、条文说明及其起始页码。标准的页码应起始于第 1 章。

三、正文部分

1.标准的总则应按下列内容和顺序编写：

（1）制定标准的目的；

（2）标准的适用范围；

（3）标准的共性要求；

（4）执行相关标准的要求。

2.制定标准的目的，应概括地阐明制定该标准的理由和依据。

3.标准的适用范围应与标准的名称及其规定的技术内容相一致。在规定的范围中，当有不适用的内容时，应指明标准的不适用范围。

标准的适用范围不应规定参照执行的范围。

4.对标准的适用范围可采用"本标准（规范、规程）适用于……"的典型用语；对标准的不适用范围可采用"本标准（规范、规程）不适用于……"的典型用语。

5.标准的共性要求应为涉及整个标准的基本原则，或是与大部分章、节有关的基本要求。当共性要求的内容较多时，可独立成章，章名宜采用"基本规定"。

6.执行相关标准的要求应采用"……，除应符合本标准（规范、规程）外，尚应符合国家现行有关标准的规定"的典型用语。

7.标准中采用的术语和符号（代号、缩略语），当现行标准中尚无统一规定，且需要给出定义或涵义时，可独立成章，集中列出。当内容少时，可不设此章。

8.标准中的符号（代号、缩略语）应符合国家现行有关标准的规定。当现行标准中没有规定时，应采用国际通用的符号。当无国际通用的符号时，应采用字母符号表示。

9.标准中的物理量和计量单位应符合《中华人民共和国法定计量单位》、《中华人民共和国法定计量单位使用方法》和国家现行有关标准的规定。

10.标准中技术内容的编写，应符合下列原则：

（1）应规定需要遵守的准则和达到的技术要求以及采取的技术措施，不得叙述其目的或理由；

（2）定性和定量应准确，并应有充分的依据；

（3）纳入标准的技术内容，应成熟且行之有效。凡能用文字阐述的，不宜用图作规定；

（4）标准之间不得相互抵触，相关的标准条文应协调一致。不得将其他标准的正文或附录作为本标准的正文或附录；

（5）章节构成应合理，层次划分应清楚，编排格式应符合统一要求；

（6）技术内容表达应准确无误，文字表达应逻辑严谨、简练明确、通俗易懂，不得模棱两可；

（7）表示严格程度的用词应恰当，并应符合标准用词说明的规定；

（8）同一术语或符号应始终表达同一概念，同一概念应始终采用同一术语或符号；

（9）公式应只给出最后的表达式，不应列出推导过程。在公式符号的解释中，可包括简单的参数取值规定，不得作其他技术性规定。

11.标准中强制性条文的编写还应符合下列规定：

（1）强制性条文应为直接涉及人民生命财产安全、人身健康、环境保护、能源资源节约和其他公共利益，且必须严格执行的条文；

（2）强制性条文应是完整的条，当特殊需要时可为完整的款；

（3）强制性条文应采用黑体字标志。

12.对专门的术语标准或符号标准，其技术内容构成可按现行国家标准《标准编写规则　第 1 部分：术语》GB/T20001.1 和《标准编写规则　第 2 部分：符号》GB/T20001.2 的有关规定执行。

四、补充部分

1.附录应与正文有关，并为正文条文所引用。附录应属于标准的组成部分，其内容具有与标准正文同等的效力。

2.标准中表示严格程度的用词应采用规定的典型用词。标准用词说明应单独列出，编排在正文之后，有附录时应排在附录之后。典型用词及其说明应符合下列规定：

（1）表示很严格，非这样做不可的用词：

正面词采用"必须"，反面词采用"严禁"；

（2）表示严格，在正常情况均应这样做的用词：

正面词采用"应"，反面词采用"不应"或"不得"；

（3）表示允许稍有选择，在条件许可时首先应这样做的用词：

正面词采用"宜"，反面词采用"不宜"；

（4）表示有选择，在一定条件下可以这样做的用词，采用"可"。

3.引用标准名录的编写应符合下列要求：

（1）引用标准名录应是标准正文所引用过的标准或参照采纳的国际标准、国外标准，其内容应包括标准名称及编号，标准编号应与正文的引用方式一致；

（2）应按照国家标准、行业标准、地方标准及参照采纳的国际标准或国外标准的层次，依次列出；

（3）当每个层次有多个标准时，应按先工程建设标准、后产品标准的顺序，依标准编号顺序排列；

（4）参照采纳的国际标准或国外标准应按先国际标准、后国外标准的顺序，依标准编号顺序排列。

第 2 讲　层次划分及编排格式

一、层次划分

1.标准正文应按章、节、条、款、项划分层次。在同一层次中应按先主后次、共性优先的原则进行排序。

2.章是标准的分类单元，节是标准的分组单元，条是标准的基本单元。条应表达一个具体内容，当其层次较多时，可细分为款，款亦可再分成项。

当某节内容较多或内容较复杂时，可在该节增加次分组单元，但所属节的条文编号应连续；次分组单元的编号应采用大写罗马数字顺序编号。

二、层次编号

1.标准的章、节、条编号应采用阿拉伯数字，层次之间加圆点，圆点应加在数字的右下角。

2.章的编号应在同一标准内自始至终连续；节的编号应在所属章内连续；条的编号应在所属的节内连续。

当章内不分节时，条的编号中对应节的编号应采用"0"表示。

3.款的编号应采用阿拉伯数字，项的编号应采用带右半括号的阿拉伯数字。款的编号应在所属的条内连续；项的编号应在所属的款内连续。

三、附录

1.附录的层次划分和编号方法应与正文相同。但附录的编号应采用大写正体英文字母,从"A"起连续编号。编号应写在"附录"两字后面。例如:附录 A;A.2;A.2.1 等。附录号不得采用"I"、"O"、"X"三个字母。

2.附录应按在正文中出现的先后顺序依次编排。附录应设置标题,其排列格式应在"附录"号后空一字加标题居中;每个附录应另页编排。

3.附录中表、公式、图的编号方法应与正文中的表、公式、图的编号方法一致。

4.当一个附录中的内容仅为一个表时,不应编节、条号,应在附录号前加"表"字编号。例如附录 C 为一个表,其编号为"表 C"。

5.当一个附录中的内容仅为一个图时,不应编节、条号,应在附录号前加"图"字编号。例如附录 C 为一个图,其编号为"图 C"。

四、格式编排

1.标准中的每章应另起一页编排。"章"、"节"应设置标题,其排列格式应在"章"、"节"号后空一字加标题居中;"条"号的排列格式从左起顶格书写;"款"号从左起空二字书写;"条"、"款"的内容应在编号后空一字书写,换行时应顶格书写。"项"号应左起空三字书写,其内容应在编号后接写,换行时应与上行首字对齐。若条文分段叙述时,每段第一行均左起空二字书写。

2.术语、符号一章,当同时存在术语和符号时,应分节编写。

每个术语应编写为一条,其内容应包括中文名称、英文名称、术语定义。中文名称和英文名称应在编号后空一字书写,中文名称后空两字书写英文对应词,术语定义应在英文名称换行后空两字书写。

符号内容应包括符号及其涵义,符号与涵义之间应加破折号,符号的计量单位不应列出。符号可不编号,但应按字母顺序排列。对性质相同的多个符号可归为一条。

五、引用标准

1.国家标准、行业标准可以引用国家标准或行业标准,不应引用地方标准;地方标准可以引用国家标准、行业标准或地方标准。

被引用的行业标准或地方标准必须是经备案的标准。

2.当工程建设标准采用国际标准或国外标准的有关内容时,不得引用其名称和编号,应将采纳的相关内容结合标准编写的实际,作为标准的正式条文列出。

3.当标准中涉及的内容在有关的标准中已有规定时,宜引用这些标准代替详细规定,不宜重复被引用标准中相关条文的内容。

4.对标准条文中引用的标准在其修订后不再适用,应指明被引用标准的名称、代号、顺序号、年号。例如：《×××××》GB50***－2006。

　　5.对标准条文中被引用的标准在其修订后仍然适用，应指明被引用标准的名称、代号和顺序号，不写年号。例如：《×××××》GB50***。

　　6.强制性条文中引用其他标准，仅表示在执行该强制性条文时，必须同时执行被引用标准的有关规定。

　　强制性条文中不应引用本标准中非强制性条文的内容。

第 3 讲　编写细则

一、一般规定

　　1.标准的编号应符合工程建设标准管理的有关规定。标准一经编号，其顺序号不应改变。经修订重新发布，应将原标准发布年号改为该标准重新发布的年号。行业标准和地方标准的备案顺序号不应改变。

　　2.标准的封面及扉页应按《工程建设标准出版印刷规定》的格式编写。

二、典型用语

　　1.标准条文中，"条"、"款"之间承上启下的连接用语，应采用"符合下列规定"或"符合下列要求"等典型用语。

　　2.在本标准条文中引用其他条文时，应采用"符合本标准（规范、规程）第*.*.*条的规定"或"按本标准（规范、规程）第*.*.*条的规定采用"等典型用语。

　　3.在本标准条文中引用其他表、公式时，应分别采用"按本标准（规范、规程）表*.*.*的规定取值"和"按本标准（规范、规程）公式（*.*.*）计算"等典型用语。

　　4.在叙述性文字段中描述偏差范围时，应采用"允许偏差为"的典型用语，不应写成大于（或小于）、超过等。

三、表

　　1.当条文中采用表有利于对标准的理解时，宜采用表格的方式表述。

　　2.表应有表名，并应列于表格上方居中。

　　3.条文中的表应按条号前加"表"字编号。当同一个条文中有多个表时，可在条号后加表的顺序号。例如：第 3.2.5 条的两个表，其表编号应分别为"表 3.2.5－1"、"表 3.2.5－2"。表的编号后应空一字列出表名，一并居中排于表格顶线上方。例如：

表 2—1　围墙与各建（构）筑物的最小间距

建（构）筑物名称	最小间距（m）
甲类物料仓库及堆场	10.0
一般建筑物	5.0
道路路面	1.5
标准轨距铁路	5.0

3.表应排在有关条文附近，与条文的内容相呼应，并应采用"符合表*.*.*规定"或"按表*.*.*的规定确定"等典型用语。

表中的栏目和数值可根据情况横列或竖列。当遇大表格需跨两页及以上时，应在每页重复表的编号，并在续排表的编号前加"续表"二字。

4.表内数值对应位置应对齐，表栏中文字或数字相同时，应重复写出。当表栏中无内容时，应以短横线表示，不留空白。

表内同一表栏中数值应以小数点或者以"—"等符号为准上下对齐；数值的有效位数应相同。

5.表中各栏数值的计量单位相同时，应把共同的计量单位加括号后紧接表格名右方书写。若计量单位不同时，应将计量单位分别写在各栏标题或各栏数值的右方或正下方。

四、公式

1.条文中的公式应按条号编号，并加圆括号，列于公式右侧顶格。当同一条文中有多个公式时，应连续编号。例如：（3.2.5-1）、（3.2.5-2）。

2.条文中的公式应居中书写。

3.公式应接排在有关条文的后面，与条文的内容相呼应，并可采用"按下式计算"或"按下列公式计算"等典型用语。

4.公式中符号的涵义和计量单位，应在公式下方"式中"二字后注释。公式中多次出现的符号，应在第一次出现时加以注释，以后出现时可不重复注释。

5.公式中符号的注释不得再出现公式。"式中"二字应左起顶格，加冒号后接写需注释的符号。符号与注释之间应加破折号，破折号占两字。每条注释均应另起一行书写。若注释内容较多需要回行时，文字应在破折号后对齐，各破折号也应对齐。

五、图

1.标准中引用中华人民共和国地图时，应符合有关法律法规的规定。

2.图应有图名，并应列于图下方居中。

3.条文中的图应按条号前加"图"字编号。当一个条文中有多个图时，可在条文号后加图的顺序号。例如：第 3.2.5 条有两个图，其图号应分别为"图 3.2.5-1"、

"图 3.2.5-2"。

4.对几个分图组成一个图号的图，在每个分图下方采用（a）、（b）、（c）......顺序编号并书写分图名。

5.图应排在有关条文内容之后。可在条文中采用括号标出图的编号。

6.图中不宜写文字，可采用图注号 1、2、3、......或 a、b、c......，图注应在图的编号及图名下方排列。例如：

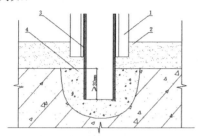

图 2—1 预留洞法拼樘料与墙体的固定

1—拼樘料；2—伸缩缝填充物；3—增强型钢；4—水泥砂浆

六、数值

1.标准中的数值应采用正体阿拉伯数字。但在叙述性文字段中，表达非物理量的数字为一至九时，可采用中文数字书写。例如："三力作用于一点"。

2.分数、百分数和比例数的书写，应采用数学符号表示。例如：四分之三、百分之三十四和一比三点五，应分别写成 3/4、34% 和 1∶3.5。

3.当书写的数值小于 1 时，必须写出前定位的"0"。小数点应采用圆点。例如：0.001。

4.书写四位和四位以上的数字，应采用三位分节法。例如：10，000。

5.标准中标明量的数值，应反映出所需的精确度。数值的有效位数应全部写出。例如：级差为 0.25 的数列，数列中的每一个数均应精确到小数点后第二位。

正确的书写：1.50，1.75，2.00

不正确的书写：1.5，1.75，2

6.当多位数的数值需采用 10 的幂次方式表达时，有效位数中的"0"必须全部写出。例如：100000 这个数，若已明确其有效位数是三位，则应写成 100×10^3，若有效位数是一位则应写成 1×10^5。

7.多位数数值不应断开换行、换页。

8.带有表示偏差范围的数值应按下列示例书写：

$20℃ \pm 2℃$ 或 $(20 \pm 2)℃$，　　　　　不应写成 $20 \pm 2℃$；

$20℃^{+2}_{-1}℃$，　　　　　不应写成 $20^{+2}_{-1}℃$；

0.65±0.05,	不应写成 0.65±.05;
50^{+2}_{0} mm,	不应写成 50^{+2}_{-0} mm;
（55±4）%,	不应写成 55±4%或 55%±4%。

9.表示参数范围的数值，应按下列方式书写：

10N～15N 或（10～15）N,	不应写成 10～15N;
10%～12%,	不应写成 10～20%;
$1.1×10^5$～$1.3×10^5$,	不应写成 1.1～$1.3×10^5$;
18°～36°30',	不应写成 18～36°30';
18°30'～-18°30',	不应写成 ±18°±30'。

10.带有长度单位的数值相乘，应按下列方式书写：

外形尺寸 $l×b×h$（mm）：240×120×60，或 240mm×120mm×60mm，不应写成 240×120×60mm。

七、量、单位的名称及符号

1.标准中的物理量和有数值的单位应采用符号表示，不应使用中文、外文单词（或缩略词）代替。

2.符号代表特定的概念，代号代表特定的事项。在条文叙述中，不得使用符号代替文字说明。例如：

正确书写	不正确书写
（1）钢筋每米重量	（1）钢筋每 m 重量
（2）搭接长度应大于 12 倍板厚	（2）搭接长度应＞12 倍板厚
（3）测量结果以百分数表示	（3）测量结果以%表示

3.在标准中应正确使用符号。

单位的符号应采用正体字母。

物理量的主体符号应采用斜字母，上角标、下角标应采用正体字母，其中代表序数的 i、j 为斜体。

代号应采用正体字母。

4.当标准条文中列有同一计量单位的系列数值时，可仅在最末一个数值后写出计量单位的符号。例如：10、12、14、16MPa。

八、标点符号和简化字

1.图名、表名、公式、表栏标题，不应采用标点符号；表中文字可使用标点符号，最末一句不用句号。

2.在条文中不宜采用括号方式表达条文的补充内容；当需要使用括号时，括号内的文字应与括号前的内容表达同一含义。

3.标点符号应采用中文标点书写格式。句号应采用"。"，不采用"."；范围符号应采用"～"，不采用"—"；连接号应采用"-"，只占半格，写在字间；破折号占两格。

4.每个标点符号应占一格。各行开始的第一格除引号、括号、省略号和书名号外，不得书写其他标点符号，标点符号可书写在上行行末，但不占一格。

5."注"中或公式的"式中"，其中间注释结束后加分号，最后的注释结束后加句号。

6.标准条文及条文说明应采用国家正式公布实施的简化汉字。

九、注

1.注应采用 1、2、3……顺序编号。注的字体应比正文字体小一号。

2.当条文中有注释时，其内容应纳入条文说明。当确有必要时，可在条文的下方列出。注释内容中不得出现图、表或公式。

3.表注可对表的内容作补充说明和补充规定。表注应列于表格下方，采用"注"与其他注释区分。表中只有一个注时，应在注的第一行文字前标明"注："；同一表中有多个注时，应标明"注：1、2、3……"等。

4.图注不应对图的内容作规定，仅对图的理解作说明。图注列于图名的下方。

5.角注可对条文或表中的内容作解释说明，术语和符号不得采用角注。角注应标注在所需注释内容的右上角。

6."注"的排列格式应另起一行列于所属条文下方，左起空二字书写，在"注"字后加冒号，接写注释内容。每条注释换行书写时，应与上行注释的首字对齐。

第 4 讲　条文说明

1.条文说明的编写应符合下列原则：

（1）标准正文中的条文宜编写相应的条文说明；当正文条文简单明了、易于理解无需解释时，可不作说明；

（2）强制性条文必须编写条文说明，且必须表述作为强制性条文的理由；

（3）条文说明不得对标准正文的内容作补充规定或加以引伸；

（4）条文说明不得写入涉及国家规定的保密内容；

（5）条文说明不得写入有损公平、公正原则的内容。

2.条文说明应包括封面页、制订（或修订）说明、目次、所需说明的内容。

3.条文说明封面页应包括标准类别、标准名称、标准编号以及"条文说明"字样。

4.制订（或修订）说明应简述标准编制遵循的主要原则、编制工作概况、重要问题说明以及尚需深入研究的有关问题。

对修订标准，尚应包括上次标准内容变化的主要情况及编制单位、主要人员名单。

5.条文说明目次应根据条文说明的实际章节按顺序列出章名、节名及页码。

6.条文说明的章节标题和编号应与正文相一致。

7.条文说明内容的编写应符合下列要求：

（1）应按标准的章、节、条顺序，以条为基础进行说明。需对术语、符号说明时，可按章或节为基础进行说明；

（2）条文说明应主要说明正文规定的目的、理由、主要依据及注意事项等。对引用的重要数据和图表还应说明出处；

（3）条文说明的表述应严谨明确、简练易懂，具有较强的针对性；

（4）内容相近的相邻条文可合写说明，其编号可采用"～"简写。例如：3.2.2～3.2.6；

（5）对修订或局部修订的标准，其修改条文的说明应作相应修改，并应对新旧条文进行对比说明。未修改的条文宜保留原条文说明，也可根据需要重新进行说明；

（6）条文说明的表格、图和公式编号，可分别采用阿拉伯数字按流水号连续编排；

（7）条文说明的内容不得采用注释；

（8）当条文说明与正文合订出版时，其页码应与正文连续编排，其中封面页应为暗码。

第2单元　标准编制审核流程

标准的编制与审核流程主要包括标准编制的准备、征求意见、送审、报批四个阶段，以及标准名称变更、主编单位变更、适用范围调整、主要技术内容调整、编制工作进度调整等事项的审批。本书以住房和城乡建设部"建标标函[2011]151号"《住房和城乡建设部标准编制工作流程（试行）》为例阐述：

第 1 讲　工作流程

1.编制组成立暨第一次工作会议应按下列程序进行：

（1）主编单位完成前期准备工作后，以电子邮件方式向标委会报送材料，同时抄标定司、相关业务主管单位、标定所。

（2）标委会的审查意见以电子邮件方式答复主编单位，同时抄标定司、相关业务主管单位、标定所。

（3）审查合格后，原则上由主编单位印发会议通知，抄标定司、相关业务主管单位、标定所、标委会。根据工作需要，也可由相关业务主管单位或标定司印发会议通知，抄标定司、相关业务主管单位、标定所、标委会。

（4）会议由标委会（或相关业务主管单位）主持并宣读编制组成员名单，标定司、相关业务主管单位、标定所视情况参加，并对编制工作提出指导意见和要求。

（5）会议结束 3 个工作日内，由主编单位负责将会议纪要等相关材料按要求上传至国家工程建设标准化信息网（以下简称 ccsn），标委会负责督促，标定所负责检查落实。

（6）会议结束 5 个工作日内，由印发会议通知的单位印发会议纪要，发全体参会人员及其所在单位，抄标定司、相关业务主管单位、标定所、标委会。可同时发送电子邮件。

2.征求意见应按下列程序进行：

（1）主编单位完成征求意见稿后，以电子邮件方式向标委会报送材料，同时抄标定司、相关业务主管单位、标定所。

（2）标委会审查意见以电子邮件形式答复主编单位，同时抄标定司、相关业务主管单位、标定所。审查合格后，标委会将材料以电子邮件方式报送标定所，同时抄标定司、相关业务主管单位、主编单位。

（3）标定所审查合格后，以电子邮件方式答复主编单位，同时抄标定司、相关业务主管单位、标委会。

（4）主编单位负责将相关材料按要求上传至 ccsn，并告知标定所、标委会。在 3 个工作日内，标定所负责将征求意见稿挂网。网上征求意见时间为 20 个工作日。

（5）网上征求意见开始后，标委会秘书处应同时通知标委会委员从 ccsn 上提交修改意见。网上征求意见期满，由主编单位负责汇总网上反馈意见，并研究提出处理意见。

（6）网上征求意见开始后，主编单位应同时印发定向征求意见函，征求意见单位及专家不少于 30 个。

（7）有需要向有关行政机关征求意见的标准，由标定司（或相关业务主管单位）印发书面征求意见函。

3.审查会相关工作应按下列程序进行：

（1）主编单位在完成送审准备工作后，以电子邮件方式向标委会报送材料，同时抄标定司、相关业务主管单位、标定所。

（2）标委会进行审查，视情况可组织标委会委员和审查会拟邀请的专家进行初步函审。标委会的审查意见以电子邮件方式反馈给主编单位，同时抄标定司、相关业务主管单位、标定所。

（3）达到会审条件后，标委会以电子邮件方式向标定所报送审查会相关材料，同时抄标定司、相关业务主管单位、主编单位。标定所进行审核，并商标定司同意后，由标定所以电子邮件方式答复标委会，同时抄标定司、相关业务主管单位及主编单位。

（4）审查会通知由标委会（或相关业务主管单位）印发，抄标定司、相关业务主管单位、标定所及主编单位、参编单位。标准编制组成员原则上应全体参加会议。审查会前应至少提前一周将标准送审稿、条文说明（产品标准为编制说明）、送审报告、征求意见汇总处理表等材料送达与会专家审查。可同时发送电子邮件。

（5）审查会由标委会主持并宣读审查专家名单。一般情况下，标定所应全程参会并提出审查工作要求。标定司、相关业务主管单位视情况参加。

（6）会议结束后3个工作日内，由主编单位负责将会议纪要等相关材料按要求上传至ccsn，标委会负责督促，标定所负责检查落实。

（7）会议结束后5个工作日内，由印发会议通知的单位负责印发会议纪要，抄标定司、相关业务主管单位、标定所、标委会及主编单位、参编单位、审查专家。

7.报批工作应按下列程序进行：

（1）主编单位完成报批稿后，以电子邮件方式向标委会报送材料，同时抄标定司、相关业务主管单位、标定所。

（2）标委会审查意见以电子邮件方式答复主编单位，同时抄标定司、相关业务主管单位、标定所，视情况抄送审查组专家和编制组成员。审查合格后，标委会向主编单位出具书面审查合格意见。

（3）对工程建设标准中的强制性条文，经标委会初审后，由标委会秘书处书面征求强制性条文协调委员会（以下简称强条委）意见，强条委应在5个工作日内以书面形式答复。

（4）主编单位向住房和城乡建设部行文报送纸质报批材料（含标委会出具的审查意见）。行文的同时应将材料以电子邮件方式报标定司、相关业务主管单位、标定所、标委会。根据工作需要，相关业务主管单位出具相关意见。

（5）标定司接到部办公厅批示后，委托标定所具体负责审查、协调，经与主编单位协商修改后,按程序签字后报标定司。期间重大事项标定所应及时报标定司。

(6)标定司按程序审核,审核同意后,以电子邮件方式通知主编单位将最终修改完成的报批材料上传至 ccsn,主编单位应在 3 个工作日内完成上传。标定司从 ccsn 下载并打印报批稿及条文说明,办理批准手续。

(7)有强制性条文的产品标准,按照国家标准化管理委员会的有关规定办理。

8.标准编制过程中的讨论协调会等其他工作,由主编单位自行安排,标准征求意见前的定稿会,标委会应尽可能参加。

9.标准名称变更、主编单位变更、适用范围调整、主要技术内容调整、编制工作进度调整等事项应按下列程序进行:

(1)主编单位向标定司报送请示。根据工作需要也可由主编单位先行请示相关业务主管单位,经同意后向标定司报送请示。

(2)标定司商有关单位研究,并函复主编单位,抄标定所、相关业务主管单位及标委会。

(3)变更调整事项(进度调整除外)原则上应在征求意见之前完成。在征求意见或审查会之后完成的,根据工作需要,视情况重新征求意见或组织专家审查。

第 2 讲　工作要求

1.编制组成立暨第一次工作会议阶段,主编单位报送的材料应包括下列内容:

(1)标准编制工作计划。主要内容包括:标准编制筹备工作进展,标准编制的依据、背景、意义,标准编制的工作基础,主要技术内容和需要解决的重点、难点问题,需要开展的专题调查、研究、试验和测试验证,需要开展的专题论证,主编、参编单位组成,编制组人员,进度计划安排。

(2)标准编写大纲,具体分工;

(3)拟召开编制组成立暨第一次工作会议的时间、地点、日程安排、人员安排。

2.编制组成立暨第一次工作会议会议纪要应包括下列内容:

(1)会议的主要情况,讨论确定的主要事项,参会人员名单。

(2)经第一次工作会议讨论确定的标准编写大纲、具体分工、标准编制工作计划。

编制组成立暨第一次工作会议原则上要求全体编制组人员到会,主编单位的主要编制人员应全程参加。

3.征求意见阶段主编单位报送的材料应包括下列内容:

（1）征求意见函。

（2）标准征求意见稿及条文说明（产品标准为编制说明），内容应完整并应符合标准编写规定。

（3）已开展的专题调查、研究、试验和测试验证情况，已开展的专题论证情况。

（4）尚未开展的工作以及未按计划完成的工作情况说明，需要调整的专题调查、研究、试验和测试验证情况说明。

（5）拟定向征集意见的单位及专家名单，定向征集意见的范围。

4.审查会前主编单位报送的材料应包括下列内容：

（1）送审报告。主要内容包括：标准编写任务来源，标准编写过程简介，开展的专题论证、主要调查、研究、试验、测试验证成果，与相关标准的协调处理情况。征求意见及处理情况简介。强制性条文及条文说明应逐条列出，并说明拟作为强制性条文的理由。需要提请专家审议解决的事项。节能减排专项报告、经济社会效益预测分析。

（2）标准送审稿及条文说明（产品标准为编制说明），内容应完整并应符合标准编写规定。

（3）征求意见的处理情况及汇总分析。

（4）拟邀请参加审查会的专家名单。

（5）拟召开审查会的时间、地点，会议日程安排、人员安排。

5.审查会会议纪要应包括下列内容：

（1）会议的主要情况，主要审查意见，审查结论。

（2）专家签字名单、审查会议记录、意见汇总、参会人员名单及通讯录等。

6.报批阶段报送的材料应包括下列内容：

（1）报批请示函。

（2）报批稿及条文说明（产品标准为编制说明）。

（3）标准强制性条文及条文说明清单，强制性条文协调委员会对强制性条文的审查意见。

（4）审查会意见汇总处理表。

（5）报住房和城乡建设部的纸质报批材料中，应包括标委会出具的审查意见。

7.标委会审查编制组成立暨第一次工作会议材料的时间不应超过 3 个工作日，审查征求意见稿和审查会材料的时间不应超过 5 个工作日，审查报批稿材料的时间不应超过 10 个工作日，主编单位也应按相应时限返回意见。

8.标委会、标定所对于材料的审查，原则上应一次性提出审查意见，主编单位应及时根据审查意见对稿件进行认真修改并及时返回意见。

9.工程建设标准的专家审查会议，审查时间原则上不少于 2 天；产品标准的专家审查会议，审查时间原则上不少于 1 天。会前已由标委会组织函审的可视情况适当减少审查时间。审查专家应对标准逐章逐节逐条进行审查，审查会上可视情况适度集中。审查会结论为"不通过"的，主编单位应根据审查意见开展相关工作，稿件成熟后再重新按程序进行审查。审查会上专家意见有重大分歧的，会后应专门召开协调论证会。

10.参加标准审查会的专家，原则上应具备高级以上职称，并应全程参加会议，不得中途离开或者提前离开。审查专家应亲笔在审查会议纪要上签字，不可代签。提供书面审查意见的专家，意见应一式两份并亲笔签署，一份交标委会，一份交主编单位。

11.在我部下达标准年度制修订计划后，标定所、标委会应及时做好人员分工并报标定司，要明确责任，做好跟踪管理。标定所、标委会人员参加标准编制工作会议应全程参加。对于同一标准，参加工作会议的人员应相对固定。

12.标委会秘书处应于每月末向标定司报送本月工作情况和下月初步计划，并抄标定所。主要内容包括本月标准编制进度状态分析，会议召开情况，重要标准的动态报告，下月工作安排，需要解决的主要问题等。标委会每年年底应向标定司提交年度工作总结，抄标定所。

13.主编单位、标委会发出的材料、报告、函复意见、通知等，应同时抄标定司、相关业务主管单位、标定所。

14.主编单位向住房和城乡建设部报送报批稿材料，印发正式会议通知、会议纪要、征求意见函，向标定司请示标准名称变更、主编单位变更、适用范围调整、主要技术内容调整、编制工作进度调整等事项，应使用纸质文件。其他往来材料宜使用电子邮件方式。

标准编制工作流程及内容表

	编制组成立暨第一次工作会议	征求意见	审查会	报批	变更名称、主编单位等
主编单位	1.编写、报送、修改相关材料 2.协调会议时间 3.印发会议通知 4.印发会议纪要 5.上传材料至 ccsn	1.编写、报送、修改相关材料 2.定向征求意见，并回收意见 3.网上意见、定向意见汇总处理 4.上传材料至 ccsn	1.编写、报送、修改相关材料 2.拟定专家名单、时间、地点 3.印发会议纪要 4.上传材料至 ccsn	1.编写、报送、修改相关材料 2.向住建部报送报批文件 3.上传材料至 ccsn	向标定司报送请示

续表

	编制组成立暨第一次工作会议	征求意见	审查会	报批	变更名称、主编单位等
标委会	1.审查相关材料 2.主持会议并宣读编制组成员	1.审查相关材料 2.通知标委会委员上网提意见 3.视情况参会	1.审查相关材料 2.视情况组织初步函审 3.协调会议时间、印发会议通知 4.主持会议并宣读审查专家名单	1.审查相关材料 2.视情况书面征求强条委意见 3.出具书面审查合格意见	回复标定司的意见
标定所	1.视情况参会 2.提出标准编制工作要求	1.审核相关材料 2.将征求意见稿挂网	1.审核并商标定司 2.全程参会并提出审查工作要求	1.审核相关材料 2.协助办理批准手续	回复标定司的意见
标定司	1.视情况参会 2.提出标准编制指导意见	视情况向有关行政单位征求意见	视情况参会	1.委托标定所审核 2.办理批准手续	研究、批复

注：相关业务主管单位有特殊要求的，由标定司协商处理。

15.各项审查工作必须坚持公平、公正原则，合理安排计划，提高工作效率。

16.标准编制工作流程及内容简表附后。

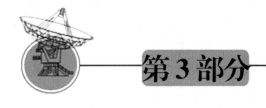

第3部分

建筑工程施工工艺方法
与标准应用

第1单元　地基与基础工程施工顺序

第1讲　土方开挖工程

一、施工准备

（1）场地清理。施工区域内障碍物要调查清楚，制订方案，并征得主管部门同意，拆除影响施工的建筑物、构筑物；拆除和改造通信和电力设施、自来水管道、煤气管道和地下管道；迁移树木。

（2）排除地面积水。尽可能利用自然地形和永久性排水设施，采用排水沟、截水沟或挡水坝等，把施工区域内的雨雪自然水、低洼地区的积水及时排除，使场地保持干燥，以便于土方工程施工。

（3）测设地面控制点。大型场地的平整，利用经纬仪、水准仪，将场地设计平面图的方格网在地面上测设固定下来，各角点用木桩定位，并在桩上注明桩号和施工高度数值，便于施工。

（4）修筑临时设施。修好临时道路、电力、通信及供水设施，以及生活和生产用临时房屋。

二、土方机械化施工

土方工程施工包括：土方开挖、运输、填筑和压实等。由于土方工程量大，劳动繁重，施工时应尽量采用机械化施工，以减轻繁重的体力劳动，加快施工进度。

（1）推土机施工：推土机由拖拉机和推土铲刀组成。按铲刀的操纵系统不同，分为钢索式和液压式，目前使用的主要是液压式。推土机能够单独完成挖土、运土和卸土工作，具有操作灵活、运转方便、所需工作面小、行驶速度快、易于转移等特点。

推土机经济运距在 100 m 以内，效率最高的运距在 60 m。为提高生产效率，可采用槽形推土、下坡推土及并列推土等方法。

（2）铲运机施工。铲运机是一种能独立完成铲土、运土、卸土、填筑、场地平整的土方施工机械。按行走方式分为牵引式铲运机和自行式铲运机，按铲斗操纵系统可分为液压操纵和机械操纵。

铲运机对道路要求较低，操纵灵活，具有生产效率较高的特点。它使用在一～三类土中直接挖、运土。经济运距在 600～1500 m，当运距在 800 m 效率最高。常用于坡度在 20° 以内的大面积场地平整，大型基坑开挖及填筑路基等，不适用于淤泥层、冻土地带及沼泽地区。

为了提高铲运机的生产效率，可以采取下坡铲土、推土机推土助铲等方法，缩短装土时间，使铲斗的土装得较满。在运行铲运机时，根据填、挖方区分布情况，结合当地具体条件，合理选择运行路线，提高生产率。一般有环形路线和"8"字形路线两种形式。

（3）单斗挖土机施工

单斗挖土机是土方开挖常用的一种机械。按工作装置不同，可分为正铲、反铲、拉铲和抓铲等多种。按其行走装置不同，分为履带式和轮胎式两类。按操纵系统的不同，可分为机械式和液压式两类。液压式单斗挖土机调速范围大，作业时惯性小，转动平稳，结构简单，一机多用，操纵省力，易实现自动化。

1）正铲挖土机。正铲挖土机的工作特点是：前进行驶，铲斗由下向上强制切土，挖掘力大，生产效率高。适用于开挖停机面以上一～三类土，且与自卸汽车配合完成整个挖掘运输作业，可用于挖掘大型干燥的基坑和土丘等。

正铲挖土机的开挖方式，根据开挖路线与运输车辆相对位置的不同，可分为正向挖土、反向卸土和正向挖土、侧向卸土两种。正向挖土、反向卸土，挖土机沿前进方向挖土，运输车辆停在挖土机后方装土。这种作业方式所开挖的工作面较大，但挖土机卸土时动臂回转角度大，生产率低，运输车辆要倒车开入，一般只适宜开挖工作面较小且较深的基坑。正向挖土、侧向卸土，挖土机沿前进方向挖土，运输车辆停在侧面装土。采用这种作业方式，挖土机卸土时动臂回转角度小，运输工具行驶方便，生产率高，使用广泛。

2）反铲挖土机。反铲挖土机的工作特点是：机械后退行驶，铲斗由上而下强制切土。挖土能力比正铲小。用于开挖停机面以下的一～三类土，适用于挖掘深度不大于 4 m 的基坑、基槽和管沟开挖，也可用于湿土、含水量较大及地下水位以下的土壤开挖。

反铲挖土机的开挖方式有沟端开挖和沟侧开挖两种。沟端开挖，挖土机停在沟端，向后倒退挖土，汽车停在两旁装土，开挖工作面宽。沟侧开挖，挖土机沿沟槽一侧直线移动挖土，挖土机移动方向与挖土方向垂直，此法能将土弃于距沟较远处，但挖土宽度受到限制。

3）拉铲挖土机。拉铲挖土机工作时利用惯性，把铲斗甩出后靠收紧和放松钢丝绳进行挖土或卸土，铲斗由上而下，靠自重切土。可以开挖一、二类土壤的基坑、基槽和管沟，特别适用于含水量较大的水下松软土和普通土的挖掘。拉铲开挖方式与反铲挖土机相似，有沟端开挖、沟侧开挖两种。

4）抓铲挖土机。抓铲挖土机主要用于开挖土质比较松软，施工面比较狭窄的基坑、沟槽和沉井等工程，特别适于水下挖土。土质坚硬时不能用抓铲施工。

（4）装载机。装载机按行走方式分为履带式和轮胎式两种，按工作方式分单斗装载机、链式装载机和轮斗式装载机。土方工程主要使用单斗式装载机，它具有操作灵活、轻便和快速等特点。适用于装卸土方和散料，也可用于松软土的表层剥离、地面平整和清理等工作。

（5）压实机械。根据土体压实机理，压实机械可分为冲击式、碾压式和振动压实机械三大类。

1）冲击式压实机械。冲击式压实机械主要有蛙式打夯机和内燃式打夯机两类。蛙式打夯机一般以电为动力。这两种打夯机适用于狭小的场地和沟槽作业，也可用于室内地面的夯实及大型机械无法到达的边角夯实。

2）碾压式压实机械。按行走方式不同，碾压式压实机械可分为自行式压路机和牵引式压路机两类。自行式压路机常用的有光轮压路机和轮胎压路机。自行式压路机主要用于土方、砾石、碎石的回填压实及沥青混凝土路面的施工。牵引式压路机的行走动力一般采用推土机（或拖拉机）牵引，常用的有光面碾、羊足碾。光面碾用于土方的回填压实，羊足碾适用于黏性土的回填压实，不能用在砂土和面层土的压实。

3）振动压实机械。振动压实机械是利用机械的高频振动，把能量传给被压土，降低土颗粒间的摩擦力，在压实能量的作用下，达到较大的密实度。按行走方式不同，振动压实机械分为手扶平板式振动压实机和振动压路机两类。手扶平板式振动压实机主要用于小面积的地基夯实。振动压路机按行走方式分为自行式和牵引式两种。振动压路机的生产效率高，压实效果好，能压实多种性质的土，主要用在工程量大的土方工程中。

第 2 讲 土方填筑与压实

为保证填方工程满足强度、变形和稳定性方面的要求，既要正确选择填土的土料，又要合理选择填筑和压实方法。

一、填料的要求

（1）级配砂石或石粉碴是良好的填筑材料，但造价高，无特殊要求一般不采用。

（2）含水量适中的黏性土可作各层填料。

（3）其他土及建筑垃圾只能用作无填实要求的填土或次要部位。

（4）土的最佳含水量——通过压实能得到最大密实度的土的含水量。

（5）当土的含水量大于最佳含水量时，应翻松、晾晒、风干或换土、掺入吸水材料，否则夯实后会产生橡皮土。

（6）当土的含水量小于最佳含水量时，可预先洒水湿润或边铺边喷水。

二、填土要求

（1）土方回填前，应根据工程特点、填料种类、设计压实系数、施工条件等合理选择压实机具，并确定填料含水量控制范围、铺土厚度和压实遍数等参数。对于重要的填方工程或采用新型压实机具时，上述参数应通过填土压实试验确定。

（2）填土时应先清除基底的树根、积水、淤泥和有机杂物，并分层回填、压实。填土应尽量采用同类土填筑。如采用不同类填料分层填筑时，上层宜填筑透水性较小的填料，下层宜填筑透水性较大的填料。填方基土表面应做成适当的排水坡度，边坡不得用透水性较小的填料封闭。填方施工应接近水平的分层填筑。当填方位于倾斜的地面时，应先将斜坡挖成阶梯状，然后分层填筑以防填土横向移动。

（3）分段填筑时，每层接缝处应做成斜坡形，辗迹重叠 0.5～1.0 m。上、下层错降距离不应小于 1 m。

三、填土方法

（1）填土前应做好有关准备工作，铺填料前，应清除或处理场地内填土层底面以下的耕土和软弱土层，在雨季、冬季进行压实填土施工时，应采取防雨、防冻措施。

（1）填土一般采用机械填土，用推土机、铲运机、装载机或自卸汽车进行。用自卸汽车填土，需用推土机推开推平；用机械填土时，可利用行驶的机械进行部分压实工作。

（3）填方施工结束后，应检查标高、边坡坡度、压实程度等。对基础以下的地基土，压实后应及时进行基础施工。

四、压实方法

压土方法有碾压、夯实和振动三种，此外还可利用运土工具压实。

（1）碾压法。碾压法是利用碾压式压实机械来压实土壤，主要用于大面积的填土，如场地平整、大型车间的室内填土等工程。平滚碾适用于碾压黏性和非黏性土；羊足碾只能用来压实黏性土；气胎碾对土壤碾压较为均匀。

按碾轮重量，平滚碾又分为轻型（6t 以下）、中型（8t 以下）和重型（10t）三种。轻型平滚碾压实土层的厚度不大，但土层上部可变得较密实，当用轻型平滚碾初碾后，再用重型平滚碾碾压，就会取得较好的效果。如直接用重型平滚碾碾压松土，则形成强烈的起伏现象，其碾压效果较差。

（2）夯实法。夯实法是利用冲击式压实机械来夯实土壤，主要用于小面积的回填土。

夯实法的优点是可以夯实较厚的土层。采用重型夯土机（如 1 t 以上的重锤）时，其夯实厚度可达 1～1.5 m。但对木夯、石硪或蛙式打夯机等夯土工具，其夯实厚度则较小，一般均在 200 mm 以内。

（3）振动法。振动法是利用振动压实机械来夯实土壤，此法用于振实非黏性土效果较好。近年来，又将碾压和振动结合而设计和制造出振动平碾、振动凸块碾等新型压实机械，振动平碾适用于填料为爆破碎石碴、碎石类土、杂填土或粉土的大型填方；

振动凸块碾则适用于粉质黏土或黏土的大型填方。当压实爆破石碴或碎石类土时，可选用 8～15 t 重的振动平碾，铺土厚度为 0.6～1.5 m，先静压、后振压，碾压遍数应由现场试验确定，一般为 6～8 遍。

第 3 讲　护坡桩支护

护坡桩支护结构是在基坑开挖前，沿基坑边沿施工成排的深度超过坑底的桩所构成的围护结构。

一、钢板桩支护

钢板桩支护，是用一种特制的型钢板桩，用打桩机沉入地下构成一道连续的板墙，作为基坑开挖的临时挡土、挡水围护结构。钢板桩常用的断面形式有 U 形（拉伸式）、Z 形和直腹板形等，如图 3—1 所示。

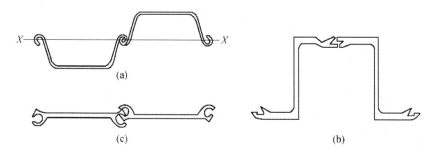

图 3—1 钢板桩截面形式

（a）U 形截面；（b）Z 形截面；（c）直腹截面

钢板桩通常有两种打桩方法：

（1）单独打入法。此法是从一角开始逐块插打，每块钢板桩自起打到结束中途不停顿。因此，桩机行走路线短，施工简便，打设速度快。但是，由于单块打入，易向一边倾斜，累计误差不易纠正，墙面平直度难以控制。一般在钢板桩长度不大于 10 m，工程要求不高时采用此法。

（2）围檩插桩法。要用围檩支架作板桩打设导向装置（图 3—2）。围檩支架由围檩和围檩桩组成，在平面上分单面围檩和双面围檩，高度方向有单层和双层之分。在打设板桩时起导向作用。双面围檩之间的距离，比两块板桩组合宽度大 8～15 mm。

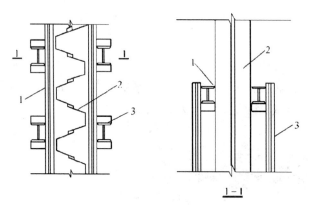

图 3—2 围檩插桩法

1—围檩；2—钢板桩；3—围檩支架

围檩插桩法施工中可以采用封闭打入法和分段复打法。

1）封闭打入法是在地面上，离板桩墙轴线一定距离先筑起双层围檩支架，而后将钢板桩依次在双层围檩中全部插好，成为一个高大的钢板桩墙，待四角实现封闭合拢后，再按阶梯形逐渐将板桩一块块打入设计标高。此法的优点是可以保证平面尺寸准确和钢板桩垂直度，但施工速度较慢。

2）分段复打法又称屏风法（图 3—3），是将 10～20 块钢板桩组成的施工段沿围檩插入土中一定深度形成较短的屏风墙，先将其两端的两块打入，严格控制其垂直度，打好后用电焊固定在围檩上，然后将其他的板桩按顺序以 1／2 或 1／3 板桩高度打入。此法可以防止板桩过大的倾斜和扭转，防止误差积累，有利于实现封闭合拢，且分段打设，不会影响邻近板桩施工。

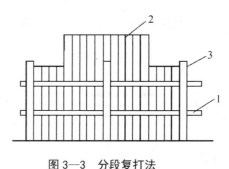

图 3—3　分段复打法
1—围檩；2—钢板桩；3—围檩支架

地下工程施工结束后，钢板桩一般都要拔出，以便重复使用。钢板桩的拔出要正确选择拔出方法与拔出顺序，由于板桩拔出时带土，往往会引起土体变形，对周围环境造成危害。必要时还应采取注浆填充等方法。

钢板桩施工简便，有一定的挡水能力，可重复使用。但其刚度不够大，用于较深的基坑时需设置多道支撑或拉锚系统；在透水性较好的土层中不能完全挡水；在砂砾层及密实砂中施工困难；拔出时易引起地基土和地表土变形，危及周围环境。因此，一般多用于周围环境要求不高、深 5～8 m 的软土地区基坑。

二、H 型钢（工字钢）桩加挡板支护

H 型钢桩加挡板支护，是用打桩机将 H 型钢桩打入土中预定深度，基坑开挖的同时在桩间加插横板用以挡土，如图 3—4 所示。这种挡土桩适用于地下水位较低的黏土、砂土地基。在软土地基中要慎用，在卵石地基中较难施工。其优点是桩可以拔出，造价低，施工简便。缺点是打、拔桩噪声大、扰民，并且桩拔出后留下的孔洞要处理。这种桩除悬臂外，常与锚杆或锚拉相结合作支护结构。

三、灌注桩排桩支护

灌注桩排桩，根据施工工艺不同可分为钻孔灌注桩和挖孔灌注桩，具有成本低、施工方便、刚度较好、无噪声、无振动、无挤压、无需大型机械等优点，但各桩之间的联系差，必须在桩顶浇筑较大截面的钢筋混凝土冠梁加以可靠连接。人工挖孔施工费用低，可以多组并行作业，成孔精度（垂直中心偏差）高，当坑底下卧坚硬岩层时，还可在底部设置竖向锚杆将桩体与岩层连成整体而减少嵌入深度。

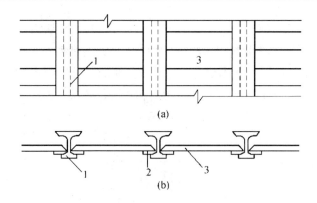

图3—4　H型钢桩加挡板支护

（a）侧面；（b）平面

1—H型钢桩；2—楔子；3—横挡板

灌注桩排桩多为间隔布置，分为桩与桩之间有一定净距的疏排布置形式和桩与桩相切的密排布置形式。由于不具备挡水功能，在地下水位较高的地区应用，必须采取挡水措施。如在桩间桩背采用高压注浆，应设置深层搅拌桩、旋喷桩等，或在桩后专门构筑挡水帷幕，灌注桩排桩支护如图3—5所示。

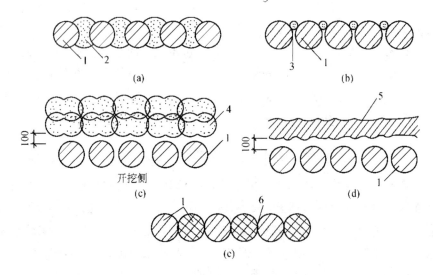

图3—5　柱列式灌注桩排桩支护

（a）桩间高压注浆；（b）桩背设置旋喷桩；（c）设置深层搅拌桩；（d）设置挡水帷幕；（e）桩间咬合搭接

1—灌注桩；2—高压注浆；3—旋喷桩；4—水泥搅拌桩；5—注浆帷幕；6—桩间搭接部分

第 4 讲　护坡桩加内支撑支护

对深度较大、面积不大、地基土质较差的基坑，为使围护排桩受力合理和受力后变形小，常在基坑内沿围护排桩（墙），竖向设置一定支承点组成内支撑式基坑支护体系，以减少排桩的无支长度，提高侧向刚度，减小变形。

（1）支护结构施工基坑开挖应按"分层开挖、先撑后挖"的原则进行。

（2）内支护体系施工顺序为：挡土灌注桩（或其他排桩）施工→水泥土抗渗桩施工→锁口连系梁施工→开挖第一层土方→安装第一道钢管支撑→开挖第二层土方→安装第二道钢管支撑。如此循环作业直至基坑底部土方开挖完成。内支撑安装顺序为：焊围檩、托架→安装围檩→安装横向水平支撑→安装纵向水平支撑→安装立柱并与纵、横水平支撑固定→在围檩与排桩间的空隙处用 C20 混凝土填充。

（3）为使支撑受力均匀，在挖土前宜先给支撑施加预应力。预应力可加到设计应力的 50%～60%。方法是用千斤顶在围檩与支撑的交接处加压，在缝隙处塞进钢楔锚固，然后撤去千斤顶。

（4）当采用钢筋混凝土支撑时，如构件长度较长，支撑系统宜分段浇筑，待混凝土完成主要收缩后再浇注封闭，或在混凝土中掺入 UEA 微膨胀剂。

（5）在支模浇筑地下结构时，拆除上一道支撑前应先换撑。换撑位置可设在下部已浇筑完并达到一定强度的结构上。应先设置换撑，再拆除上层支撑，以保证受力可靠、安全。

（6）在施工阶段应对支护结构的位移、沉降和侧向变形进行跟踪观测，发现问题及时进行加强处理。

排桩内支撑支护的优点是：受力合理，安全可靠，易于控制围护排桩墙的变形。但内支撑的设置给基坑内挖土和地下室结构的施工带来不便，需要通过不断换撑来加以克服。

排桩内支撑支护适用于各种不易设置锚杆的松软土层及软土地基支护。

第 5 讲　护坡桩加锚杆支护

这种支护结构通常称为端锚支护体系，它是由桩、帽梁或腰梁、锚杆组成的受力体系，如图 3—6 所示。

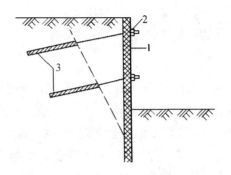

图 3—6 护坡桩加锚杆支护体系
1—护坡桩；2—横梁；3—锚杆

这种支护结构施工的工艺流程是：护坡桩的定位放线→护坡桩成孔→制作桩钢筋笼、钢筋笼的安放→护坡桩混凝土的浇筑→土层锚杆施工→帽梁施工→桩间土支护。

一、土层锚杆施工

在基坑支护结构中，锚杆可以设置在帽梁或腰梁处，帽梁一般采用钢筋混凝土结构，腰梁一般选用工字钢或槽钢，其截面尺寸根据设计而定，锚杆施工顺序如下：钻孔→安放锚杆→灌浆→养护→安装锚头→张拉锚固。

钻孔采用锚杆钻机，钻机进场就位，按锚杆设计的倾角调整钻杆角度对准孔位进钻，钻孔时应控制进钻速度，以匀速为宜，当钻至设计深度时，停止进钻，待钻机空钻片刻后再拔钻杆，这样可以减少孔内虚土，便于钻杆拔出。锚杆施工应符合下列要求：钻孔水平及垂直方向孔距不大于 ±100 mm，钻杆长度不大于 ±30 mm，倾斜度不大于 ±1°。

锚杆使用的材料一般为钢筋或钢绞线，预应力锚杆大多使用钢绞线，锚杆应在干净平整的场地上制作。沿锚杆轴线方向每隔 1.5～2.0 m 应设置一个定位支架，锚杆应与定位支架定位牢固，同时固定灌浆管，在锚杆的自由端绑扎塑料薄膜。安放锚杆时应沿着孔壁缓慢地推进，不要用力过猛，以防定位支架脱落。

灌浆是锚杆施工中的重要一环，灌浆前应检查灌浆设备是否完好，与灌浆管的连接是否牢固可靠，灌浆开始后，随着浆体的灌入，应逐步将灌浆管向外拔出，拔出的速度不宜过快，而且要使管口始终埋在浆液中至孔口，这样可以将孔内空气和水排挤出来，以保证灌浆的质量。灌浆管拔出来后立即将孔口封堵严密，防止浆液外溢。

灌浆液一般养护不少于 7 d，待锚固段强度大于 15 MPa 且达到设计强度等级的 75% 以上后方可进行张拉。

二、帽梁施工

帽梁的尺寸要求：宽度不宜小于桩径，高度不宜小于 400 mm，帽梁的混凝土强度等级宜大于 C20。帽梁施工前应将护坡桩顶的浮浆清理干净，桩顶上露出的钢筋长度应达到设计要求。混凝土强度达到设计强度的 75% 以上时方可进行锚杆的张拉，张拉顺序应考虑对临近锚杆的影响，可采用隔二拉一的方式进行，将张拉头套在钢绞线上按设计的张拉值开始增加荷载，用卡尺量测张拉头的位移值并做好记录，锚杆张拉控制应力不应超过锚杆杆体强度标准值的 0.75 倍，锚杆宜张拉至设计荷载的 0.9～1.0 倍后按设计要求锁定。

三、桩间土支护

基坑开挖后，护坡桩的桩间土防护可以采用绑扎钢丝网喷射混凝土护面、砌砖等处理方法，当桩间渗水的时候应在护面设泄水孔，当基坑面在 10 级地下水位之上且土质较好、暴露时间较短时可不对桩间土进行防护处理。

第 6 讲 水泥土墙支护

水泥土墙支护结构指水泥土搅拌桩（包括加筋水泥土搅拌桩）、高压喷射注浆桩所构成的围护结构。

一、深层搅拌水泥土桩

深层搅拌水泥土桩是加固饱和软土的一种方法，它通过搅拌桩机将水泥与土进行搅拌，形成柱状的水泥加固土（搅拌桩），近年来发展作为防渗帷幕，又发展为浅基坑支护挡墙。用于支护结构的水泥土其水泥掺量通常为 12%～15%（单位土体的水泥掺量与土的重力密度之比），水泥土的强度可达 0.8～1.2 MPa，其渗透系数很小，一般不大于 10～6 cm／s。由水泥土搅拌桩搭接而形成的水泥土墙，既具有挡土作用，又兼有隔水作用。它适用于 4～6 m 深的基坑，最深可达 7～8 m。

深层搅拌桩通常布置成格栅式，格栅的置换率（加固土的面积：水泥土墙的总面积）为 0.6～0.8。墙体的宽度 b、插入深度 h_d 根据基坑开挖深度 h 估算，一般 b 为 $0.6h～0.8h$，h_d 为 $0.8h～1.2h$ （见图 3—7）。

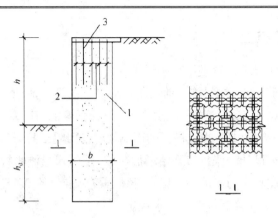

图 3—7　深层搅拌桩

1—搅拌桩；2—插筋；3—面板

深层搅拌桩机的组成由深层搅拌机（主机）、机架及灰浆搅拌机、灰浆泵等配套机械组成（图 3—8）。

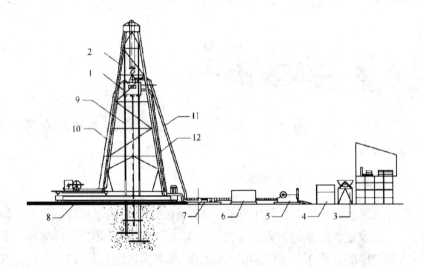

图 3—8　深层搅拌桩机机组

1—主机；2—机架；3—灰浆拌制机；4—集料斗；5—灰浆泵；6—贮水池；

7—冷却水泵；8—导轨；9—导向管；10—电缆；11—输浆管；12—水管

搅拌桩成桩工艺可采用"一次喷浆、二次搅拌"或"二次喷浆、三次搅拌"工艺，主要依据水泥掺入比及土质情况而定。水泥掺量较小、土质较松时，可用前者，反之可用后者。"一次喷浆、二次搅拌"的施工工艺流程如图 3—9 所示。当采用"二次喷浆、三次搅拌"工艺时可在图 3—9（e）所示步骤作业时进行注浆，以后再重复图 3—9（d）与（e）的过程。

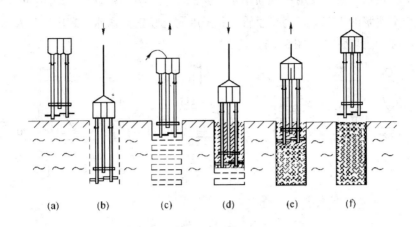

图 3—9　"一次喷浆、二次搅拌"施工流程

（a）定位；（b）预埋下沉；（c）提升喷浆搅拌；（d）重复下沉搅拌；（e）重复提升搅拌；（f）成桩结束

深层搅拌桩施工中应注意水泥浆配合比及搅拌制度、水泥浆喷射速率与提升速度的关系及每根桩的水泥浆喷注量，以保证注浆的均匀性与桩身强度。施工中还应注意控制桩的垂直度以及桩的搭接等，以保证水泥土墙的整体性与抗渗性。

二、加筋水泥土桩

加筋水泥土桩又称为劲性水泥土桩，是在深层搅拌水泥土桩中插入 H 型钢、钢板桩、混凝土板桩等劲性材料，形成的具有挡土、止水功能的支护结构，其形式如图 3—10 所示。坑深时亦可加设支撑。由于 H 型钢、钢板桩等可以回收，因此可以降低造价。当拔出 H 型钢、钢板桩时，应采取措施减少周围土体的变形。

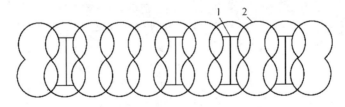

图 3—10　加筋水泥土桩

1—H 型钢；2—水泥土桩

三、高压喷射注浆桩

高压喷射注浆桩所用材料亦为水泥浆，只是施工机械和施工工艺与深层搅拌水泥土桩不同，它是利用钻机把带有特制喷嘴的注浆管钻至土层的预定位置后，以高压设备使水泥浆液从喷嘴中喷射出来，冲击破坏土体，同时，钻杆以一定速度渐渐向上提升，使浆液与土体强制混合，待浆液凝固后形成固结体，固结体相互搭接用以挡土和止水。施工采用单独喷出水泥浆的工艺，称为单管法；采用同时喷出高压空气与水泥浆的工艺，称为二重管法；采用同时喷出高压水、高压空气及水泥浆的工艺，称为三重管法（图3—11）。

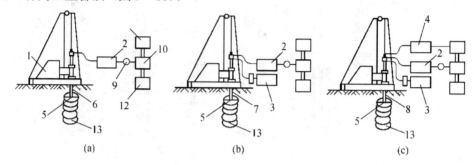

图3—11　高压喷射注浆法

（a）单管法；（b）二重管法；（c）三重管法

1—钻机；2—高压注浆泵；3—空压机；4—高压水泵；5—喷嘴；6—单管；7—二重管；8—三重管；9—浆桶；

10—灰浆搅拌机；11—水箱；12—水泥仓；13—喷射注浆固结体

高压喷射注浆桩的施工费用高于深层搅拌水泥土桩，但它可用于较小空间施工。

第7讲　土钉墙支护

土钉墙支护技术是一种原位土体加固技术，是由原位土体、设置在土体中土钉与坡面上的喷射混凝土面层三部分组成，如图3—12所示。

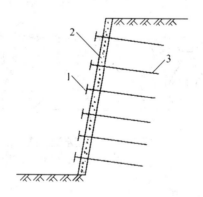

图3—12　土钉墙

1—垫板；2—喷射混凝土面层；3—土钉

土钉墙通过对原位土体的加固，弥补了天然土体自身强度的不足，提高了土体的整体刚度和稳定性，与其他支护方法比较，具有施工操作简便、设备简单、噪声小、工期短、费用低的特点。适用于地下水位低于土坡开挖层或经过人工降水以后使地下水位低于土坡开挖层的人工填土、黏性土和微黏性砂土，开挖深度不超过5m，如措施得当，还可以再加深，但是设计与施工要有足够的经验，适用的土钉墙墙面坡度不应大于 1：0.1，在条件许可的时候，应尽可能地降低坡面坡度。

二、土钉体构造

常见的土钉体是由置入土体中的细长金属杆件（钢筋、钢管或角钢等）与外裹注浆层组成，其构造如图 3—13 所示。

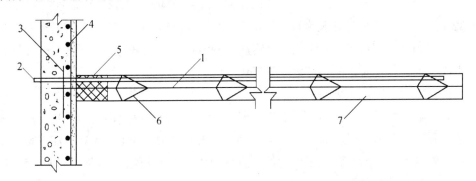

图 3—13　土钉体及面层构造

1—钢筋土钉；2—注浆管；3—井字钢筋或垫板；4—混凝土面层（配钢筋网）；5—止浆塞；6—土钉支架；
7—注浆体

三、施工方法

土钉墙施工工艺流程是：确定基坑开挖边线→按线开挖工作面→修整边坡→埋设喷射混凝土厚度控制标志→放土钉孔位线做标志→成孔、安设土钉（钢筋）、注浆→绑扎钢筋网、土钉与加强钢筋或承压板焊接连接或螺栓连接，设置钢筋网垫块→喷射混凝土→下一层挖土施工。

（1）开挖工作面。土钉墙工作面的开挖应采用自上而下分层分段的方法进行，每层开挖的深度应按土钉竖向设计的间距且保证该土体完成能够直立而不会被破坏，一般控制在 1～2 m 范围内，当要求变形很小或遇到砂性土时结合工地实际情况可将开挖深度降至 0.75 m 及以下，每层开挖的长度取决于能保持坡面自稳的坡面面积，为了便于施工，开挖长度一般不大于 10 m，采用机械挖土时应尽量减少对坡面的扰动；开挖后，由人工配合对坡面进行修整，清除坡面上的虚土，坡面平整度的允许偏差为 ±20 mm；坡面修整后，埋设喷射混凝土厚度标志，即用短钢筋或木条按间距 1.5～2 m 以梅花形钉入土中，用钢尺按混凝土面层的设计厚度量好尺寸并用红漆或白漆画在短钢筋或木条上做好标记，以此来控制喷射混凝土的厚度。

（2）成孔。按照设计图纸用钢尺在坡面上量出土钉的间距并且做好标记，其孔距的允许偏差为±100 mm，土钉的成孔方式有机械成孔和洛阳铲成孔两种。机械成孔采用锚杆钻机或地质钻机，具有能自动退、接钻杆，操作方便、功效高的优点，适用于土中成孔。洛阳铲适用于易成孔的土层，洛阳铲是土层人工成孔的传统工具，具有操作简便、机动灵活的特点，并且可以同时用多把铲进行成孔施工，根据施工进度的需要可以随时调整铲的数量；每把洛阳铲由 2～3 个人操作，以掏土的形式将孔内土体掏出。土钉孔与水平面的夹角宜为 5°～20°，成孔后，对孔的深度、孔径及倾角进行检查，孔深允许偏差为±50 mm，孔径允许偏差为±5 mm，成孔倾角偏差为±5％。

（3）安设土钉。土钉一般采用 HRB335 或 HRB400 级钢筋，钢筋直径宜为 16～32 mm，土钉应按设计长度进行下料，其误差为+20 mm，若土钉钢筋需要接长，可采用闪光对焊进行，但应保证两钢筋的轴线在同一直线上，在下好料的钢筋上焊上土钉的定位支架，间距宜为 1～2 m，由 2～3 个人将土钉钢筋放入孔中，同时应该注意定位支架应该朝下。

（4）注浆。土钉注浆前用空气压缩机将孔内的残留或松动的土吹干净，在孔口处设置止浆塞以及注浆管，注浆管伸至距孔底 250～500 mm 处，注浆材料应采用水泥浆或水泥砂浆，其强度等级不宜低于 M10，水泥浆的水灰比宜为 0.5，水泥砂浆采用重量比的配合比宜为 1∶1～1∶2，水灰比宜为 0.38～0.45，水泥浆、水泥砂浆应搅拌均匀，随拌随用，一次拌和的水泥浆、水泥砂浆应在初凝前用完，注浆开始以后，边注浆边向孔口方向拔管，直至注满为止。在注浆现场还应制作浆体试块，待试块终凝以后，在试块上注明注浆时间和土钉孔的编号，试块经过试验室试压达到设计强度的 70％，方可进行下一层的挖土施工。

（5）绑扎土钉墙钢筋网。土钉墙内配置钢筋的直径宜为 6～10 mm，钢筋网绑扎前应对钢筋进行冷拉调直，钢筋网的绑扎按设计图纸进行，在绑扎过程中应保证钢筋横平竖直，其长宽的允许偏差为±10 mm，用钢尺量连续三挡，其网眼尺寸取最大值的允许偏差为±20 mm，钢筋网上下段竖向钢筋的搭接长度应大于 300 mm，其末端应设弯钩，钢筋网保护层厚度不宜小于 20 mm，保护层垫块宜布置成梅花状形、间距 0.5～1 m，为保证土层与面层有效连接，用加强钢筋或承压板与土钉焊接连接或螺栓连接。

（6）喷射混凝土。土钉墙面层喷射混凝土总厚度不宜小于 80 mm，混凝土强度等级不宜低于 C20，喷射作业应分段进行，同一段内，喷射顺序应自下而上，一次喷射厚度不宜小于 40 mm，喷射混凝土时，喷头与喷面应保持垂直，距离应为 0.6～1.0 m，在喷射现场，还应制作同条件混凝土试块，在试块上注明喷射的部位和时间，并及时放入标准养护室养护，混凝土试块经过试验室试压在试验报告的结论中表明喷射混凝土面层达到设计强度的 70％后才可以开挖下层土方，喷射混凝土终凝 2 h 后应喷水养护，养护时间根据气温确定，宜为 3～7 d。

（7）排水设施设置。在土钉墙的顶部还要用水泥砂浆或混凝土做不小于 500 mm 宽的护面，为了防止地表水流入基坑，还应在基坑上部设置排水沟，为了排除基坑周边因不明地下管线破损而渗漏的较小量的水，在喷射混凝土前可向土体钉入直径不小于 50 mm、长度为 300～500 mm 甚至更长的侧壁带孔，并用滤网包裹的排水管来排泄土体内的存水。

四、质量检测

（1）土钉采用抗拉试验检测承载力，同一条件下，试验数量不宜少于土钉总数的 1%，且不少于 3 根。

（2）墙面喷射混凝土厚度应采用钻孔检测，钻孔数量宜每 100 m^2 墙面积一组，每组不少于 3 点。

（3）对土钉墙的质量检测，应选择具有相应资质的检测单位来进行。

第 8 讲　地下连续墙施工

地下连续墙是利用专门的挖槽机械，沿深基坑开挖工程的周边，在膨润土泥浆护壁条件下，开挖出一条狭长的深槽；当一定长度的单元槽段开挖完后，在槽内吊入预先于地面上制作好的钢筋笼；再采用导管法浇筑水下混凝土，即完成一个单元槽段的施工。然后依次完成其他各单元槽段施工，且各单元槽段间以一定的接头方式相互连接，形成一道现浇壁式地下钢筋混凝土连续墙，如图 3—14 所示。

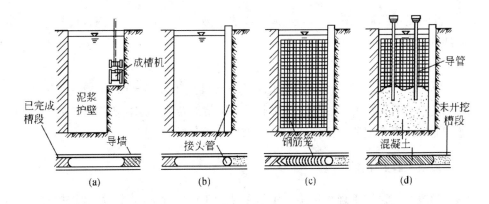

图 3—14　地下连续墙施工程序示意图
（a）槽段开挖；（b）放入接头管；（c）放入钢筋笼；（d）浇筑混凝土、拔出接头管

地下连续墙可用于深基坑开挖时的防渗、挡土和其邻近建筑物的支护，可直接作为建筑物基础使用，并可用于水利工程的防渗墙。其主要特点是墙体结构刚度大，

能承受较大土压力；适应各种地质条件；既可作为地下结构的外墙，亦可作为挡土墙使用，节省开支；施工时振动小，噪声低；墙体防渗能力强。因而应用较广泛。

地下连续墙施工工艺包括：修筑导墙、制备泥浆、槽段开挖、钢筋笼的制作和安装及水下混凝土浇筑。

一、修筑导墙

槽段开挖前，应根据设计墙厚，沿地下连续墙纵轴线方向开挖导沟。导沟开挖后，在沟两侧浇筑混凝土或钢筋混凝土形式的导墙，以作为槽段开挖时的导向，并起着挡土、承担部分成槽机械荷载和维持槽内护壁泥浆稳定液面等作用。

导墙的断面可有板墙、L 形和 [形等，埋深一般为 1.2～1.5 m，顶部宜高出地面 100～150 mm。导墙混凝土强度等级宜为 C20，厚度一般为 100～200 mm，两导墙净宽宜大于地下连续墙设计墙厚 25～30 mm，如图 3—15 所示。

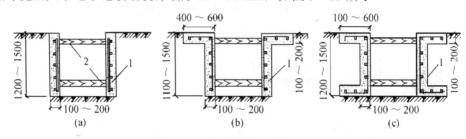

图 3—15　导墙形式示意图

（a）板墙式导墙；（b）L 形导墙；（c）[形导墙

1—混凝土导墙；2—木支撑

二、泥浆制备

泥浆是用膨润土在现场加水调制成的浆液。在地下连续墙挖槽过程中，泥浆主要起护壁作用，同时亦可用于携渣、冷却和润滑机具。泥浆密度通常为 1.05～1.1 g／cm³，泥浆液面应保持高出地下水位面 0.5～1.0 m。

成槽施工中，泥浆一般采用正循环方式排渣［图 3—15（a）］。泥浆注入槽孔后，成槽机械开始工作，切削下的土屑与泥浆混合在一起，随浆液流向沉淀池，土屑沉淀后，多余泥浆再溢向泥浆池，形成正循环排泥。

三、槽段开挖

槽段开挖是地下连续墙施工中最主要的工序。对于不同土质和挖槽深度，应采用不同的挖槽机械。对含大卵石、孤石等复杂地层，宜采用冲击钻；对一般土层，特别是软弱土层，常采用导板抓斗、铲斗或回转式成槽机等。采用多头钻成槽时，每小时钻进量可达 6～8 m，单元槽段长度一般为 5～8 m。

槽段开挖到设计深度后，应及时清除槽底沉渣，清槽方法同泥浆护壁钻孔灌注桩清孔方法。

四、接头管和钢筋笼的安装

地下连续墙需分槽段施工，各槽段间靠接头连接，常用接头形式是接头管。施工中，宜先吊放接头管，再将在地面预先制作好并经检验合格的钢筋笼垂直吊放入槽，钢筋笼底端与槽底距离应为 100～200 mm，笼体保护层垫块应符合钢筋保护层的设计要求。

五、水下混凝土浇筑

地下连续墙混凝土浇筑常用导管法。混凝土浇筑方法与要求同泥浆护壁成孔灌注桩。槽段混凝土浇筑完后，经约 2～3 h，待混凝土初凝前，应将接头管拔出。然后，重复以上施工工序，完成其他槽段施工。

第 9 讲　地基处理

当工程结构荷载较大，地基土质又较软弱（强度不足或压缩性大），不能作为天然地基时，可针对不同情况采取加固方法，常用的人工地基处理方法有换土地基，重锤夯实、强夯、振冲、砂桩挤密、深层搅拌、堆载预压地基等。

一、换填地基

当建筑物基础下的持力层比较软弱，不能满足上部荷载对地基的要求时，常采用换土地基来处理软弱地基。这时先将基础下一定范围内承载力低的软土层挖去，然后回填强度较大的砂、碎石或灰土等，并夯至密实。实践证明：换土地基可以有效地处理某些荷载不大的建筑物地基问题，例如：一般的三、四层房屋、路堤、油罐和水闸等的地基。换填地基按其回填的材料可分为砂地基、碎（砂）石地基、灰土地基等。

（1）砂地基和砂石地基。砂地基和砂石地基是将基础下一定范围内的土层挖去，然后用强度较大的砂或碎石等回填，并经分层夯实至密实，以起到提高地基承载力、减少沉降、加速软弱土层的排水固结、防止冻胀和消除膨胀土的胀缩等作用。该地基具有施工工艺简单、工期短、造价低等优点。适用于处理透水性强的软弱黏性土地基，但不宜用于湿陷性黄土地基和不透水的黏性土地基，以免聚水而引起地基下沉和降低承载力。

1）构造要求。砂地基和砂石地基的厚度一般根据地基底面处土的自重应力与附加应力之和不大于同一标高处软弱土层的容许承载力确定。地基厚度一般不宜大于 3 m，也不宜小于 0.5 m。地基宽度除要满足应力扩散的要求外，还要根据地基侧面土的容许承载力来确定，以防止地基向两边挤出。关于宽度的计算，目前还缺乏可靠的理论方法，在实践中常常按照当地某些经验数据（考虑地基两侧土的性质）或按经验方法确定。一般情况下，地基的宽度应沿基础两边各放出 200～300 mm，如果侧面地基土的土质较差时，还要适当增加。

2）材料要求。砂和砂石地基所用材料，宜采用颗粒级配良好，质地坚硬的中砂、粗砂、砾砂、碎（卵）石、石屑或其他工业废粒料。在缺少中、粗砂和砾砂的地区可采用细砂，但宜同时掺入一定数量的碎（卵）石，其掺入量应符合地基材料含石量不大于 50%。所用砂石料，不得含有草根、垃圾等有机杂物，含泥量不应超过 5%，兼作排水地基时，含泥量不宜超过 3%，碎石或卵石最大粒径不宜大于 50 mm。

3）施工要点。

①铺筑地基前应验槽，先将基底表面浮土、淤泥等杂物清除干净，边坡必须稳定，防止塌方。基坑（槽）两侧附近如有低于地基的孔洞、沟、井和墓穴等，应在未做换土地基前加以处理。

②砂和砂石地基底面宜铺设在同一标高上，如深度不同时，施工应按先深后浅的程序进行。土面应挖成踏步或斜坡搭接，搭接处应夯压密实。分层铺筑时，接头应做成斜坡或阶梯形搭接，每层错开 0.5～1.0 m，并注意充分捣实。

③人工级配的砂、石材料，应按级配拌和均匀，再进行铺填捣实。

④换土地基应分层铺筑，分层夯（压）实，每层的铺筑厚度不宜超过表 3—1 规定数值，分层厚度可用样桩控制。施工时应对下层的密实度检验合格后，方可进行上层施工。

表 3-1　砂和砂石地基每层铺筑厚度及最佳含水量

压实方法	每层铺筑厚度/mm	施工时最优含水量/(%)	施 工 说 明	备　注
平振法	200～250	15～20	用平板式振捣器往复振捣	不宜使用干细砂或含泥量较大的砂铺筑的砂地基
插振法	振捣器插入深度	饱和	(1)用插入式振捣器； (2)插入点间距可根据机械振幅大小决定； (3)不应插至下卧黏性土层； (4)插入振捣完毕后所留的孔洞,应用砂填实	不宜使用细砂或含泥量较大的砂铺筑的砂地基
水撼法	250	饱和	(1)注水高度应超过每次铺筑面层； (2)用钢叉摇撼捣实,插入点间距100 mm； (3)钢叉分四齿,齿的间距为80 mm,长300 mm	

续表

压实方法	每层铺筑厚度/mm	施工时最优含水量/(%)	施工说明	备注
夯实法	150~200	8~12	(1)用木夯或机械夯； (2)木夯重40 kg，落距400~500 mm； (3)一夯压半夯，全面夯实	
碾压法	150~350	8~12	2~6 t压路机往复碾压	适用于大面积施工的砂和砂石地基

注：在地下水位以下的地基，其最下层的铺筑厚度可比上表增加50 mm。

⑤在地下水位高于基坑（槽）底面施工时，应采取排水或降低地下水位的措施，使基坑（槽）保持无积水状态。如用水撼法或插入振动法施工时，应有控制地注水和排水。

⑥冬季施工时，不得采用夹有冰块的砂石作地基，并应采取措施防止砂石内水分冻结。

（2）灰土地基。灰土地基是将基础底面下一定范围内的软弱土层挖去，用按一定体积配合比的石灰和黏性土拌合均匀，在最优含水量情况下分层回填夯实或压实而成。该地基具有一定的强度、水稳定性和抗渗性，施工工艺简单，取材容易，费用较低。适用于处理1~4m厚的软弱土层。

1）构造要求。灰土地基厚度确定原则同砂地基。地基宽度一般为灰土顶面基础砌体宽度加2.5倍灰土厚度之和。

2）材料要求。灰土的土料宜采用就地挖出的黏性土及塑性指数大于4的粉土，但不得含有有机杂质或使用耕植土。使用前土料应过筛，其粒径不得大于15 mm。用作灰土的熟石灰应过筛，粒径不得大于5 mm，并不得夹有未熟化的生石灰块，也不得含有过多的水分。灰土的配合比一般为2∶8或3∶7（石灰∶土）。

3）施工要点。

①施工前应先验槽，清除松土，如发现局部有软弱土层或孔洞，应及时挖除后用灰土分层回填夯实。

②施工时，应将灰土拌和均匀，颜色一致，并适当控制其含水量。现场检验方法是用手将灰土紧握成团，两指轻捏能碎为宜，如土料水分过多或不足时，应晾干或洒水润湿。灰土拌好后及时铺好夯实，不得隔日夯打。

③铺灰应分段分层夯筑，每层虚铺厚度应按所用夯实机具参照表3—2选用。每层灰土的夯打遍数，应根据设计要求的干密度在现场试验确定。

表 3—2　灰土最大虚铺厚度

夯实机具种类	重量/t	厚度/mm	备　注
石夯、木夯	0.04 ~ 0.08	200 ~ 250	人力送夯,落距 400 ~ 500 mm,每夯搭接半夯
轻型夯实机械	0.12 ~ 0.4	200 ~ 250	蛙式打夯机或柴油打夯机
压 路 机	6 ~ 10	200 ~ 300	双轮

④灰土分段施工时,不得在墙角、柱基及承重窗间墙下接缝。上下两层灰土的接缝距离不得小于 500 mm,接缝处的灰土应注意夯实。

⑤在地下水位以下的基坑(槽)内施工时,应采取排水措施。夯实后的灰土,在三天内不得受水浸泡。灰土地基打完后,应及时进行基础施工和回填土,否则要做临时遮盖,防止日晒雨淋。刚打完毕或尚未夯实的灰土,如遭受雨淋浸泡,则应将积水及松软灰土除去并补填夯实,受浸湿的灰土,应在晾干后再夯打密实。

⑥冬季施工时,不得采用冻土或夹有冻土的土料,并应采取有效的防冻措施。

二、强夯地基

强夯地基是用起重机械将重锤(一般 8~30 t)吊起从高处(一般 6~30 m)自由落下,给地基以冲击力和振动,从而提高地基土的强度并降低其压缩性的一种有效的地基加固方法。该法具有效果好、速度快、节省材料、施工简便,但施工时噪声和振动大等特点。适用于碎石土、砂土、黏性土、湿陷性黄土及填土地基等的加固处理。

(1)机具设备。

1)起重机械。起重机宜选用起重能力为 150 kN 以上的履带式起重机,也可采用专用三角起重架或龙门架作起重设备。起重机械的起重能力为:当直接用钢丝绳悬吊夯锤时,应大于夯锤的 3~4 倍;当采用自动脱钩装置,起重能力取大于 1.5 倍锤重。

2)夯锤。夯锤可用钢材制作,或用钢板为外壳,内部焊接钢筋骨架后浇筑 C30 混凝土制成。夯锤底面有圆形和方形两种,圆形不易旋转,定位方便,稳定性和重合性好,应用较广。锤底面积取决于表层土质,对砂土一般为 3~4 m²,黏性土或淤泥质土不宜小于 6 m²。夯锤中宜设置若干个上下贯通的气孔,以减少夯击时空气阻力。

3)脱钩装置。脱钩装置应具有足够强度,且施工灵活。常用的工地自制自动脱钩器由吊环、耳板、销环、吊钩等组成,系由钢板焊接制成。

(2)施工要点。

1)强夯施工前,应进行地基勘察和试夯。通过对试夯前后试验结果对比分析,确定正式施工时的技术参数。

2）强夯前应平整场地，周围做好排水沟，按夯点布置测量放线确定夯位。地下水位较高时，应在表面铺 0.5～2.0 m 中（粗）砂或砂石地基，其目的是在地表形成硬层，可用以支承起重设备，确保机械通行、施工，又可便于强夯产生的孔隙水压力消散。

3）强夯施工须按试验确定的技术参数进行。一般以各个夯击点的夯击数为施工控制值，也可采用试夯后确定的沉降量控制。夯击时，落锤应保持平稳，夯位准确，如错位或坑底倾斜过大，宜用砂土将坑底整平，才可进行下一次夯击。

4）每夯击一遍完后，应测量场地平均下沉量，然后用土将夯坑填平，方可进行下一遍夯击。最后一遍的场地平均下沉量，必须符合要求。

5）强夯施工最好在干旱季节进行，如遇雨天施工，夯击坑内或夯击过的场地有积水时，必须及时排除。冬季施工时，应将冻土击碎。

6）强夯施工时应对每一夯实点的夯击能量、夯击次数和每次夯沉量等做好详细的现场记录。

三、重锤夯实地基

重锤夯实是用起重机械将夯锤提升到一定高度后，利用自由下落时的冲击能来夯实基土表面，使其形成一层较为均匀的硬壳层，从而使地基得到加固。陔法具有施工简便，费用较低，但布点较密，夯击遍数多，施工期相对较长，同时夯击能量小，孔隙水难以消散，加固深度有限，当土的含水量稍高，易夯成橡皮土，处理较困难等特点。适用于处理地下水位以上稍湿的黏性土、砂土、湿陷性黄土、杂填土和分层填土地基。但当夯击振动对邻近的建筑物、设备以及施工中的砌筑工程或浇筑混凝土等产生有害影响时，或地下水位高于有效夯实深度以及在有效深度内存在软黏土层时，不宜采用。

（1）机具设备。

1）起重机械。起重机械可采用配置有摩擦式卷扬机的履带式起重机、打桩机、龙门式起重机或悬臂式桅杆起重机等。其起重能力：当采用自动脱钩时，应大于夯锤重量的 1.5 倍；当直接用钢丝绳悬吊夯锤时，应大于夯锤重量的 3 倍。

2）夯锤。夯锤形状宜采用截头圆锥体，可用 C20 钢筋混凝土制作，其底部可填充废铁并设置钢底板以使重心降低。锤重宜为 1.5～3.0 t，底直径 1.0～1.5 m，落距一般为 2.5～4.5 m，锤底面单位静压力宜为 15～20 kPa。吊钩宜采用自制半自动脱钩器，以减少吊索的磨损和机械振动。

（2）施工要点。

1）施工前应在现场进行试夯，选定夯锤重量、底面直径和落距，以便确定最后下沉量及相应的夯击遍数和总下沉量。最后下沉量系指最后二击平均每击土面的夯沉量，对黏性土和湿陷性黄土取 10～20 mm；对砂土取 5～10 mm。通过试夯可确定夯实遍数，一般试夯约 6～10 遍，施工时可适当增加 1～2 遍。

2）采用重锤夯实分层填土地基时，每层的虚铺厚度以相当于锤底直径为宜，夯击遍数由试夯确定，试夯层数不宜少于两层。

3）基坑（槽）的夯实范围应大于基础底面，每边应比设计宽度加宽 0.3 m 以上，以便于底面边角夯打密实。基坑（槽）边坡应适当放缓。夯实前坑（槽）底面应高出设计标高，预留土层的厚度可根据试夯时的总下沉量再加 50～100 mm 确定。

4）夯实时地基土的含水量应控制在最优含水量范围以内。如土的表层含水量过大，可采用铺撒吸水材料（如干土、碎砖、生石灰等）或换土等措施；如土含水量过低，应适当洒水，待水全部渗入土中，一昼夜后方可夯打。

5）在大面积基坑或条形基槽内夯击时，应按一夯挨一夯顺序进行［图 3—16（a）］。在一次循环中同一夯位应连夯两遍，下一循环的夯位，应与前一循环错开 1／2 锤底直径，落锤应平稳，夯位应准确。在独立柱基基坑内夯击时，可采用先周边后中间［图 3—16（b）］或先外后里的跳打法［图 3—16（c）］进行。基坑（槽）底面的标高不同时，应按先深后浅的顺序逐层夯实。

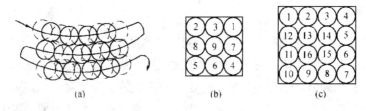

图 3—16　夯打顺序

6）夯实完后，应将基坑（槽）表面修整至设计标高。冬季施工时，必须保证地基在不冻的状态下进行夯击。否则应将冻土层挖去或将土层融化。若基坑挖好后不能立即夯实，应采取防冻措施。

四、振冲地基

振冲地基，又称振冲桩复合地基，是以起重机吊起振冲器，启动潜水电机带动偏心块，使振冲器产生高频振动，同时开动水泵，通过喷嘴喷射高压水流成孔，然后分批填以砂石集料形成一根根桩体，桩体与原地基构成复合地基，以提高地基的承载力，减少地基的沉降和沉降差的一种快速、经济有效的加固方法。该法具有技术可靠，机具设备简单，操作技术易于掌握，施工简便，节省三材，加固速度快，地基承载力高等特点。

振冲地基按加固机理和效果的不同，可分为振冲置换法和振冲密实法两类。前者适用于处理不排水、抗剪强度小于 20 kPa 的黏性土、粉土、饱和黄土及人工填土等地基。后者适用于处理砂土和粉土等地基，不加填料的振冲密实法仅适用于处理黏土粒含量小于 10％的粗砂、中砂地基。

（1）机具设备。

1）振冲器。宜采用带潜水电机的振冲器，其功率、振动力、振动频率等参数，可按加固的孔径大小、达到的土体密实度选用。

2）起重机械。起重能力和提升高度均应符合施工和安全要求，起重能力一般为 80～150kN。

3）水泵及供水管道。供水压力宜大于 0.5 MPa，供水量宜大于 20 m^3 / h。

4）加料设备。可采用翻斗车、手推车或皮带运输机等，其能力须符合施工要求。

5）控制设备。控制电流操作台，附有 150 A 以上容量的电流表（或自动记录电流计）、500 V 电压表等。

（2）施工要点。

1）施工前应先在现场进行振冲试验，以确定成孔合适的水压、水量、成孔速度、填料方法、达到土体密实时的密实电流值、填料量和留振时间。

2）振冲前，应按设计图定出冲孔中心位置并编号。

3）启动水泵和振冲器，水压可用 400～600 kPa，水量可用 200～400 L / min，使振冲器以 1～2 m / min 的速度徐徐沉入土中。每沉入 0.5～1.0 m，宜留振 5～10 s进行扩孔，待孔内泥浆溢出时再继续沉入。当下沉达到设计深度时，振冲器应在孔底适当停留并减小射水压力，以便排除泥浆进行清孔。成孔也可采用将振冲器以 1～2 m / min 的速度连续沉至设计深度以上 0.3～0.5 m 时，将振冲器往上提到孔口，再同法沉至孔底。如此往复 1～2 次，使孔内泥浆变稀，排泥清孔 1～2 min 后，将振冲器提出孔口。

4）填料和振密方法，一般采取成孔后，将振冲器提出孔口，从孔口往下填料，然后再下降振冲器至填料中进行振密（图 3—17），待密实电流达到规定的数值，将振冲器提出孔口。如此自下而上反复进行直至孔口，成桩操作即告完成。

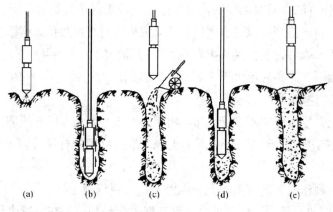

图 3-17　振冲法制桩施工工艺

（a）定位；（b）振冲下沉；（c）加填料；（d）振密；（e）成桩

5）振冲桩施工时桩顶部约 1 m 范围内的桩体密实度难以保证，一般应予挖除，另做地基，或用振动碾压使之压实。

6）冬季施工应将表层冻土破碎后成孔。每班施工完毕后应将供水管和振冲器水管内积水排净，以免冻结影响施工。

第 10 讲 钢筋混凝土预制桩

一、钢筋混凝土预制桩的制作、起吊、运输和堆放

（1）预制桩的制作。较长的桩在施工现场预制。所用混凝土强度等级不宜低于 C30，主筋连接宜采用对焊；主筋接头配置在同一截面内的数量，当采用闪光对焊和电弧焊时，不超过 50%，同一根钢筋两个接头的间距应大于 30 倍钢筋直径，并不小于 500 mm，如图 3—18 所示。

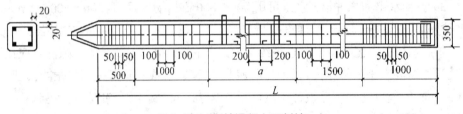

图 3—18 钢筋混凝土预制桩

1）制作程序。现场制作场地压实、整平→场地地坪作三七灰土或浇筑混凝土→支模→绑扎钢筋骨架、安设吊环→浇筑混凝土→养护至 30%强度拆模→支间隔端头模板、刷隔离剂、绑钢筋→浇筑间隔桩混凝土→同法间隔重叠制作第二层桩→养护至 70%强度起吊→达 100%强度后运输、堆放。

2）制作方法。混凝土预制桩可在工厂或施工现场预制。

桩中的钢筋应严格保证位置的正确，桩尖应对准纵轴线，钢筋骨架主筋连接宜采用对焊或电弧焊，主筋接头配置在同一截面内的数量不得超过 50%，相邻两根主筋接头截面的距离应不大于 35d（d 为主筋直径），且不小于 500 mm。桩顶 1 m范围内不应有接头。

混凝土强度等级应不低于 C30，粗集料用 5～40 mm 碎石或卵石，用机械拌制混凝土，坍落度不大于 60 mm，混凝土浇筑应由桩顶向桩尖方向连续浇筑，不得中断。

预制桩制作及钢筋骨架的允许偏差应符合规范规定。

（2）桩的起吊、运输和堆放。钢筋混凝土预制桩应在混凝土达到设计强度的70%后方可起吊；达到设计强度的 100%才能运输和打桩。

桩在起吊和搬运时，吊点应符合设计规定。吊点位置的选择随桩长而异，并应

符合起吊弯矩最小的原则。按图 3—19 所示的位置捆绑。钢丝绳与桩之间应加衬垫，以免损坏棱角。起吊时应平稳提升，吊点同时离地。经过搬运的桩，还应进行质量复查。

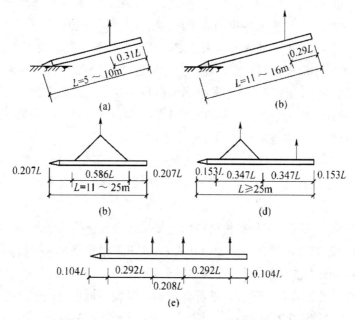

图 3—19　吊点的合理位置
（a）、（b）一点吊法；（c）两点吊法；（d）三点吊法；（e）四点吊法

预制桩在施工现场的堆放场地必须平整、坚实。堆放时应设垫木，垫木的位置与吊点位置相同，各层垫木应上、下对齐，堆放层数不宜超过 4 层。

（3）打桩前的准备工作：

1）清除障碍，包括高空、地上、地下的障碍物；

2）整平场地，在建筑物基线以外 4～6 m 范围内的整个区域，或桩机进出场地及移动路线上；

3）打桩试验，了解桩的沉入时间、最终沉入度、持力层的强度、桩的承载力等；

4）抄平放线，在打桩现场设置水准点（至少 2 个），用作抄平场地标高和检查桩的入土深度；

5）按设计图纸要求定出桩基础轴线和每个桩位；

6）检查桩的质量，不合格的桩不能运至打桩现场；

7）检查打桩机设备及起重工具；铺设水电管网，进行设备架立组装和试打桩；

8）准备好桩基工程沉桩记录和隐蔽工程验收记录表格，并安排好记录和监理人员等。

（4）预制桩的常用沉桩方法有锤击法、静压法、振动法和水冲法等。

二、锤击沉桩的施工

（1）打桩机械。打桩机主要包括桩锤、桩架和动力装置3个部分。

1）桩锤的选择。桩锤应根据地质条件、桩的类型、桩的长度、桩身结构强度、桩群密集程度以及施工条件等因素来确定，其中地质条件影响最大。常见有落锤、蒸汽锤、柴油锤和液压锤等。当桩锤重大于桩重的1.5～2倍时，沉桩效果较好。

2）桩架的选择。桩架的作用是使吊装就位、悬吊桩锤和支撑桩身，并在打桩过程中引导桩锤和桩的方向；有多功能桩架和履带式桩架两种；桩架的选择应考虑桩锤类型、桩的长度和施工现场的条件等因素。

桩架的高度=桩长+桩锤高度+滑轮组高+起锤移位高度+安全工作间隙

3）动力装置的选择。动力装置的选择应根据桩锤的类型来确定。

（2）打桩工艺。

1）吊装就位。移桩架于桩位处→用卷扬机提升桩→将桩送入龙门导管内，安放桩尖→桩顶放置弹性垫层（草袋、麻袋）、放下桩帽和垫木（在桩帽上）→试打检查（桩身、桩帽、桩锤是否在同一轴线上）。

2）打桩。开始宜低垂轻打，随沉桩加深，慢慢高锤重打；桩锤经常回弹，更换重锤；施工过程中如桩锤回弹，贯入度突减，说明桩尖遇到硬物，应减小锤距，加快锤击频率；如出现贯入度突增或桩身变位，说明断桩（桩身破坏）。

3）接桩。接桩一般有3种方法，分别为硫磺胶泥浆锚法、电焊接桩法、法兰螺栓接桩法。

（3）确定打桩顺序。大量的桩打入土中，自然对土体有挤密作用，可能会造成先打入的桩偏移变位或因垂直挤拔而形成浮桩，而后打入的桩也可能因土的挤密而难以达到设计标高或造成土的隆起。

打桩的顺序应根据施工方案确定，一般的顺序有：由中间向两侧对称施打；自中央向四周施打；分区段施打；逐排打设；由两侧向中央打设；先深后浅；先长后短；先大后小。

当桩的规格、埋深、长度不同时，宜采用先大后小、先深后浅、先长后短的原则施打。

（4）打桩注意事项。打桩作业区应有明显标志或围栏，作业区上方应无架空线路。施工桩机作业时，严禁吊装、吊锤、回转、行走动作同时进行；桩机移动时，必须将桩锤落至最低位置；在施打过程中，操作人员必须距桩锤5 m以外监视。

1）试桩：试桩的目的是为了确定停打原则或取得相应的技术参数（如贯入度）。试桩的根数不应少于2根。

2）停打原则：桩端位于一般土层时，以控制桩端设计标高为主，贯入度为参考。桩端达到坚硬、硬塑的黏土，中密以上的粉土，碎石类土，砂土，风化岩时，以贯入度控制为主，桩端标高可作参考。

3）桩头处理：预制桩头应按照设计标高进行测量，凿去多余的混凝土，清理干净，桩身主筋伸入承台的长度应符合设计要求。

预应力管桩头应清理干净管桩内的所有杂物，将钢板悬吊于孔内作底模，深度不少于 600 mm，按要求绑扎好钢筋后，用不低于 C40 的混凝土浇筑。

三、静力压桩

静力压桩法是利用静力压桩机直接将桩压入土中的一种沉桩工艺。由于静力压桩法是以静力（由自重和配重产生）作用于桩顶，因此在压桩过程中没有噪声和振动。此法适用于软弱土层。由于避免了锤击应力，桩的混凝土强度及其配筋只要满足吊装弯矩和使用期受力要求即可，因而桩的断面和配筋可以减小。这种沉桩方法无振动、无噪声、对周围环境影响小，适合在城市中施工。

静力压桩机有顶压式、箍压式和前压式 3 种类型。

（1）静力压桩的施工工艺。施工程序为：测量定位→压桩机就位→吊桩、插桩→桩身对中调直→静压沉桩→接桩→静压沉桩→送桩→终止压桩→截桩，工作程序如图 3—20 所示。

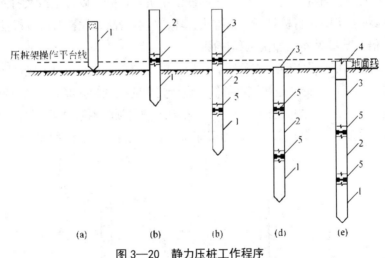

图 3—20　静力压桩工作程序

（a）准备压第 1 段；（b）接第 2 段桩；（c）接第 3 段桩；（d）整段桩压至地面；（e）采用送桩压桩完毕

1—第 1 段桩；2—第 2 段桩；3—第 3 段桩；4—送桩；5—接桩处

（2）施工注意事项。

1）压桩施工时应随时注意使桩保持轴心受压，接桩时也应保证上下接桩的轴线一致，压桩应连续进行，停歇后压桩力将增大；并使接桩时间尽可能地缩短，否则，间歇时间过长会由于土体固结导致发生压不下去的现象。

2）当桩接近设计标高时，不可过早停压；否则，在补压时也会发生压不下去或压入过少的现象。

3）压桩过程中，当桩尖碰到夹砂层时，压桩阻力可能突然增大，可停车再开。忽停忽开的办法，使桩有可能缓慢下沉穿过砂层。如果工程中有少量桩确实不能压至设计标高而相差不多时，可以采取截桩的办法。

压桩的终压控制：桩长控制（摩擦型桩），桩长控制为主、终止压力为辅（端承摩擦桩）。

静力压桩单桩竖向承载力，可通过桩的终止压力来判断。

四、预制桩的其他施工方法

（1）振动沉桩法，是将振动桩机刚性固定在桩头上，振动沉桩机产生垂直方向的振动力，桩也沿着竖直方向上下振动，产生收缩和位移，桩身与土层之间的摩擦力减少，桩在自重和振动力共同作用下沉入土中。适用于在黏土、松散砂土及黄土和软土中沉桩，更适合于打钢板桩，同时借助起重设备拔桩。振动沉桩机由电动机、弹簧支撑、偏心振动块和桩帽组成。

（2）射水沉桩法，又称水冲沉桩法，是利用高压水冲刷桩尖下的土层，以减少桩身与土层之间的摩擦力和下沉时的阻力，使桩在自重作用和锤击下沉入土中。

射水沉桩法的特点是：当在坚实的砂土中沉桩，桩难以打下或久打不下时，使用射水法沉桩可防止将桩打断，或桩头打坏；与锤击法相比，射水沉桩法可提高工效 2～4 倍，节省时间，加快工程进度。

本法最适用于坚实砂土或砂砾石土层上的支撑桩，在黏性土中亦可使用。

（3）植桩法沉桩，是在沉桩部位按设计要求的孔径和孔深先用钻机钻孔，钻出的土体通过湿法或干法排出地面外运，在孔内再插入预制钢筋混凝土桩，然后采用锤击或振动锤打法，将桩打入设计持力层标高。钻孔植桩法工艺流程如图 3—21 所示。

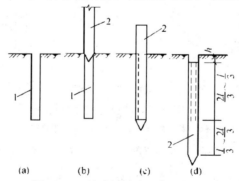

图 3—21 钻孔植桩法工艺流程

（a）钻孔；（b）插桩；（c）沉桩；（d）成桩

l—桩长；h—桩基深度；   1—钻孔；2—混凝土预制桩

植打桩顺序为：先打长桩，后打短桩；先打外围桩，后打中间桩，以防止土体位移对四周建筑物及各种设施造成的影响。

灌注桩是在施工现场的桩位上就地成孔，然后在孔内灌注混凝土或钢筋混凝土而成。根据成孔方法的不同可以分为干作业成孔灌注桩、泥浆护壁成孔灌注桩、套管成孔、人工挖孔灌注桩等。

灌注桩与预制桩相比由于避免了锤击应力，桩的混凝土强度及配筋只要满足使用要求即可，因而具有节省钢材、降低造价、无需接桩及截桩等优点。

一、钻孔灌注桩

钻孔灌注桩分为泥浆护壁成孔（地下水位较高）和干作业成孔（地下水位过低）。

（1）泥浆护壁成孔灌注桩。按设备分为冲抓和冲击回转钻（适合碎石土、砂土等）、潜水回转钻（适合黏性土、淤泥等），工程中采用潜水回转钻较为普遍。

施工工艺：定位放线→埋设护筒→泥浆制备→钻机就位→钻进成孔（泥浆循环排渣）→成孔检测→清孔→安放钢筋笼→下导管→再次清孔→浇筑混凝土成桩。

1）埋设护筒。埋设护筒的作用是固定桩孔位置、保护孔口、防止塌孔、引导钻头方向。

护筒采用钢板制成，高出地面 0.4～0.6 m，内径应比钻头直径大 100～200 mm，上部开 12 个溢浆孔。护筒中心要求与桩中心偏差不大于 50 mm，其埋深在黏土中不小于 1 m，在砂土中不小于 1.5 m。

2）制备泥浆。制备泥浆有保护筒内水压稳定，稳固土壁，防止塌孔，携砂排土，对钻头有冷却和润滑的作用。

泥浆可以利用孔内原土造浆（在黏土和粉质黏土中）和选用高塑性的黏土或膨润土制备。在砂土、碎石类土中，泥浆应按一定比例制备，在黏土中，可以注入清水以原土制备泥浆。

泥浆的性能指标如相对密度、黏度、含砂量、pH 值、稳定性等要符合相关规定的要求。

3）钻孔。回转钻成孔在国内应用最多，有正循环和反循环两种成孔工艺。正循环成孔是泥浆由钻杆输进，泥浆沿孔壁上升进入泥浆池，经处理后进行循环。反循环成孔是从钻杆内腔抽吸泥浆和钻渣，泥浆经处理后进行循环。如图 3—22 和图 3—23 所示。

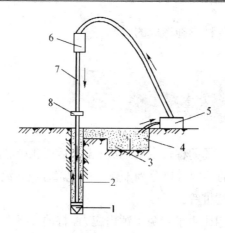

图 3—22　正循环回转钻机成孔工艺原理图
1—钻头；2—泥浆循环方向；3—沉淀池；4—泥浆池；5—泥浆泵；6—水龙头；7—钻杆；8—钻机回转装置

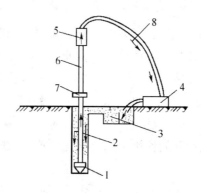

图 3—23　反循环回转钻机成孔工艺原理图
1—钻头；2—新泥浆直向；3—沉淀池；4—砂石泵；5—水龙头；6—钻杆；7—钻机回转装置；8—混合液流向

在孔中注入泥浆，并使泥浆高于地下水位 1.0 m 以上；并同时控制泥浆的比重（注入的泥浆比重小，排出的泥浆比重大，比如在砂土中，注入的泥浆比重控制在 1.1 左右，排出的泥浆比重宜为 1.2～1.4）。根据土层类别、钻孔深度和供水量确定钻孔速度。

成孔检测：应检测成孔孔径、扩底直径、孔深、孔斜、沉渣厚度等指标。

4）清孔。当钻孔达到设计深度后，应进行验孔和清孔。清孔的目的是清除孔底的沉渣和淤泥，以减少桩基的沉降量，从而提高承载能力。对于原土造浆的钻孔，使转机空转，同时注入清水，当排出泥浆比重降至 1.1 左右时合格；对于制备泥浆的钻孔，采用换浆法，当排出泥浆比重降至 1.15～1.25 时合格。

沉渣厚度对于端承桩宜控制在 50 mm 左右，摩擦桩宜控制在 300 mm 以内。沉渣厚度测定方法可采用重锤法和采用沉渣仪等方法。

5）安放钢筋骨架。桩孔清孔符合要求后，应立即吊放钢筋骨架。钢筋笼制作应分段进行，接头宜采用焊接，主筋一般不设弯钩，加劲箍筋设在主筋外侧，钢筋笼的外形尺寸，应严格控制在比孔径小 110～120 mm。

6）混凝土浇筑。水下混凝土浇筑最常用的是导管法，如图 3—24 所示。混凝土强度不应小于 C20，混凝土选用的粗集料粒径，不宜大于 30 mm，且不得大于钢筋间最小净距的 1/3，坍落度为 180～220 mm，含砂率宜为 40%～45%，宜采用中砂。混凝土保护层厚度不应小于 50 mm。导管最大外径应比钢筋笼内径小 100 mm 以上。

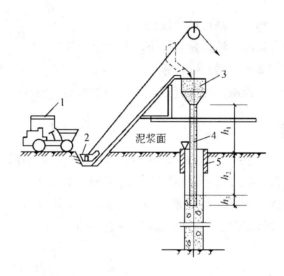

图 3—24　水下浇筑混凝土示意图
1—翻斗车；2—斜斗；3—储料漏斗；4—导管；5—护筒

导管使用前应做封闭水试验，以 15 min 不漏水为宜。导管安装时其底部高出孔底 300～400 mm。开始浇筑时管内混凝土应足够，要保证导管一次埋入混凝土中 0.8 m 以上。导管内设隔水栓，用细钢丝悬吊在导管下口，隔水栓可用预制混凝土四周加橡皮封圈、橡胶球胆或软木球。浇筑混凝土时，先在漏斗内浇入足够量的混凝土，保证下落后能将导管下端埋入混凝土 0.6～1 m，然后剪断钢丝，隔水栓下落，混凝土在自重的作用下，随隔水栓冲出导管下口（用橡胶球胆或木球做的隔水栓浮出水面回收重复使用）并把导管底部埋入混凝土内，然后连续浇筑混凝土，当导管埋入混凝土达 2～2.5 m 时，即可提升导管，提升速度不宜过快，应保持导管埋在混凝土内 1 m 以上，这样连续浇筑，直到桩顶为止。

桩身混凝土必须留置试块，每浇筑 50 m³ 必须有一组试件。小于 50 m³ 的桩，每根桩必须有一组试件。

常见质量问题及处理方法如下：

①塌孔。如发生塌孔，应探明塌孔位置，将砂和黏土混合物回填到塌孔位置以

上1～2 m,如塌孔严重,应全部回填,待回填物沉积密实后再重新钻孔。

②缩孔。处理时可用钻头反复扫孔,以扩大孔径。

③斜孔。处理时可在偏斜处吊住钻头,上下反复扫孔,直至把孔位校直;或在偏斜处回填砂黏土,待沉积密实后再钻。

(2)干作业成孔灌注桩。按成孔设备可分为螺旋钻孔桩、钻孔扩机、人工洛阳铲等。

施工工艺:测定桩位(桩基轴线定位和水准定位)→桩机就位→钻孔→清孔→安放钢筋骨架→浇筑混凝土。

1)桩机就位。钻杆要垂直对准桩位中心。

2)钻孔。刚开始时,钻杆先慢后快,避免钻杆摇晃。

3)清孔。空转清土,提升钻杆卸土。

4)浇筑混凝土。混凝土连续分层浇筑,分层捣实。混凝土桩应适当超过桩顶标高。

2.沉管灌注桩

沉管灌注桩是指利用锤击打桩法或振动打桩法,将带有活瓣式桩靴或预制钢筋混凝土桩尖的钢管沉入土中,当桩管打到要求深度后,放入钢筋骨架,然后边浇筑混凝土,边锤击或振动拔管。沉管灌注桩有锤击沉管、振动沉管和夯扩灌注桩等多种施工方法。沉管灌注桩的工艺过程如图3—25所示。

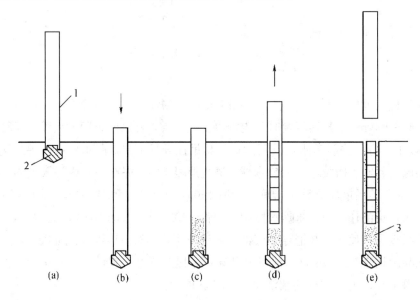

图3—25　沉管灌注桩施工过程

(a)就位;(b)沉套管;(c)初灌混凝土;(d)放置钢筋笼、灌注混凝土;(e)拔管成桩

1—钢管;2—桩靴;3—桩

(1)锤击沉管灌注桩。锤击沉管灌注桩适用于一般性黏性土、淤泥质土、砂

土和人工填土地基。施工工艺过程为：桩机就位、吊起桩管、套入混凝土桩尖→扣上桩帽、起锤沉管→边浇筑混凝土、边拔管。

（2）振动沉管灌注桩。振动灌注桩适用于软土、淤泥和人工填土地基。

施工工艺为：桩机就位、吊起桩管（桩瓣闭合）→激振沉管→边浇筑混凝土、边拔管。

（3）沉管夯扩灌注桩。沉管夯扩灌注桩是在锤击沉管注桩的基础上发展起来的一种施工方法。此种沉管施工方法，适用于中低压缩性黏土、粉土、砂土、碎石土、强风化岩等土层。

1）桩靴与桩管。桩靴可分为钢筋混凝土预制桩靴和活瓣式桩靴两种，如图 3—26 所示。

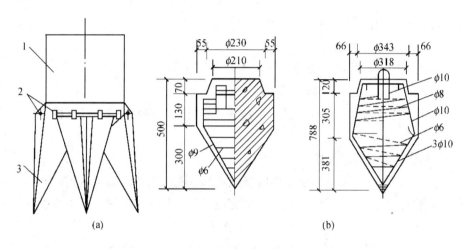

图 3—26　桩尖示意图

（a）活瓣桩尖示意图；（b）混凝土预制桩尖示意图

1—桩管；2—锁轴；3—活瓣

2）成孔。常用的成孔机械有振动沉管机和锤击沉桩机。群桩基础或桩中心距小于 3～3.5 倍的桩径，应制定合理的施工顺序，以免影响相邻桩的质量。

3）混凝土浇筑与拔管。为确保灌注桩的承载力，拔管可分别采用单打法、单振法、复打法和反插法。复打法示意图如图 3—27 所示。

①单打法施工方法。

a.桩管与桩尖接触处垫以稻草绳或麻绳垫圈。

b.刚开始沉灌后，低锤轻击，保证方向垂直。

c.将钢管内灌满混凝土。

d.拔管时密锤轻击不停（二次灌注混凝土），并控制拔出速度。

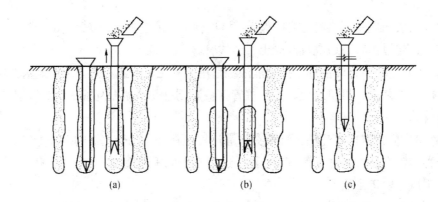

图 3—27　复打法示意图

（a）全部复打桩；（b）、（c）局部复打桩

e.最后应使混凝土略高于地面。

②单振法施工方法。

a.桩瓣闭合，将桩管徐徐压入土中，并保持垂直。

b.边振动、边拔管、边浇筑混凝土。

c.其他施工方法，如复打法、反插法、复振法可扩大桩径、提高桩的质量和承载能力。

4）常见质量问题及处理。

①断桩。断桩主要是由于土体因挤压隆起造成已灌完的尚未达到足够强度的混凝土桩断裂。处理步骤为：断桩→桩的截面发生错位→桩距过小、混凝土强度不高时受到挤压、软硬土层间传递过大的水平剪力→拔去断桩、重新浇筑混凝土。

②缩径桩。缩径桩也称缩孔桩、瓶颈桩，指桩身某部分桩径缩小。处理步骤为：瓶颈桩→桩的某段截面缩小→过大的孔隙水压力→增大混凝土露出地面的高度，控制拔管速度，采用复打法。

③吊脚桩。呆脚桩是指桩底部混凝土隔空或混凝土混入泥砂而形成软弱夹层。处理步骤为：吊脚桩→桩底形成空洞或松散层→桩尖、桩瓣破坏或变形，使水（泥砂）进入桩管→拔管填砂重打或开始拔管时反插多次。

三、人工挖孔桩

人工挖孔桩是指由人力挖掘成孔，放入钢筋笼，最后浇筑混凝土而成的桩。人工挖孔桩具有施工设备简单、无噪声、无振动、无环境污染、对周边影响小、施工速度快等特点。同时，开挖后能直接观察到地质情况，还能清除干净孔底沉渣，因而施工质量可靠。但由于是人工成孔，当挖孔深度较大时，成孔人员的安全无疑是重大问题。

（1）施工设备。人工挖孔桩常用的施工设备有电动或手动葫芦、提土桶、潜水泵、鼓风机和输风管、镐、锹、土筐、照明灯、对讲机等。

（2）施工工艺。人工桩孔灌注桩是采用人工挖掘成孔的方法。人工成孔后，安装钢筋笼，浇筑混凝土。其施工工艺主要包括：人工挖掘成孔→安放钢筋笼→浇筑混凝土。

（3）施工注意事项。

1）成孔质量控制（成孔质量包括垂直度和中心线偏差、孔径、孔形等）。

2）防止塌孔。护壁是人工挖孔桩施工中防止塌孔的构造措施。施工中应按照设计要求做好护壁。护壁混凝土强度在达到 1 MPa 后方能拆除模板。

3）排水处理。地面水往孔边渗流会造成土的抗剪强度降低，可能造成塌孔，地下水对挖孔有着重要影响。水量较大时，先采取降水措施；水量小时可以边排水边挖。将施工段高度减小（如 300～500 mm）或采用钢护筒护壁。

（4）施工安全问题。

1）井下人员须配备相应安全的设施设备；提升吊桶的机构其传动部分及地面扒杆必须牢靠，制作、安装应符合施工设计要求。人员不得乘提桶上下，必须另配钢丝绳及滑轮并有断绳保护装置，或使用安全爬梯上下。

2）孔口注意安全防护；应避免落物伤人，孔内应设半圆形防护板，随挖掘深度逐层下移。吊运物料时，作业人员应在防护板下面工作。

3）每次下井作业前应检查井壁和抽样检测井内空气，当有害气体超过规定时，应进行处理和用鼓风机送风。严禁用纯氧进行通风换气。

4）井内照明应采用安全矿灯或 12 V 防爆灯具。桩孔较深时，上下联系可通过对讲机等方式，地面不得少于 2 名监护人员。井下人员应轮换作业，连续工作时间不应超过 2 h。

5）挖孔完成后，应当天验收，并及时将桩身钢筋笼就位和浇筑混凝土。正在浇筑混凝土的桩孔周围 10 m 半径内，其他桩不得有人作业。

第 2 单元　砌体工程施工工艺

砌筑砂浆一般采用水泥砂浆、混合砂浆和石灰浆。水泥砂浆具有较高的强度和耐久性，但和易性差，多用于高强度和潮湿环境的砌体中；混合砂浆是指水泥砂浆中掺入一定数量的掺中料，常用于地面以上强度要求较高的砌体中；石灰砂浆的强度低和耐久性差，常用于砌筑干燥环境中以及强度要求不高的砌体。

第1讲 砌筑砂浆

一、材料要求

（1）水泥。砌筑砂浆使用的水泥品种及强度等级，应根据砌体部位和所处环境来选择。水泥进场使用前，应分批对其强度和安定性进行复验。检验批应以同一生产厂家、同一编号为一批。当在使用中对水泥质量有怀疑或水泥出厂超过 3 个月（快硬硅酸盐水泥超过一个月）时，应复查试验，并按其结果使用。不同品种的水泥，不得混合使用。

（2）砂。砂宜用中砂，并应过筛。砂中不得含有草根等杂物，其含泥量应满足下列要求：对水泥砂浆和强度等级不小于 M5.0 的水泥混合砂浆，不应超过 5%；对强度等级小于 M5.0 的水泥混合砂浆，不应超过 10%；对人工砂、山砂及特细砂，经试配能满足砌筑砂浆技术条件时，含泥量可适当放宽。

（3）水。拌制砂浆用水，宜采用饮用水，否则应符合国家现行标准《混凝土用水标准》（JGJ 63—2006）的规定。

（4）掺加料。为改善砂浆的和易性，节约水泥用量，常掺入一定的掺加料，如石灰膏、黏土膏、电石膏、粉煤灰、石膏等，其掺量应符合相关的规定。

（5）外加剂。砂浆中常用的外加剂有引气剂、早强剂、缓凝剂及防冻剂等，其掺量应经检验和试配符合要求后，方可使用。

二、砂浆的制备

（1）砂浆稠度应符合表 3—3 规定。

表 3—3　砌筑砂浆稠度

砌体种类	砂浆的稠度/mm
烧结普通砖砌体	70～90
轻集料混凝土小型空心砌块砌体	60～90
烧结多孔砖、空心砖砌体	60～80
烧结普通砖平拱式过梁、空斗墙、普通混凝土小型空心砌块砌体、加气混凝土砌块砌体	50～70
石砌体	30～50

（2）砌筑砂浆应通过试配确定配合比。当砌筑砂浆的组成材料有变更时，其配合比应重新确定。

（3）水泥砂浆中水泥用量不应小于 200 kg/m^3，水泥混合砂浆中水泥和掺加料总量宜为 300～350 kg/m^3。

（4）具有冻融循环次数要求的砌筑砂浆，经冻融试验后，质量损失率不得大于 5%，抗压强度损失率不得大于 25%。

（5）拌制水泥砂浆，应先将砂和水泥干拌均匀，再加水拌和均匀。

（6）拌制水泥混合砂浆，应先将砂与水泥干拌均匀，再加掺加料和水拌和均匀。

（7）掺用外加剂时，应先将外加剂按规定浓度溶于水中，在拌和水加入时加入外加剂溶液，外加剂不得直接投入拌制的砂浆中。

（8）砌筑砂浆应采用机械搅拌，自投料完算起，搅拌时间应符合下列规定：

1）水泥砂浆和水泥混合砂浆不得少于 2 min。

2）水泥粉煤灰砂浆和掺用外加剂的砂浆不得少于 3 min。

3）掺用有机塑化剂的砂浆，应为 3～5 min。

（9）砂浆拌成后和使用时，均应盛入储灰器中。如砂浆出现泌水现象，应在砌筑前重新拌和。

三、砂浆的强度及质量检验

（1）砌筑砂浆的强度等级宜采用 M15.0、M10.0、M7.5、M5.0、M2.5。

（2）砂浆应进行强度检验。砂浆强度应以标准养护龄期为 28d 的试块抗压试验结果为准。水泥砂浆的标准养护条件为温度 20℃±3℃，相对湿度不小于 90%。

（3）抽检数量：每一检验批且不超过 250 m³ 砌体中的各种类型及强度等级的砌筑砂浆，每台搅拌机应至少抽查一次。

（4）检验方法：在砂浆搅拌机出料口随机取样制作砂浆试块（同盘砂浆只应制作一组试块），砂浆试块每 6 块为一组，试块制作见证取样，建设单位委托的见证人应旁站，并对试块作出标记以保证试块的真实性。最后应检查试块强度试验报告单。

（5）当施工中或验收时出现下列情况，可采用现场检验方法对砂浆和砌体强度进行原位检测或取样检测，并判定其强度：

1）砂浆试块缺乏代表性或试块数量不足。

2）对砂浆试块的试验结果有怀疑或有争议。

3）砂浆试块的试验结果，不能满足设计要求。

（6）现场检测应由有资质的试验检测单位进行，其检测方法由委托方和试验检测单位确定，检测后出具正规的检测报告。

第2讲　砖墙砌体

一、砌筑形式

普通砖墙的砌筑形式主要有五种：即一顺一丁、三顺一丁、梅花丁、二平一侧和全顺式。

（1）一顺一丁。一顺一丁是一皮全部顺砖与一皮全部丁砖间隔砌成。上下皮竖缝相互错开1/4砖长，如图3—28（a）所示。这种砌法效率较高，适用于砌一砖、一砖半及二砖墙。

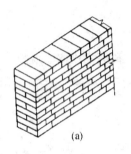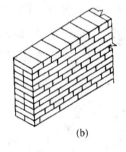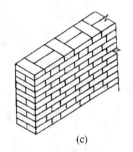

(a)　　　　　　　　(b)　　　　　　　　(c)

图3—28　砖墙组砌形式

(a) 一顺一丁；(b) 三顺一丁；(c) 梅花丁

（2）三顺一丁。三顺一丁是三皮全部顺砖与一皮全部丁砖间隔砌成。上下皮顺砖间竖缝错开1/2砖长；上下皮顺砖与丁砖间竖缝错开1/4砖长，如图3—28(b)所示。这种砌法因顺砖较多效率较高，适用于砌一砖、一砖半墙。

（3）梅花丁。梅花丁是每皮中丁砖与顺砖相隔，上皮丁砖坐中于下皮顺砖，上下皮间竖缝相互错开1/4砖长，如图3—28（c）所示。这种砌法内外竖缝每皮都能避开，故整体性较好，灰缝整齐，比较美观，但砌筑效率较低。适用于砌一砖、一砖半墙。

（4）两平一侧。两平一侧采用两皮平砌砖与一皮侧砌的顺砖相隔砌成。当墙厚为3/4砖时，平砌砖均为顺砖，上下皮平砌顺砖间竖缝相互错开1/2砖长；上下皮平砌顺砖与侧砌顺砖间竖缝相互错开1/2砖长。当墙厚为 $1\frac{1}{4}$ 砖长时，上下皮平砌顺砖与侧砌顺砖间竖缝相互错开1/2砖长；上下皮平砌丁砖与侧砌顺砖间竖缝相互错开1/4砖长。这种形式适合于砌筑3/4砖墙及 $1\frac{1}{4}$ 砖墙。

（5）全顺式。全顺式是各皮砖均为顺砖，上下皮竖缝相互错开1/2砖长。这种形式仅适用于砌半砖墙。

为了使砖墙的转角处各皮间竖缝相互错开，必须在外角处砌七分头砖（3/4 砖长）。当采用一顺一丁组砌时，七分头的顺面方向依次砌顺砖，丁面方向依次砌丁砖，如图 3—29（a）所示。

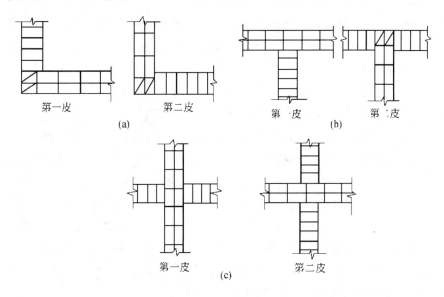

第一皮　第二皮
(a)

第一皮　第二皮　(b)

第一皮　第二皮
(c)

图 3—29　砖墙交接处组砌

（a）一砖墙转角（一顺一丁）；（b）一砖墙丁字交接处（一顺一丁）；（c）一砖墙十字交接处（一顺一丁）

砖墙的丁字接头处，应分皮相互砌通，内角相交处竖缝应错开 1/4 砖长，并在横墙端头处加砌七分头砖，如图 3—29（b）。砖墙的十字接头处，应分皮相互砌通，交角处的竖缝应相互错开 1/4 砖长，如图 3—29（c）。

二、砌筑工艺

砖墙的砌筑一般有找平放线、摆砖、立皮数杆、盘角、挂线、砌筑、勾缝、清理等工序。

（1）找平放线。砌墙前先在基础防潮层或楼面上定出各层标高，并用水泥砂浆或 C10 细石混凝土找平，然后根据龙门板上标志的轴线，弹出墙身轴线、边线及门窗洞口位置。二楼以上墙的轴线可以用经纬仪或垂球将轴线引测上去。

（2）摆砖。又称摆脚，是指在放线的基面上按选定的组砌方式用干砖试摆。目的是为了校对所放出的墨线在门窗洞口、附墙垛等处是否符合砖的模数，以尽可能减少砍砖，并使砌体灰缝均匀，组砌得当。一般在房屋外纵墙方向摆顺砖，在山墙方向摆丁砖，摆砖由一个大角摆到另一个大角，砖与砖留 10 mm 缝隙。

（3）立皮数杆。皮数杆是指在其上划有每皮砖和灰缝厚度，以及门窗洞口、过梁、楼板等高度位置的一种木制标杆。砌筑时用来控制墙体竖向尺寸及各部位构件的竖向标高，并保证灰缝厚度的均匀性。

皮数杆一般设置在房屋的四大角以及纵横墙的交接处，如墙面过长时，应每隔10～15 m立一根。皮数杆需用水平仪统一竖立，使皮数杆上的±0.00与建筑物的±0.00相吻合，以后就可以向上接皮数杆。

（4）盘角、挂线。墙角是控制墙面横平竖直的主要依据，所以，一般砌筑时应先砌墙角，墙角砖层高度必须与皮数杆相符合，做到"三皮一吊，五皮一靠"。墙角必须双向垂直。

墙角砌好后，即可挂小线，作为砌筑中间墙体的依据，以保证墙面平整，一般一砖墙、一砖半墙可用单面挂线，一砖半墙以上则应用双面挂线。

（5）砌筑、勾缝。砌筑操作方法各地不一，但应保证砌筑质量要求。通常采用"三一砌砖法"，即一块砖、一铲灰、一揉压，并随手将挤出的砂浆刮去的砌筑方法。这种砌法的优点是灰缝容易饱满、黏结力好、墙面整洁。

勾缝是砌清水墙的最后一道工序，可以用砂浆随砌随勾缝，叫做原浆勾缝；也可砌完墙后再用1∶1.5水泥砂浆或加色砂浆勾缝，称为加浆勾缝。勾缝具有保护墙面和增加墙面美观的作用，为了确保勾缝质量，勾缝前应清除墙面黏结的砂浆和杂物，并洒水润湿，在砌完墙后，应画出1 cm的灰槽，灰缝可勾成凹、平、斜或凸形状。勾缝完后还应清扫墙面。

三、施工要点

（1）全部砖墙应平行砌起，砖层必须水平，砖层正确位置用皮数杆控制，基础和每楼层砌完后必须校对一次水平、轴线和标高，在允许偏差范围内，其偏差值应在基础或楼板顶面调整。

（2）砖墙的水平灰缝和竖向灰缝宽度一般为10 mm，但不小于8 mm，也不应大于12 mm。水平灰缝的砂浆饱满度不得低于80%，竖向灰缝宜采用挤浆或加浆方法，使其砂浆饱满，严禁用水冲浆灌缝。

（3）砖墙的转角处和交接处应同时砌筑。对不能同时砌筑而又必须留槎时，应砌成斜槎，斜槎长度不应小于高度的2／3（图3-30）。非抗震设防及抗震设防烈度为6度、7度地区的临时间断处，当不能留斜槎时，除转角处外，可留直槎，但必须做成凸槎，并加设拉结筋。拉结筋的数量为每120 mm墙厚放置1φ6拉结钢筋（240 mm厚墙放置2φ6拉结钢筋），间距沿墙高不应超过500 mm，埋入长度从留槎处算起每边均不应小于500 mm，对抗震设防烈度为6度、7度的地区，不应小于1000 mm，末端应有90°弯钩（图3—31）。抗震设防地区不得留直槎。

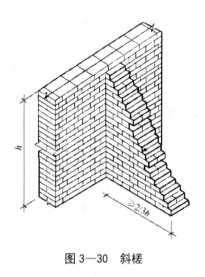

图 3—30　斜槎

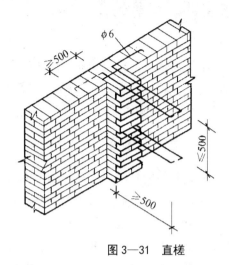

图 3—31　直槎

（4）隔墙与承重墙如不同时砌起而又不留成斜槎时，可于承重墙中引出阳槎，并在其灰缝中预埋拉结筋，其构造与上述相同，但每道不少于 2 根。抗震设防地区的隔墙，除应留阳槎外，还应设置拉结筋。

（5）砖墙接槎时，必须将接槎处的表面清理干净，浇水润湿，并应填实砂浆，保持灰缝平直。

（6）每层承重墙的最上一皮砖、梁或梁垫的下面及挑檐、腰线等处，应是整砖丁砌。填充墙砌至接近梁、板底时，应留一定空隙，待填充墙砌筑完并应至少间隔 7 d 后，再将其补砌挤紧。

（7）砖墙中留置临时施工洞口时，其侧边离交接处的墙面不应小于 500 mm，洞口净宽度不应超过 1 m。

（8）砖墙相邻工作段的高度差，不得超过一个楼层的高度，也不宜大于 4 m。工作段的分段位置应设在伸缩缝、沉降缝、防震缝或门窗洞口处。砖墙临时间断处的高度差，不得超过一步脚手架的高度。砖墙每天砌筑高度以不超过 1.8 m 为宜。

（9）在下列墙体或部位中不得留设脚手眼。

1）120 mm 厚墙、料石清水墙和独立柱。

2）过梁上与过梁成 60° 角的三角形范围及过梁净跨度 1 / 2 的高度范围内。

3）宽度小于 1 m 的窗间墙。

4）砌体门窗洞口两侧 200 mm（石砌体为 300 mm）和转角处 450 mm（石砌体为 600 mm）范围内。

5）梁或梁垫下及其左右 500 mm 范围内。

6）设计不允许设置脚手眼的部位。

第3讲　配筋砌体

　　配筋砌体是由配置钢筋的砌体作为建筑物主要受力构件的结构。配筋砌体有网状配筋砌体柱、水平配筋砌体墙、砖砌体和钢筋混凝土面层或钢筋砂浆面层组合砌体柱（墙）、砖砌体和钢筋混凝土构造柱组合墙和配筋砌块砌体剪力墙。

一、配筋砌体的构造要求

　　配筋砌体的基本构造与砖砌体相同，不再赘述；下面主要介绍构造的不同点。

　　（1）砖柱（墙）网状配筋的构造。砖柱（墙）网状配筋，是在砖柱（墙）的水平灰缝中配有钢筋网片。钢筋上、下保护层厚度不应小于 2 mm。所用砖的强度等级不低于 MU10，砂浆的强度等级不应低于 M7.5，采用钢筋网片时，宜采用焊接网片，钢筋直径宜采用 3~4 mm；用连弯网片时，钢筋直径不应大于 8 mm，且网的钢筋方向应互相垂直，沿砌体高度方向交错设置。钢筋网中的钢筋的间距不应大于120 mm，并不应小于 30 mm；钢筋网片竖向间距，不应大于五皮砖，并不应大于 400 mm。

　　（2）组合砖砌体的构造。组合砖砌体是指砖砌体和钢筋混凝土面层或钢筋砂浆面层的组合砌体构件，有组合砖柱、组合砖壁柱和组合砖墙等。

　　组合砖砌体构件的构造为：面层混凝土强度等级宜采用 C20。面层水泥砂浆强度等级不宜低于 M10，砖强度等级不宜低于 MU10，砌筑砂浆的强度等级不宜低于M7.5。砂浆面层厚度宜采用 30~45 mm，当面层厚度大于 45 mm 时，其面层宜采用混凝土。

　　（3）砖砌体和钢筋混凝土构造柱组合墙。组合墙砌体宜用强度等级不低于MU7.5 的普通砌墙砖与强度等级不低于 M5 的砂浆砌筑。

　　构造柱截面尺寸不宜小于 240 mm×240 mm，其厚度不应小于墙厚。砖砌体与构造柱的连接处应砌成马牙槎，并应沿墙高每隔 500 mm 设 2φ6 拉结钢筋，且每边伸入墙内不宜小于 500 mm。柱内竖向受力钢筋，一般采用 HPB 300 级钢筋，对于中柱，不宜少于 4φ12；对于边柱不宜少于 4φ14，其箍筋一般采用 φ6@200 mm，楼层上下 500 mm 范围内宜采用 φ6@100 mm。构造柱竖向受力钢筋应在基础梁和楼层圈梁中锚固。组合砖墙的施工程序应先砌墙后浇混凝土构造桩。

　　（4）配筋砌块砌体构造要求。砌块强度等级不应低于 MU10；砌筑砂浆不应低于 Mb7.5；灌孔混凝土不应低于 Cb20。配筋砌块砌体柱边长不宜小于 400 mm 配筋砌块砌体剪力墙厚度连梁宽度不应小于 190 mm。

二、配筋砌体的施工要点

配筋砌体施工工艺的弹线、找平、排砖摆底、墙体盘角、选砖、立皮数杆、挂线、留槎等施工工艺与普通砖砌体要求相同，下面主要介绍其不同点。

（1）砌砖及放置水平钢筋。砌砖宜采用"三一砌砖法"，即"一块砖、一铲灰、一揉压"，水平灰缝厚度和竖直灰缝宽度一般为 10 mm，但不应小于 8 mm，也不应大于 12 mm。砖墙（柱）的砌筑应达到上下错缝、内外搭砌、灰缝饱满、横平竖直的要求。皮数杆上要标明钢筋网片、箍筋或拉结筋的位置，钢筋安装完毕，并经隐蔽工程验收后方可砌上层砖，同时要保证钢筋上下至少各有 2 mm 保护层。

（2）砂浆（混凝土）面层施工。组合砖砌体面层施工前，应清除面层底部的杂物，并浇水湿润砖砌体表面。砂浆面层施工从下而上分层施工，一般应两次涂抹，第一次是刮底，使受力钢筋与砖砌体有一定保护层；第二次是抹面，使面层表面平整。混凝土面层施工应支设模板，每次支设高度一般为 50～60 cm，并分层浇筑，振捣密实，待混凝土强度达到 30% 以上才能拆除模板。

（3）构造柱施工。

1）构造柱竖向受力钢筋，底层锚固在基础梁上，锚固长度不应小于 35 d（d 为竖向钢筋直径），并保证位置正确。受力钢筋接长，可采用绑扎接头，搭接长度为 35 d，绑扎接头处箍筋间距不应大于 200 mm。楼层上下 500 mm 范围内箍筋间距宜为 100 mm。

2）砖砌体与构造柱连接处应砌成马牙槎，从每层柱脚开始，先退后进，每一马牙槎沿高度方向的尺寸不宜超过 300 mm，并沿墙高每隔 500 mm 设 2φ6 拉结钢筋，且每边伸入墙内不宜小于 1 m；预留的拉结钢筋应位置正确，施工中不得任意弯折。

3）浇筑构造柱混凝土之前，必须将砖墙和模板浇水湿润（若为钢模板，不浇水，刷隔离剂），并将模板内落地灰、砖碴和其他杂物清理干净。浇筑混凝土可分段施工，每段高度不宜大于 2 m，或每个楼层分两次浇灌，应用插入式振动器，分层捣实。

4）构造柱钢筋竖向移位不应超过 100 mm，每一马牙槎沿高度方向尺寸不应超过 300 mm。钢筋竖向位移和马牙槎尺寸偏差每一构造柱不应超过 2 处。

第 4 讲　砌块砌体

用砌块代替烧结普通砖做墙体材料，是墙体改革的一个重要途径。近几年来，中小型砌块在我国得到了广泛应用。常用的砌块有粉煤灰硅酸盐砌块、混凝土小型空心砌块、煤矸石砌块等。砌块的规格不统一，中型砌块一般高度为 380～940 mm，长度为高度的 1.5～2.5 倍，厚度为 180～300 mm，每块砌块质量 50～200 kg。

一、砌块排列

由于中小型砌块体积较大、较重，不如砖块可以随意搬动，多用专门设备进行吊装砌筑，且砌筑时必须使用整块，不像普通砖可随意砍凿，因此，在施工前，须根据工程平面图、立面图及门窗洞口的大小、楼层标高、构造要求等条件，绘制各墙的砌块排列图，以指导吊装砌筑施工。

砌块排列图按每片纵横墙分别绘制（图 3—32）。其绘制方法是在立面上用 1：50 或 1：30 的比例绘出纵横墙，然后将过梁、平板、大梁、楼梯、孔洞等在墙面上标出，由纵墙和横墙高度计算皮数，画出水平灰缝线，并保证砌体平面尺寸和高度是块体加灰缝尺寸的倍数，再按砌块错缝搭接的构造要求和竖缝大小进行排列。对砌块进行排列时，注意尽量以主规格砌块为主，辅助规格砌块为辅，减少镶砖。小砌块墙体应对孔错缝搭砌，搭接长度不应小于 90 mm。墙体的个别部位不能满足上述要求时，应在灰缝中设置拉结钢筋或钢筋网片，但竖向通缝仍不得超过两皮小砌块。砌块中水平灰缝厚度一般为 10～20 mm，有配筋的水平灰缝厚度为 20～25 mm；竖缝的宽度为 15～20 mm，当竖缝宽度大于 30 mm 时，应用强度等级不低于 C20 的细石混凝土填实，当竖缝宽度不小于 150 mm 或楼层高不是砌块加灰缝的整数倍时，应用普通砖镶砌。

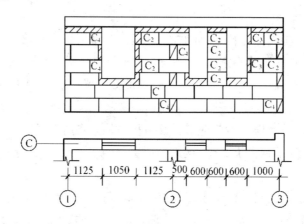

图 3—32 砌块排列图

二、施工要点

砌块施工的主要工序是：铺灰、砌块吊装就位、校正、灌缝和镶砖。

（1）铺灰。砌块墙体所采用的砂浆，应具有良好的和易性，其稠度以 50～70 mm 为宜，铺灰应平整饱满，每次铺灰长度一般不超过 5 m，炎热天气及严寒季节应适当缩短。

（2）砌块吊装就位。砌块安装通常采用两种方案：一是以轻型塔式起重机进行砌块、砂浆的运输，以及楼板等预制构件的吊装，由台架吊装砌块；二是以井架进行材料的垂直运输、杠杆车进行楼板吊装，所有预制构件及材料的水平运输则用砌块车和劳动车，台架负责砌块的吊装，前者适用于工程量大或两幢房屋对翻流水的情况，后者适用于工程量小的房屋。

砌块的吊装一般按施工段依次进行，其次序为先外后内，先远后近，先下后上，在相邻施工段之间留阶梯形斜槎。吊装时应从转角处或砌块定位处开始，采用摩擦式夹具，按砌块排列图将所需砌块吊装就位。

（3）校正。砌块吊装就位后，用托线板检查砌块的垂直度，拉准线检查水平度，并用撬棍、楔块调整偏差。

（4）灌缝。竖缝可用夹板在墙体内外夹住，然后灌砂浆，用竹片插或铁棒捣，使其密实。当砂浆吸水后用刮缝板把竖缝和水平缝刮齐。灌缝后，一般不应再撬动砌块，以防损坏砂浆黏结力。

（5）镶砖。当砌块间出现较大竖缝或过梁找平时，应镶砖。镶砖砌体的竖直缝和水平缝应控制在 15～30 mm 以内。镶砖工作应在砌块校正后即刻进行，镶砖时应注意使砖的竖缝灌密实。

第 5 讲　填充墙砌体工程施工

一、基本要求

在框架结构的建筑中，墙体一般只起围护与分隔的作用，常用体轻、保温性能好的烧结空心砖或小型空心砌块砌筑，其施工方法与施工工艺与一般砌体施工有所不同，简述如下：

（1）砌体和块体材料的品种、规格、强度等级必须符合图纸设计要求，规格尺寸应一致，质量等级必须符合标准要求，并应有出厂合格证明、试验报告单；蒸压加气混凝土砌块和轻集料混凝土小型砌块砌筑时的产品龄期应超过 28 d。蒸压加气混凝土砌块和轻集料混凝土小型砌块应符合《建筑材料放射性核素限量》（GB 6566—2010）的规定。

（2）填充墙砌体应在主体结构及相关分部已施工完毕，并经有关部门验收合格后进行。砌筑前，应认真熟悉图纸以及相关构造及材料要求，核实门窗洞口位置和尺寸，计算出窗台及过梁圈梁顶部标高。并根据设计图纸及工程实际情况，编制出施工方案和施工技术交底。

二、填充墙砌体施工要点

（1）基层清理。在砌筑砌体前应对墙基层进行清理，将基层上的浮浆灰尘清扫干净并浇水湿润。块材的湿润程度应符合规范及施工要求。

（2）施工放线。放出每一楼层的轴线，墙身控制线和门窗洞的位置线。在框架柱上弹出标高控制线以控制门窗上的标高及窗台高度，施工放线完成后，应经过验收合格后，方能进行墙体施工。

（3）墙体拉结钢筋。

1）墙体拉结钢筋有多种留置方式，目前主要采用预埋钢板再焊接拉结筋、用膨胀螺栓固定先焊在铁板上的预留拉结筋以及采用植筋方式埋设拉结筋等方式。

2）采用焊接方式连接拉结筋，单面搭接焊的焊缝长度应不小于 $10d$（d 为钢筋直径），双面搭接焊的焊缝长度应不小于 $5d$（d 为钢筋直径）。焊接不应有边、气孔等质量缺陷，并进行焊接质量检查验收。

3）采用植筋方式埋设拉结筋，埋设的拉结筋位置较为准确，操作简单，不伤结构，但应通过抗拔试验。

（4）构造柱钢筋。在填充墙施工前应先将构造柱钢筋绑扎完毕，构造柱竖向钢筋与原结构上预留插孔的搭接绑扎长度应满足设施要求。

（5）立皮数杆、排砖。

1）在皮数杆上框柱、墙上排出砌块的皮数及灰缝厚度，并标出窗、洞及墙梁等构造标高。

2）根据要砌筑的墙体长度、高度试排砖，摆出门、窗及孔洞的位置。

3）外墙壁第一皮砖摆底时，横墙应排丁砖，梁及梁垫的下面一皮砖、窗台等水平面上一皮应用丁砖砌筑。

（6）填充墙砌筑。

1）拌制砂浆。

①砂浆配合比应用重量比，计量精度为：水泥±2%，砂及掺和料±5%，砂应计入其含水量对配料的影响。

②宜用机械搅拌，投料顺序为砂→水泥→掺和料→水，搅拌时间不少于 2min。

③砂浆应随拌随用，水泥或水泥混合砂浆一般在拌和后 3～4h 内用完，气温在 30℃以上时，应在 2～3h 内用完。

2）砖或砌块应提前 1～2d 浇水湿润；湿润程度以达到水浸润砖体深度 15mm 为宜，含水率为 10%～15%。不宜在砌筑时临时浇水，严禁干砖上墙，严禁在砌筑后向墙体洒水。蒸压加气混凝土砌块因含水率大于 35%，只能在砌筑时洒水湿润。

3）砌筑墙体。

①砌筑蒸压加气混凝土砌块和轻集料混凝土小型空心砌块填充墙时，墙底部应

砌 200 mm 高烧结普通砖、多孔砖或普通混凝土空心砌块或浇筑 200 mm 高混凝土坎台，混凝土强度等级宜为 C20。

②填充墙砌筑必须内外搭接、上下错缝、灰缝平直、砂浆饱满。操作过程中要经常进行自检，如有偏差，应随时纠正，严禁事后采用撞砖纠正。

③填充墙砌筑时，除构造柱的部位外，墙体的转角处和交接处应同时砌筑，严禁无可靠措施的内外墙分砌施工。

④填充墙砌体的灰缝厚度和宽度应正确。空心砖、轻集料混凝土小型空心砌块的砌体灰缝应为 8～12 mm，蒸压加气混凝土砌块砌体的水平灰缝厚度、竖向灰缝宽度分别为 15 mm 和 20 mm。

⑤墙体一般不留槎，如必须留置临时间断处，应砌成斜槎，斜槎长度不应小于高度的 2 / 3；施工时不能留成斜槎时，除转角处外，可于墙中引出直凸槎（抗震设防地区不得留直槎）。直槎墙体每间隔高度不大于 500 mm，应在灰缝中加设拉结钢筋，拉结筋数量按 120 mm 墙厚放一根 φ6 的钢筋，埋入长度从墙的留槎处算起，两边均不应小于 500 mm，末端应有 90° 弯钩；拉结筋不得穿过烟道和通气管。

⑥砌体接槎时，必须将接槎处的表面清理干净，浇水湿润，并应填实砂浆，保持灰缝平直。

⑦木砖预埋：木砖经防腐处理，木纹应与钉子垂直，埋设数量按洞口高度确定；洞口高度不大于 2 m，每边放 2 块，高度在 2～3 m 时，每边放 3～4 块。预埋木砖的部位一般在洞口上下四皮砖处开始，中间均匀分布或按设计预埋。

⑧设计墙体上有预埋、预留的构造，应随砌随留、随复核，确保位置正确构造合理。不得在已砌筑好的墙体中打洞；墙体砌筑中，不得搁置脚手架。

⑨凡穿过砌块的水管，应严格防止渗水、漏水。在墙体内敷设暗管时，只能垂直埋设，不得水平开槽，敷设应在墙体砂浆达到强度后进行。混凝土空心砌块预埋管应提前专门作有预埋槽的砌块，不得墙上开槽。

⑩加气混凝土砌块切锯时应用专用工具，不得用斧子或瓦刀任意砍劈，洞口两侧应选用规则整齐的砌块砌筑。

三、构造柱、圈梁

（1）有抗震要求的砌体填充墙按设计要求应设置构造柱、圈梁，构造柱的宽度由设计确定，厚度一般与墙壁等厚，圈梁宽度与墙等宽，高度不应小于 120 mm。圈梁、构造柱的插筋宜优先预埋在结构混凝土构件中或后植筋，预留长度符合设计要求。构造柱施工时按要求应留设马牙槎，马牙槎宜先退后进，进退尺寸不小于 50 mm，高度不宜超过 300 mm。当设计无要求时，构造柱应设置在填充墙的转角处、T 形交接处或端部；当墙长大于 5 m 时，应间隔设置。圈梁宜设在填充墙高度中部。

（2）支设构造柱、圈梁模板时，宜采用对拉栓式夹具，为了防止模板与砖墙接缝处漏浆，宜用双面胶条黏结。构造柱模板根部应留垃圾清扫孔。

（3）在浇灌构造柱、圈梁混凝土前，必须向柱或梁内砌体和模板浇水湿润，并将模板内的落地灰清除干净，先注入适量水泥砂浆，再浇灌混凝土。振捣时，振捣器应避免触碰墙体，严禁通过墙体传振。

第3单元 模板工程施工工艺

模板与其支撑体系组成模板系统。模板系统是一个临时架设的结构体系，其中模板是新浇混凝土成型的模具，它与混凝土直接接触，使混凝土构件具有设计所要求的形状、尺寸和相对位置；支撑体系是指支撑模板、承受模板、构件及施工中各种荷载，并使模板保持所要求的空间位置的临时结构。

第1讲 组合钢模板

一、钢模板

钢模板有通用模板和专用模板两类。通用模板包括平面模板、阴角模板、阳角膜板和连接角模；专用模板包括倒棱模板、梁腋模板、柔性模板、搭接模板、可调模板及嵌补模板。我们主要介绍常用的通常模板。平面模板 [图 3—33（a）] 由面板、边框、纵横肋构成。边框与面板常用 2.5～3.0 mm 厚钢板冷轧冲压整体成型，纵模肋用 3 mm 厚扁钢与面板及边框焊成。为便于连接，边框上有连接孔，边框的长向及短向其孔距均一致，以便横竖都能拼接。平模的长度有 1800、1500、1200、900、750、600、450 mm 七种规格，宽度有 100～600 mm（以 50 mm 进级）十一种规格，因而可组成不同尺寸的模板。在构件接头处（如柱与梁接头）及一些特殊部位，可用专用模板嵌补。不足模数的穿缺也可用少量木模补缺，用钉子或螺栓将方木一平模边框孔洞连接。阴、阳角模用以成型混凝土结构的阴、阳角，连接角模用作两块平模拼成 90° 角的连接件 [图 3—33（b）～（f）]。

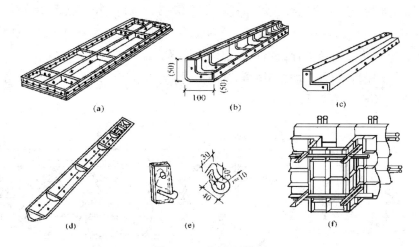

图 3—33　组合钢模板

（a）平模板；（b）阴角模板；（c）阳角模板；（d）联接角模板；（e）U 形卡；（f）附墙柱模

二、钢模配板

采用组合钢模时，同一构件的模板展开可用不同规格的钢模作多种方式的组合排列，因而形成不同的配板方案。配板方案对支模效率、工程质量和经济效益都有一定影响。合理的配板方案应满足：钢模块数少，木模嵌补量少，并能使支承件布置简单，受力合理。配板原则如下：

（1）优先采用通用规格及大规格的模板。这样模板的整体性好，又可以减少装拆工作。

（2）合理排列模板。宜以其长边沿梁、板、墙 的长度方向或柱的方向排列，以利使用 长度规格大的钢模，并扩大钢模的支承跨度。如结构的宽度恰好是钢模长度的整倍数量，也可将钢模的长边沿结构的短边排列。模板端头接缝宜错开布置，以提高模板的整体性，并使模板在长度方向易保持平直。

（3）合理使用角模。对无特殊要求的阳角，可不用阳角膜，而用连接角模代替。阴角模宜用于长度大的阴角，柱头、梁口及其他短边转角（阴角）处，可用方木嵌补。

（4）便于模板支承件（钢楞或桁架）的布置。对面积较方整的预拼装大模板及钢模端头接缝集中在一条线上时，直接支承钢模的钢楞，其间距布置要考虑接缝位置，应使每块钢模都有两道钢楞支承。对端头错缝连接的模板，其直接支承钢模的钢楞或桁架的间距，可不受接缝位置的限制。

三、支承件

支承件包括柱箍、梁托架、钢楞、桁架、钢管顶撑及钢管支架。

（1）柱箍可用角钢、槽钢制作，也可采用钢管及扣件组成。

（2）梁侧托架用来托梁底模和夹模［图3—34（a）］。梁托架可用钢管或角钢制作，其高度为500～800 mm，宽度达600 mm，可根据梁的截面尺寸进行调整，高度较大的梁，可用对拉螺栓或斜撑固定两边侧模。

（3）支托桁架有整体式和拼接式两种，拼接式桁架可由两个半榀桁架拼接，以适应不同跨度的需要［图3—34（b）］。

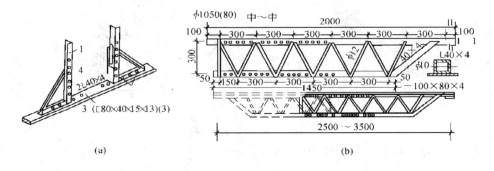

图3—34　托架及支托桁架

（a）梁托架；（b）支托桁架

（4）钢管顶撑由套管及插管组成（图3—35），其高度可借插销粗调，借螺旋微调。钢管支架由钢管及扣件组成，支架柱可用钢管对接（用对接扣连接）或搭接（用回转扣连接）接长。支架横杆步距为1000～1800 mm。钢管顶撑或支架支柱可按偏心受压杆计算。

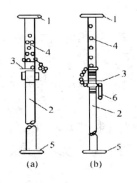

图3—35　钢管顶撑

（a）对接扣联接；（b）回转扣联接

1—顶板；2—套管；3—转盘；4—插管；5—底板；6—转动手柄

第 2 讲 木模板

木模板一般是在木工车间或木工棚加工成基本组件（拼板），然后在现场进行拼装。拼板（图 3—36）由板条用拼条钉成，板条厚度一般为 25～50 mm。宽度不宜超过 200 mm（工具式模板不超过 150 mm），以保证在干缩时缝隙均匀，浇水后易于密缝，受潮后不易翘曲，梁底的拼板由于承受较大的荷载要加厚至 40～50 mm。拼板的拼条根据受力情况可以平放也可以立放。拼条间距取决于所浇筑混凝土的侧压力和板条厚度，一般为 400～500 mm。

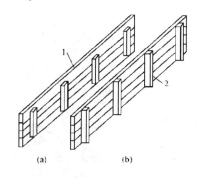

图 3—36 拼板的构造

（a）拼条平放；（b）拼条立放

1—板条；2—拼条

（1）基础模板（图 3—37）：如土质较好，阶梯形基础模板的最下一级可不用模板而进行原槽浇筑。安装时，要保证上、下模板不发生相对位移。如有杯口还要在其中放入杯口模板。

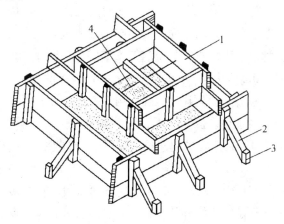

图 3—37 阶梯形基础模板

1—拼板；2—斜撑；3—木桩；4—钢丝

（2）柱子模板：由两块相对的内拼板夹在两块外拼板之间拼成（图3—38），亦可用短横板（门子板）代替外拼板钉在内拼板上。

柱底一般有一钉在底部混凝土上的木框，用以固定柱模板底板的位置。柱模板底部开有清理孔，沿高度每间隔2m开有浇筑孔。模板顶部根据需要开有与梁模板连接的缺口。为承受混凝土的侧压力和保持模板形状，拼板外面要设柱箍。柱箍间距与混凝土侧压力、拼板厚度有关。由于柱子底部混凝土侧压力较大，因而柱模板越靠近下部柱箍越密。

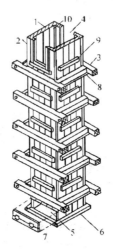

图3—38　方形柱的模板

1—内拼板；2—外拼板；3—柱箍；4—梁缺口；5—清理孔；6—木框；7—盖板；8—拉紧螺栓；9—拼条；
10—三角板

（3）梁模板（图3—38）由底模板和侧模板等组成。梁底模板承受垂直荷载，一般较厚，下面有支架（琵琶撑）支撑。支架的立柱最好做成可以伸缩的，以便调整高度，底部应支承在坚实的地面，楼面或垫以木板。在多层框架结构施工中，应使上层支架的立柱对准下层支架的立柱。支架间应用水平和斜向拉杆拉牢，以增强整体稳定性，当层间高度大于5m时，宜选桁架作模板的支架，以减少支架的数量。梁侧模板主要承受混凝土的侧压力，底部用钉在支架顶部的夹条夹住，顶部可由支承楼板的搁栅或支撑顶住。高大的梁，可在侧板中上位置用铁丝或螺栓相互撑拉，梁跨度等于及大于4m时，底模应起拱，如设计无要求时，起拱高度宜为全跨长度的（1~3）/1000。

（4）楼板模板（图3—39）主要承受竖向荷载，目前多用定型模板。它支承在搁栅上，搁栅支承在梁侧模外的横档上，跨度大的楼板，搁栅中间可以再加支撑作为支架系统。

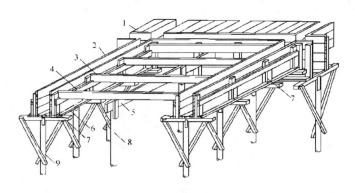

图 3—39　梁及楼板模板

1—楼板模板；2—梁侧模板；3—搁栅；4—横挡；5—牵挡；6—夹条；7—短撑；8—牵杠撑；9—支撑

第 3 讲　胶合板模板

模板用的胶合板通常由 5、7、9、11 层等奇数层单板经热压固化而胶合成形。相邻层的纹理方向相互垂直，通常最外层表板的纹理方向和胶合板板面的长向平行，因此，整张胶合板的长向为强方向，短向为弱方向，使用时必须注意。模板用木胶合板的幅面尺寸，一般宽度为 1200 mm 左右，长度为 2400 mm 左右，厚约 12～18 mm。

胶合板用作楼板模板时，常规的支模方法为：用 $\phi48$ mm×3.5 mm 脚手钢管搭设排架，排架上铺放间距为 400 mm 左右的 50 mm×100 mm 或者 50 mm×

80 mm 木方（俗称 58 方木），作为面板下的楞木。木胶合板常用厚度为 12 mm、18 mm，木方的间距随胶合板厚度作调整。这种支模方法简单易行，现已在施工现场大面积采用。

胶合板用作墙模板时，常规的支模方法为：胶合板面板外侧的内楞用 50 mm×100 mm 或者 50 mm×80 mm 木方，外楞用 $\phi48$ mm×3.5 mm 脚手钢管，内外模用"3"形卡及穿墙螺栓拉结。

第 4 讲　大模板

（1）大模板是一种大尺寸的工具式定型模板（图 3—40），一般是一块墙面用一、二块大模板。因其重量大，需起重机配合装拆进行施工。

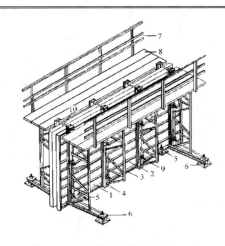

图 3—40 大模板构造示意图

1—面板；2—水平加劲肋；3—支撑桁架；4—竖楞；5—调整水平度的螺旋千斤顶；

6—调整垂直度的螺旋千斤顶；7—栏杆；8—脚手板；9—穿墙螺栓；10—固定卡具

（2）大模板施工，关键在于模板。一块大模板由面板、加劲肋、竖楞、支撑桁架、稳定机构及附件组成。面板要求平整、刚度好。平整度按中级抹灰质量要求确定。面板我国目前多用钢板和多层板制成。用钢板做面板的优点是刚度大和强度高，表面平滑，所浇筑的混凝土墙面外观好，不需再抹灰，可以直接粉面，模板可重复使用 200 次以上。缺点是耗钢量大、自重大、易生锈、不保温、损坏后不易修复。钢面板厚度根据加劲肋的布置确定，一般为 4～6 mm。用 12～18 mm 厚多层板做的面板，用树脂处理后可重复使用 50 次，重量轻，制作安装更换容易、规格灵活，对于非标准尺寸的大模板工程更为适用。

（3）加劲肋的作用是固定面板，阻止其变形并把混凝土传来的侧压力传递到竖楞上。加劲肋可用 6 号或 8 号槽钢，间距一般为 300～500 mm。

（4）竖楞是与加劲肋相连接的竖直部件。它的作用是加强模板刚度，保证模板的几何形状，并作为穿墙螺栓的固定支点，承受由模板传来的水平力和垂直力。竖楞多采用 6 号或 8 号槽钢制成，间距一般约为 1～1.2 m。

（5）支撑机构主要承受风荷载和偶然的水平力，防止模板倾覆。用螺栓或竖楞连接在一起，以加强模板的刚度。每块大模板采用 2～4 榀桁架作为支撑机构，兼做搭设操作平台的支座，承受施工活荷载，也可用大型型钢代替桁架结构。

（6）大模板的附件有操作平台、穿墙螺栓和其他附属连接件。

（7）大模板亦可由组合钢模板拼成，用后拆卸仍可用于其他构件。

第 5 讲　模板拆除

一、拆模期限

不承重的侧模板在混凝土强度能保证混凝土表面和棱角不因拆模而受损害时方可拆模。一般此时混凝土的强度应达到 2.5 MPa 以上；承重模板应在混凝土达到表 3—4 所要求的强度以后方能拆除。

表 3—4　承重模板拆除时的混凝土强度要求

构件类型	构件跨度/m	达到设计混凝土立方体抗压强度标准值的百分率/（%）
板	≤2	≥50
	>2,≤8	≥75
	>8	≥100
梁、拱、壳	≤8	≥75
	>8	≥100
悬臂构件	—	≥100

二、拆模注意事项

（1）模板拆除工作应遵守一定的方法与步骤。拆模时要按照模板各结合点构造情况，逐块松卸。首先去掉扒钉、螺栓等连接铁件，然后用撬杠将模板松动或用木楔插入模板与混凝土接触面的缝隙中，以锤击木楔，使模板与混凝土面逐渐分离。拆模时，禁止用重锤直接敲击模板，以免使建筑物受到强烈震动或将模板毁坏。

（2）拆卸拱形模板时，应先将支柱下的木楔缓慢放松，使拱架徐徐下降，避免新拱因模板突然大幅度下沉而担负全部自重，并应从跨中点向两端同时对称拆卸。拆卸跨度较大的拱模时，则需从拱顶中部分段分期向两端对称拆卸。

（3）高空拆卸模板时，不得将模板自高处摔下，而应用绳索吊卸，以防砸坏模板或发生事故。

（4）当模板拆卸完毕后，应将附着在板面上的混凝土砂浆洗凿干净，损坏部分需加修整，板上的圆钉应及时拔除（部分可以回收使用），以免刺脚伤人。卸下的螺栓应与螺母、垫圈等拧在一起，并加黄油防锈。扒钉、钢丝等物均应收捡归仓，不得丢失。所有模板应按规格分放，妥加保管，以备下次立模周转使用。

（5）对于大体积混凝土，为了防止拆模后混凝土表面温度骤然下降而产生表面裂缝，应考虑外界温度的变化而确定拆模时间，并应避免早、晚或夜间拆模。

第4单元 钢筋工程施工工艺

第1讲 钢筋加工

一、钢筋的冷拉

钢筋冷拉是在常温下，以超过钢筋屈服强度的拉应力拉伸钢筋，使钢筋产生塑性变形，以提高强度，节约钢材。冷拉时，钢筋被拉直，表面锈渣自动剥落，因此冷拉不但可以提高强度，而且还可以同时完成调直、除锈工作。钢筋的冷拉可采用控制应力和控制冷拉率两种方法。

（1）采用控制应力方法冷拉钢筋时，其冷拉控制应力及最大冷拉率，应符合规范规定。

（2）钢筋冷拉采用控制冷拉率方法时，冷拉率必须由试验确定。

钢筋冷拉采用控制应力法能够保证冷拉钢筋的质量，用作预应力筋的冷拉钢筋宜用控制应力法。控制冷拉率法的优点是设备简单，但当材质不均匀，冷拉率波动大时，不易保证冷拉应力，为此可采用逐根取样法。不能分清炉批的热轧钢筋，不应采用控制冷拉率法。

钢筋冷拉设备由拉力设备、承力结构、测量装置和钢筋夹具等组成。拉力设备主要为卷扬机和滑轮组，如图3—41所示，设备的选择应根据所需的最大拉力确定。

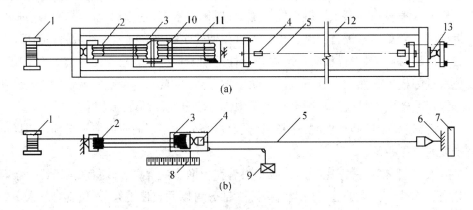

(a)

(b)

图3—41 冷拉设备

（a）冷拉布置图；（b）冷拉示意图；

1—卷扬机；2—滑轮机；3—冷拉小车；4—夹具；5—被冷拉的钢筋；6—地锚；7—防护壁；8—标尺；9—回程荷重架；10—回程滑轮组；11—传力架；12—槽式台座；13—液压千斤顶

2.钢筋的除锈

钢筋由于保管不善或存放时间过久,就会受潮生锈。在生锈初期,钢筋表面呈黄褐色,称水锈或色锈,这种水锈除在焊点附近必须清除外,一般可不处理;但是当钢筋锈蚀进一步发展,钢筋表面已形成一层锈皮,受锤击或碰撞可见其剥落,这种铁锈不能很好地与混凝土黏结,影响钢筋和混凝土的握裹力,并且在混凝土中继续发展,需要清除。

3.钢筋的调直

钢筋在使用前必须经过调直,否则会影响钢筋受力,甚至会使混凝土提前产生裂缝,如未调直直接下料,会影响钢筋的下料长度,并影响后续工序的质量。

钢筋的机械调直可采用钢筋调直机、弯筋机、卷扬机等。钢筋调直机用于圆钢筋的调直和切断,并可清除其表面的氧化皮和污迹。目前常用的钢筋调直机有 GT16/4、GT3/8、GT6/12、GT10/16。此外,还有一种数控钢筋调直切断机,其利用光电管进行调直、输送、切断、除锈等功能的自动控制。

4.钢筋切断

钢筋切断有人工剪断、机械切断、氧气切割等三种方法。直径大于 40 mm 的钢筋一般用氧气切割。

5.钢筋弯曲成型

钢筋弯曲成型是将已切断、配好的钢筋,弯曲成所规定的形状尺寸,是钢筋加工的一道主要工序。钢筋弯曲成型要求加工的钢筋形状正确,平面上没有翘曲不平的现象,便于绑扎安装。

(1)钢筋弯钩和弯折的有关规定。

1)受力钢筋。

①HPB300 级钢筋末端应作 180° 弯钩,其弯弧内直径不应小于钢筋直径的 2.5 倍,弯钩的弯后平直部分长度不应小于钢筋直径的 3 倍,如图 3—42 所示。

②当设计要求钢筋末端需作 135° 弯钩时(图 3—42),HRB335 级、HRB400 级钢筋的弯弧内直径 D 不应小于钢筋直径的 4 倍,弯钩的弯后平直部分长度应符合设计要求。

③钢筋作不大于 90° 的弯折时,弯折处的弯弧内直径不应小于钢筋直径的 5 倍。

2)箍筋。除焊接封闭环式箍筋外,箍筋的末端应作弯钩。弯钩形式应符合设计要求;当设计无具体要求时,应符合下列规定:

①箍筋弯钩的弯弧内直径除应满足上述要求外,还应不小于受力钢筋的直径。

②箍筋弯钩的弯折角度:对一般结构,不应小于 90°;对有抗震等要求的结构应为 135°(图 3—43)。

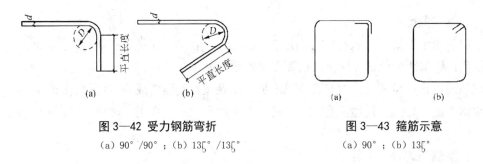

图 3—42　受力钢筋弯折　　　　　　图 3—43　箍筋示意
（a）90°/90°；（b）135°/135°　　　　（a）90°；（b）135°

③箍筋弯后的平直部分长度：对一般结构，不宜小于箍筋直径的 5 倍；对有抗震等要求的结构，不应小于箍筋直径的 10 倍。

（2）钢筋弯曲设备。钢筋弯曲成型有手工和机械弯曲成型两种方法。钢筋弯曲机有机械钢筋弯曲机、液压钢筋弯曲机和钢筋弯箍机等几种形式。机械钢筋弯曲机按工作原理分为齿轮式和涡轮涡杆式两种。

二、钢筋连接

1. 钢筋焊接

（1）钢筋焊接的基本要求。

1）采用焊接代替绑扎，可改善结构受力性能，提高工效，节约钢材，降低成本。结构的有些部位，如轴心受拉和小偏心受拉构件中的钢筋接头，应焊接。普通混凝土中直径大于 22 mm 的钢筋和轻集料混凝土中直径大于 20 mm 的 HRB 335 级钢筋及直径大于 25 mm 的 HRB 335、HRB 400 级钢筋，均宜采用焊接接头。

2）钢筋的焊接，应采用闪光对焊、电弧焊、电渣压力焊和电阻点焊。钢筋与钢板的 T 形连接，宜采用埋弧压力焊或电弧焊。

3）钢筋的焊接质量与钢材的可焊性、焊接工艺有关。在相同的焊接工艺条件下，能获得良好焊接质量的钢材，称其在这种条件下的可焊性好，相反则称其在这种工艺条件下的可焊性差。钢筋的可焊性与其含碳及含合金元素的数量有关。含碳、锰数量增加，则可焊性差；加入适量的钛，可改善焊接性能。焊接参数和操作水平亦影响焊接质量，即使可焊性差的钢材，若焊接工艺适宜，亦可获得良好的焊接质量。

4）钢筋焊接的接头形式、焊接工艺和质量验收，应符合《钢筋焊接及验收规程》（JGJ 18—2003）的规定。焊接方法及适用范围见表 3—5。

表3—5　焊接方法及适用范围

焊接方法		接头型式	适 用 范 围	
			钢筋牌号	钢筋直径（mm）
电阻点焊			HPB300	6~16
			HRB335　HRBF335	6~16
			HRB400　HRBF400	6~16
			CRB550	5~12
闪光对焊			HPB300	8~22
			HRB335　HRBF335	8~32
			HRB400　HRBF400	8~32
			HRB500　HRBF500	10~32
			RRB400	10~32
箍筋闪光对焊			HPB300	6~16
			HRB335　HRBF335	6~16
			HRB400　HRBF400	6~16
电弧焊	帮条焊	双面焊	HPB300	6~22
			HRB335　HRBF335	6~40
			HRB400　HRBF400	6~40
			HRB500　HRBF500	6~40
		单面焊	HPB300	6~22
			HRB335　HRBF335	6~40
			HRB400　HRBF400	6~40
			HRB500　HRBF500	6~40
	搭接焊	双面焊	HPB300	6~22
			HRB335　HRBF335	6~40
			HRB400　HRBF400	6~40
			HRB500　HRBF500	6~40

续表

焊接方法		接头型式	适 用 范 围	
			钢筋牌号	钢筋直径（mm）
电弧焊	单面焊		HPB300	6～22
			HRB335　HRBF335	6～40
			HRB400　HRBF400	6～40
			HRB500　HRBF500	6～40
	熔槽帮条焊		HPB300	20～22
			HRB335　HRBF335	20～40
			HRB400　HRBF400	20～40
			HRB500　HRBF500	20～40
	坡口焊　平焊		HPB300	18～40
			HRB335　HRBF335	18～40
			HRB400　HRBF400	18～40
			HRB500　HRBF500	18～40
	坡口焊　立焊		HPB300	18～40
			HRB335　HRBF335	18～40
			HRB400　HRBF400	18～40
			HRB500　HRBF500	18～40
	钢筋与钢板搭接焊		HPB300	8～40
			HRB335　HRBF335	8～40
			HRB400　HRBF400	8～40
			HRB500　HRBF500	8～40
	窄间隙焊		HPB300	16～40
			HRB335　HRBF335	16～40
			HRB400　HRBF400	16～40
	预埋件钢筋　角焊		HPB300	6～25
			HRB335　HRBF335	6～25
			HRB400　HRBF400	6～25
			HRB500　HRBF500	6～25
	预埋件钢筋　穿孔塞焊		HPB300	20～25
			HRB335　HRBF335	20～25
			HRB400　HRBF400	20～25
			HRB500　HRBF500	20～25
	预埋件钢筋　埋弧压力焊　埋弧螺柱焊		HPB300	6～25
			HRB335　HRBF335	6～25
			HRB400　HRBF400	6～25
			HRB500　HRBF500	6～25

续表

焊接方法		接头型式	适 用 范 围	
			钢筋牌号	钢筋直径（mm）
电渣压力焊		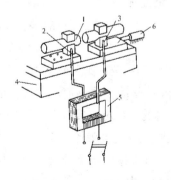	HPB300	12～32
			HRB335　HRBF335	12～32
			HRB400　HRBF400	12～32
			HRB500　HRBF500	12～32
气压焊	固　态		HPB300	12～40
			HRB335　HRBF335	12～40
	熔　态		HRB400　HRBF400	12～40
			HRB500　HRBF500	12～40

注：1. 电阻点焊时，适用范围的钢筋直径指两根不同直径钢筋交叉叠接中较小钢筋的直径；

2. 电弧焊含焊条电弧焊和 CO_2 气体保护电弧焊；

3. 在生产中，对于有较高要求的抗震结构用钢筋，在牌号后加 E（例如：HRB400E，HRBF400E）可参照同级别钢筋施焊。

4. 生产中，如果有 HPB235 钢筋需要进行焊接时，可参考采用 HPB300 钢筋的焊接工艺参数。

（2）钢筋闪光对焊。

1）钢筋闪光对焊原理及工艺

①闪光对焊广泛用于钢筋接长及预应力钢筋与螺丝端杆的焊接。热轧钢筋的焊接宜优先用闪光对焊，条件不可能时才用电弧焊。闪光对焊适用于焊接直径 10～40 mm 的 HPB300、HRB 335、HR B400 级钢筋及直径 10～25 mm 的 RRB 400 级钢筋。

②钢筋闪光对焊的原理（图 3—44）是利用对焊机使两段钢筋接触，通过低电压的强电流，待钢筋被加热到一定温度变软后，进行轴向加压顶锻，形成对焊接头。

图 3—44　钢筋闪光对焊原理

1—焊接的钢筋；2—固定电极；3—可动电极；　4—机座；5—变压器；6—手动顶压机构

③钢筋闪光对焊焊接工艺应根据具体情况选择：钢筋直径较小，可采用连续闪

光焊；钢筋直径较大，端面比较平整，宜采用预热闪光焊；端面不够平整，宜采用闪光-预热-闪光焊。

2）连续闪光焊：这种焊接工艺过程是将待钢筋夹紧在电极钳口上后，闭合电源，使两钢筋端面轻微接触。由于钢筋端部不平，开始只有一点或数点接触，接触面小而电流密度和接触电阻很大，接触点很快熔化并产生金属蒸气飞溅，形成闪光现象。闪光一开始，即徐徐移动钢筋，形成连续闪光过程，同时接头也被加热。待接头烧平、闪去杂质和氧化膜、白热熔化时，随即施加轴向压力迅速进行顶锻，使两根钢筋焊牢。连续闪光焊所能焊接的最大钢筋直径，应随着焊机容量的降低和钢筋级别的提高而减小，见表3—6。

表3—6　连续闪光焊钢筋上限直径

焊机容量/kV·A	钢筋级别	钢筋直径/mm
150	HPB 300 级	25
	HRB 335 级	22
	HRB 400 级	20
100	HPB 300 级	20
	HRB 335 级	18
	HRB 400 级	16
75	HPB 300 级	16
	HRB 335 级	14
	HRB 400 级	12

3）预热闪光焊：施焊时先闭合电源然后使两钢筋端面交替地接触和分开。这时钢筋端面间隙中即发出断续的闪光，形成预热过程。当钢筋达到预热温度后进入闪光阶段，随后顶锻而成。

4）闪光-预热-闪光焊：在预热闪光焊前加一次闪光过程。目的是使不平整的钢筋端面烧化平整，预热均匀，然后按预热闪光焊操作。焊接大直径的钢筋（直径25 mm以上），多用预热闪光焊与闪光-预热-闪光焊。

①HRB 400 级钢筋中可焊性差的高强钢筋，宜用强电流进行焊接。焊后再进行通电热处理。通电热处理的目的，是对焊接接头进行一次退火或高温回火处理，以消除热影响区产生的脆性组织，改善接头的塑性。通电热处理的方法是：待接头冷却到300℃（暗黑色）以下，电极钳口调至最大间距，接头居中，重新夹紧。采用较低变压器级数，进行脉冲式通电加热，频率以 0.5～1 s／次为宜。热处理温度通过试验确定，一般在 750～850℃（橘红色）范围内选择，随后在空气中自然冷却。

②采用连续闪光焊时，应合理选择调伸长度、烧化留量、顶锻留量以及变压器

级数等；采用闪光-预热-闪光焊时，除上述参数外，还应包括一次烧化留量、二次烧化留量、预热留量和预热时间等参数。焊接不同直径的钢筋时，其截面比不宜超过 1.5。焊接参数按大直径的钢筋选择。负温下焊接时，由于冷却快，易产生冷脆现象，内应力也大。为此，负温下焊接应减小温度梯度和冷却速度。

③钢筋闪光对焊后，除对接头进行外观检查（无裂纹和烧伤、接头弯折不大于 4°，接头轴线偏移不大于钢筋直径的 1/10，也不大于 2 mm）外，还应按《钢筋焊接及验收规程》（JGJ 18—2003）的规定进行抗拉强度和冷弯试验。

（2）电弧焊。电弧焊是利用弧焊机使焊条与焊件之间产生高温电弧，使焊条和电弧燃烧范围内的焊件熔化，待其凝固，便形成焊缝或接头。钢筋电弧焊可分搭接焊、帮条焊、坡口焊和熔槽帮条焊四种接头形式。下面介绍帮条焊、搭接焊和坡口焊，熔槽帮条焊及其他电弧焊接方法详见《钢筋焊接及验收规程》（JGJ 18—2003）。

1）帮条焊接头：适用于焊接直径 10～40 mm 的各级热轧钢筋。宜采用双面焊如图 3—45（b）所示；不能进行双面焊时，也可采用单面焊，如图 3—45（b）所示。帮条宜采用与主筋同级别、同直径的钢筋制作，帮条长度见表 3—7。如帮条级别与主筋相同时，帮条的直径可比主筋直径小一个规格，如帮条直径与主筋相同时，帮条钢筋的级别可比主筋低一个级别。

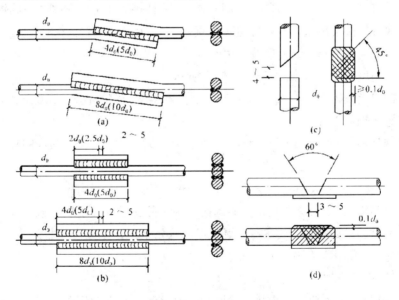

图 3—45　钢筋电弧焊的接头形式
（a）搭接焊接头；（b）帮条焊接头；（c）立焊的坡口焊接头；（d）平焊的坡口焊接头

2）搭接焊接头：只适用于焊接直径 10～40 mm 的 HPB 300、HRB 335 级钢筋。焊接时，宜采用双面焊，如图 3—22（a）所示。不能进行双面焊时，也可采用单面焊，如图 3—22（a）所示。搭接长度应与帮条长度相同，见表 3—7。

表 3-7　钢筋帮条长度

项　　次	钢筋级别	焊缝形式	帮条长度
1	HPB 300 级	单面焊	>8d
		双面焊	>4d
2	HRB 335 级	单面焊	>10d
		双面焊	>5d

注：d 为钢筋直径。

3）钢筋帮条接头或搭接接头的焊缝厚度 b 应不小于 0.3 倍钢筋直径；焊缝宽度 b 不小于 0.7 倍钢筋直径，焊缝尺寸如图 3—46 所示。

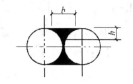

图 3—46　焊缝尺寸示意图

b—焊缝宽度；h—焊缝厚度

4）坡口焊接头：有平焊和立焊两种。这两种接头比上两种接头节约钢材，适用于在现场焊接装配整体式构件接头中直径 18～40 mm 的各级热轧钢筋。

①钢筋坡口平焊时，V 形坡口角度为 60°，如图 3—46（d）所示，坡口立焊时，坡口角度为 45°，如图 3—46（c）所示。

②钢垫板长为 40～60 mm。平焊时，钢垫板宽度为钢筋直径加 10 mm；立焊时，其宽度等于钢筋直径。

③钢筋根部间隙，平焊时为 4～6 mm；立焊时为 3～5 mm。最大间隙均不宜超过 10 mm。

5）焊接电流的大小应根据钢筋直径和焊条的直径进行选择。

6）帮条焊、搭接焊和坡口焊的焊接接头，除应进行外观质量检查外，亦需抽样作拉力试验。如对焊接质量有怀疑或发现异常情况，还应进行非破损方式（X 射线、γ 射线、超声波探伤等）检验。

（3）电阻点焊。

1）电阻点焊主要用于焊接钢筋网片、钢筋骨架等（适用于直径 6～14 mm 的 HPB 300、HRB 335 级钢筋和直径 3～5 mm 的冷拔低碳钢丝），它生产效率高，节约材料，应用广泛。

2）电阻点焊是将已除锈的钢筋交叉点放在点焊机的两电极间，使钢筋通电发热至一定温度后，加压使焊点金属焊合。常用点焊机有单点点焊机、多点点焊机和悬挂式点焊机，施工现场还可采用手提式点焊机。

3）电阻点焊的主要工艺参数为：电流强度、通电时间和电极压力。电流强度和通电时间一般均宜采用电流强度大，通电时间短的参数，电极压力则根据钢筋级别和直径选择。

4）电阻点焊的焊点应进行外观检查和强度试验，热轧钢筋的焊点应进行抗剪试验。冷处理钢筋除进行抗剪试验外，还应进行抗拉试验。

（4）电渣压力焊。

1）现浇钢筋混凝土框架结构中竖向钢筋的连接，宜采用自动或手工电渣压力焊进行焊接（直径 14～40 mm 的 HPB 300、HRB 335 级钢筋）。与电弧焊比较，它工效高、节约钢材、成本低，在高层建筑施工中得到广泛应用。

2）电渣压力焊设备包括电源、控制箱、焊接夹具、焊剂盒。自动电渣压力焊的设备还包括控制系统及操作箱。焊接夹具（图 3—47）应具有一定刚度，要求坚固、灵巧、上下钳口同心，上下钢筋的轴线应尽量一致，其最大偏移不得超过 0.1*d*（*d* 为钢筋直径），同时也不得大于 2 mm。

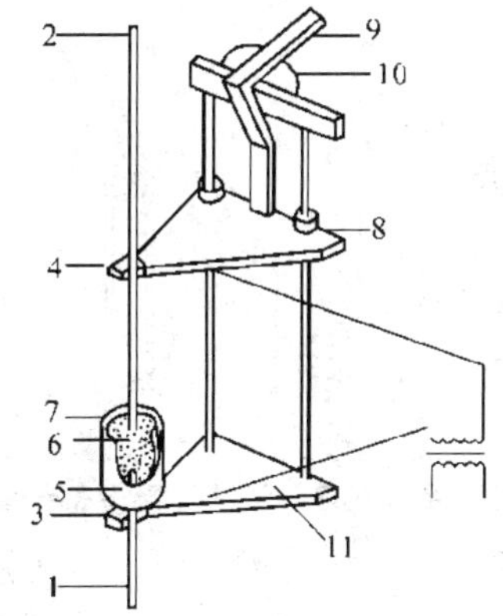

图 3—47　焊接夹具构造示意图

1、2—钢筋；3—固定电极；4—活动电极；5—药盒；5—导电剂；7—焊药；8—滑动架；9—手柄；10—支架；11—固定架

3）焊接时，先将钢筋端部约 120 mm 范围内的铁锈除尽，将夹具夹牢在下部钢筋上，并将上部钢筋扶直夹牢于活动电极中，上下钢筋间放一小块导电剂（或钢丝小球），装上药盒，装满焊药，接通电路，用手柄使电弧引燃（引弧）。然后稳弧一定时间使之形成渣池并使钢筋熔化（稳弧），随着钢筋的熔化，用手柄使上部钢筋缓缓下送。

4）稳弧时间的长短视电流、电压和钢筋直径而定。如电流 850 A、工作电压 40 V 左右，Φ30 及Φ32 钢筋的稳弧时间约 50 s 左右。当稳弧达到规定时间后，在断电的同时用手柄进行加压顶锻以排除夹渣气泡，形成接头。

5）待冷却一定时间后即拆除药盒，回收焊药，拆除夹具和清除焊渣。引弧、稳弧、顶锻三个过程连续进行。电渣压力焊的参数为焊接电流、渣池电压和焊接通电时间，它们均根据钢筋直径选择。

5）电渣压力焊的接头，应按规范规定的方法检查外观质量和进行拉力试验。

（5）气压焊。

1）气压焊接钢筋是利用乙炔-氧气混合气体燃烧的高温火焰对已有初始压力的两根钢筋端面接合处加热，使钢筋端部产生塑性变形，并促使钢筋端面的金属原子互相扩散，当钢筋加热到约 1250～1350℃（相当于钢材熔点的 0.80～0.90 倍，此时钢筋加热部位呈橘黄色，有白亮闪光出现）时进行加压顶锻，使钢筋内的原子得以再结晶而焊接在一起。

2）钢筋气压焊接属于热压焊。在焊接加热过程中，加热温度为钢材熔点的0.8～0.9倍，钢材未呈熔化液态，且加热时间较短，钢筋的热输入量较少，所以不会出现钢筋材质劣化倾向。另外，它设备轻巧、使用灵活、效率高、节省电能、焊接成本低，可进行全方位（竖向、水平和斜向）焊接，目前已在我国得到推广应用。

3）气压焊接设备（图 3—48）主要包括加热系统与加压系统两部分。

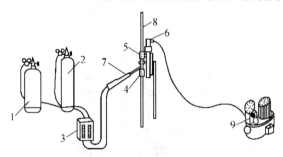

图 3—48　气压焊接设备示意图

1—乙炔；2—氧气；3—流量计；4—固定卡具；5—活动卡具；6—压接器；7—加热器与焊炬；

8—被焊接的钢筋；9—电动油泵

3）加热系统中的加热能源是氧气和乙炔。系统中的流量计用来控制氧气和乙炔的输入量，焊接不同直径的钢筋要求不同的流量。加热器用来将氧气和乙炔混合后，从喷火嘴喷出火焰加热钢筋，要求火焰能均匀加热钢筋，有足够的温度和功率并且安全可靠。

4）加压系统中的压力源为电动油泵（亦有手动油泵），使加压顶锻时压力平稳。压接器是气压焊的主要设备之一，要求它能准确、方便地将两根钢筋固定在同一轴线上，并将油泵产生的压力均匀地传递给钢筋达到焊接的目的。施工时压接器需反复装拆，要求它重量轻、构造简单和装拆方便。

5）气压焊接的钢筋要用砂轮切割机断料，不能用钢筋切断机切断，要求端面与钢筋轴线垂直。焊接前应打磨钢筋端面，清除氧化层和污物，使之现出金属光泽，并即喷涂一薄层焊接活化剂保护端面不再氧化。

6）钢筋加热前先对钢筋施加 30～40 MPa 的初始压力，使钢筋端面贴合。当加热到缝隙密合后，上下摆动加热器适当增大钢筋加热范围，促使钢筋端面金属原子互相渗透也便于加压顶锻。加压顶锻的压应力约 34～40 MPa，使焊接部位产生塑性变形。直径小于 22 mm 的钢筋可以一次顶锻成型，大直径钢筋可以进行二次顶锻。

7）气压焊的接头，应按规定的方法检查外观质量和进行拉力试验。

2. 钢筋机械连接

钢筋机械连接常用套筒挤压连接、锥螺纹套筒连接、直螺纹套筒连接三种形式，是近年来大直径钢筋现场连接的主要方法。

（1）钢筋挤压连接。

1）套筒钢筋挤压连接亦称钢筋套筒冷压连接。它是将需连接的带肋钢筋插入特制钢套筒内，利用液压驱动的挤压机进行侧向加压数道，使钢套筒产生塑性变形，套筒塑性变形后即与带肋钢筋紧密咬合达到连接的效果（图 3—49）。它适用于竖向、横向及其他方向的较大直径带肋钢筋的连接。

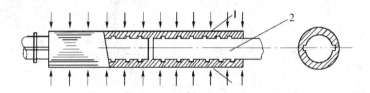

图 3—49　钢筋径向挤压连接原理图
1—钢套筒；2—被连接的钢筋

2）与焊接相比较，套筒挤压连接的接头强度高，质量稳定可靠，是目前各类钢筋接头中性能最好、质量最稳定的接头形式。挤压连接速度快，一般每台班可挤压∅25 mm 钢筋接头 150～200 个。此外，挤压连接具有节省电能、不受钢筋可焊性能的影响、不受气候影响、无明火、施工简便和接头可靠度高等特点。适用于垂直、水平、倾斜、高空及水下等各方位的钢筋连接，还特别适用于不可焊钢筋及进口钢筋的连接。

3）正式施工前，必须进行现场条件下的挤压连接试验，要求每批材料制作 3 个接头，按照套筒挤压连接质量检验标准规定，合格后，方可进行施工。

4）钢筋挤压连接的工艺参数，主要是压接顺序、压接力和压接道数。压接顺序从中间逐道向两端压接。压接力要能保证套筒与钢筋紧密咬合，压接力和压接道数取决于钢筋直径、套筒型号和挤压机型号。

5）钢筋及钢套筒压接之前，要清除钢筋压接部位的铁锈、油污、砂浆等，钢筋端部必须平直，如有弯折扭曲应予以矫直、修磨、锯切，以免影响压接后钢筋接头性能。应在钢筋端部做上能够准确判断钢筋伸入套筒内长度的位置标记。钢套筒必须有明显的压痕位置标记，钢套筒的尺寸必须满足有关标准的要求。压接前应按设备操作说明书有关规定调整设备，检查设备是否正常，调整油浆的压力，根据要压接钢筋的直径，选配相应的压模。如发现设备有异常，必须排除故障后再使用。

（2）钢筋套筒锥螺纹连接。钢筋套筒锥螺纹连接是利用锥形螺纹套筒将两根钢筋端头对接在一起，利用螺纹的机械咬合力传递拉力或压力。用于这种连接的钢套筒内壁，在工厂用专用机床加工有锥螺纹，钢筋的对接端头在施工现场用套丝机加工有与套筒匹配的螺纹。连接时，在对螺纹检查无油污和损伤后，先用手旋入钢筋，然后用扭矩扳手紧固至规定的扭矩即完成连接（图 3—50）。它施工速度快、不受气候影响、质量稳定、对中性好。

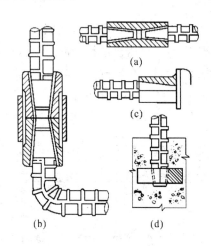

图 3—50 钢筋套管锥螺纹连接

（a）两根直钢筋连接；（b）一根直钢筋与一根弯钢筋连接；（c）在金属结构上接装钢筋；（d）在混凝土结构上插接钢筋

钢筋套筒锥螺纹连接施工过程：钢筋下料→钢筋套丝→钢筋连接。

1）钢筋下料：钢筋下料可用钢筋切断机或砂轮锯，但不得用气割下料。钢筋下料时，要求端面要垂直于钢筋轴线，端头不得挠曲或出现马蹄形。

钢筋要有复试合格证明。钢筋的连接套必须有明显的规格标记，锥孔两端必须用密封盖封住，应有产品出厂合格证，并按规格分类包装。

2）钢筋套丝：钢筋套丝可以在施工现场或钢筋加工厂进行预制。为确保钢筋套丝质量，操作工人必须持证上岗作业。

要求套丝工人对其加工的每个丝头用牙形规和卡规逐个进行检查，达到质量要求的钢筋丝头，一端戴上与钢筋规格相同的塑料保护帽，另一端按规定力矩值拧紧连接套，并按规格分类堆放整齐待用。

3）钢筋连接：钢筋连接之前，先回收钢筋待连接端的塑料保护帽和连接套上的密封盖，并检查钢筋规格是否与连接套规格相同；检查锥螺纹丝扣是否完好无损、清洁，发现杂物或锈蚀，可用铁刷清除干净，然后把已拧好连接套的一头钢筋拧到被连接的钢筋上，用扭矩扳手按规定的力矩值紧至发出响声，并随手画上油漆标记，以防钢筋接头漏拧。连接水平钢筋时，必须将钢筋托平，再按以上方法连接。

（3）钢筋直螺纹套筒连接。

1）基本要求。钢筋直螺纹套筒连接是将钢筋待连接的端头用滚轧加工工艺滚轧成规整的直螺纹，再用相配套的直螺纹套筒将两钢筋相对拧紧，实现连接。根据钢材冷作硬化的原理，钢筋上滚轧出的直螺纹强度大幅提高，从而使直螺纹接头的抗拉强度一般均可高于母材的抗拉强度。

钢筋直螺纹套筒连接用专用的滚轧螺纹设备加工的钢筋直螺纹质量好，强度高；钢筋连接操作方便，速度快；钢筋滚丝可在工地的钢筋加工场地预制，不占工期；在施工面上连接钢筋时不用电、不用气、无明火作业，可全天候施工；可用于水平、竖直等各种不同位置钢筋的连接。

①滚压直螺纹，又分为直接滚压直螺纹和挤压肋滚压直螺纹两种。采用专用滚压套丝机，先将钢筋的横肋和纵肋进行滚压或挤压处理，使钢筋滚丝前的柱体达到螺纹加工的圆度尺寸，然后再进行螺纹滚压成型，螺纹经滚压后材质发生硬化，强度约提高 5%～8%，全部直螺纹成型过程由专用滚压套丝机一次完成。

②剥肋滚压直螺纹是将钢筋的横肋和纵肋进行剥切处理，使钢筋滚丝前的柱体圆度精度高，达到同一尺寸，然后再进行螺纹滚压成型，从剥肋到滚压直螺纹成型过程由专用套丝机一次完成。剥肋滚压直螺纹的精度高，操作简便，性能稳定，耗材量少。

2）钢筋套丝加工

①套丝机必须用水溶性切削冷却润滑液，当气温低于 0℃时，应掺入 15%～20%的亚硝酸钠，不得用机油润滑。

②钢筋丝头的牙形、螺距必须与连接套的牙形、螺距规相吻合，有效螺纹内的秃牙部分累计长度小于一扣周长的 1/2，见图 3—51。

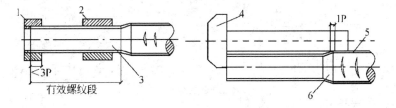

图 3—51　钢筋套丝的检查

1—止环规；2—通环规；3—钢筋丝头；4—丝头卡板；5—纵肋；6—第一小牙扣底

③检查合格的丝头，应立即将其一端拧上塑料保护帽，另一端拧上连接套，并按规格分类堆放整齐待用。

3）钢筋连接

①连接钢筋时，钢筋规格和套筒的规格必须一致，钢筋和套筒的螺纹应干净、完好无损。

②采用预埋接头时，连接套筒的位置、规格和数量应符合设计要求。带连接套筒的钢筋应固定牢靠，连接套筒的外露端应有保护盖。

③滚压直螺纹接头应使用扭力扳手或管钳进行施工，将两个钢筋丝头在套筒中间位置相互顶紧，接头拧紧力矩应符合表3—8的规定。扭力扳手的精度为±5%。

表3—8　直螺纹钢筋接头拧紧力矩值

钢筋直径/mm	16~18	20~22	25	28	32	36~40
拧紧力矩/(N·m)	100	200	250	280	320	350

④经拧紧后的滚压直螺纹接头应做出标记，单边外露螺纹长度不应超过2P。

⑤根据待接钢筋所在部位及转动难易情况，选用不同的套筒类型，采取不同的安装方法，见图3—52～图3—55。

（4）镦粗直螺纹钢筋套筒连接。镦粗直螺纹钢筋套筒连接是先将钢筋端头镦粗，再切削成直螺纹，然后用带直螺纹的套筒将钢筋两端拧紧的钢筋连接方法。

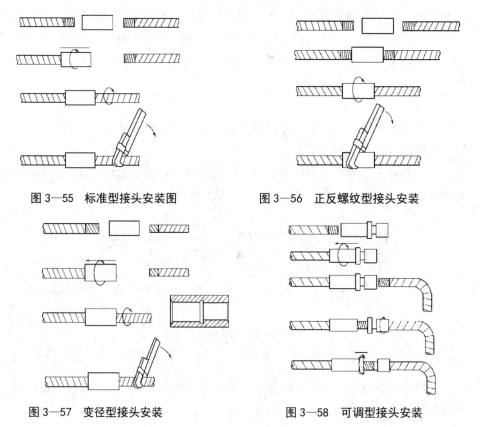

图3—55　标准型接头安装图　　　图3—56　正反螺纹型接头安装

图3—57　变径型接头安装　　　图3—58　可调型接头安装

1) 镦粗直螺纹钢筋套筒连接工艺流程：钢筋下料→钢筋镦粗→螺纹加工→钢筋连接→质量检查。

2) 镦粗直螺纹钢筋套筒。

①同径连接套筒，分右旋和左右旋两种（见图 3—59），其尺寸见表 3—9 和表 3—10。

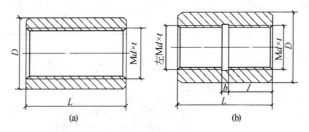

图 3—59　同径连接套筒型号与尺寸

（a）右旋；（b）左右旋

表 3—9　同径右旋连接套筒型号与尺寸

型号与标记	$Md \times t$	D/mm	L/mm	型号与标记	$Md \times t$	D/mm	L/mm
A20S-G	24×2.5	36	50	A32S-G	36×3	52	72
A22S-G	26×2.5	40	55	A36S-G	40×3	58	80
A25S-G	29×2.5	43	60	A40S-G	44×3	65	90
A28S-G	32×3	46	65				

注：$Md \times t$ 为套筒螺纹尺寸；D 为套筒外径；L 为套筒长度。

表 3—10　同径左右旋连接套筒型号与尺寸

型号与标记	$Md \times t$	D/mm	L/mm	l/mm	b/mm
A20SLR-G	24×2.5	38	56	24	8
A22SLR-G	26×2.5	42	60	26	8
A25SLR-G	29×2.5	45	66	29	8
A28SLR-G	32×3	48	72	31	10
A32SLR-G	36×3	54	80	35	10
A36SLR-G	40×3	60	86	38	10
A40SLR-G	44×3	67	96	43	10

②异径连接套筒，见图 3—60；型号与尺寸见表 3—11。

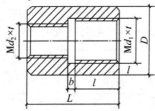

图 3—60　异径连接套筒简图

表 3—11 异径连接套筒型号与尺寸

型号与标记	$Md_1 \times t$	$Md_2 \times t$	b/mm	D/mm	l/mm	L/mm
AS20-22	M26×2.5	M24×2.5	5	42	26	57
AS22-25	M29×2.5	M26×2.5	5	45	29	63
AS25-28	M32×3	M29×2.5	5	48	31	67
AS28-32	M36×3	M32×3	6	54	35	76
AS32-36	M40×3	M36×3	6	60	38	82
AS36-40	M44×3	M40×3	6	67	43	92

③可调节连接套筒，见图 3—61；型号与尺寸见表 3—12。

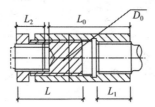

图 3—61 可调节连接套筒简图

表 3—12 可调节连接套筒型号与尺寸

型号和规格	钢筋规格 φ/mm	D_0/mm	L_0/mm	L/mm	L_1/mm	L_2/mm
DSJ-22	22	40	73	52	35	35
DSJ-25	25	45	79	52	40	40
DSJ-28	28	48	87	60	45	45
DSJ-32	32	55	89	60	50	50
DSJ-36	36	64	97	66	55	55
DSJ-40	40	68	121	84	60	60

3）钢筋下料。钢筋下料时，应采用砂轮切割机，切口的端面应与轴线垂直，不得有马蹄形或挠曲。

4）端头镦粗。钢筋下料后，在液压冷镦机上将钢筋端头镦粗。不同规格钢筋冷镦后的尺寸见表 3—13。根据钢筋直径、冷镦机性能及镦粗后的外形效果，通过试验确定适当的镦粗压力。操作中要保证镦粗头与钢筋轴线倾斜不得大于 3°，不得出现与钢筋轴线相垂直的横向裂缝。发现外观质量不符合要求时，应及时割除，重新镦粗。

表 3—13 镦粗头外形尺寸 （单位：mm）

钢筋规格 φ	22	25	28	32	36	40
镦粗直径 φ	26	29	32	36	40	44
镦粗部分长度	30	33	35	40	44	50

5）螺纹加工。钢筋冷镦后，经检查符合要求，在钢筋套丝机上切削加工螺纹。钢筋端头螺纹应与连接套筒的型号匹配。钢筋螺纹加工质量：牙形饱满，无断牙、秃牙等缺陷。

6）钢筋螺纹加工后，随即用配套的量规逐根检测。合格后再由专职质检员按一个工作班10%的比例抽样校验。如发现有不合格的螺纹，应逐个检查，并切除所有不合格的螺纹，重新镦粗和加工螺纹。

7）现场连接。

①对连接钢筋可自由转动的，先将套筒预先部分或全部拧入一个被连接钢筋的端头螺纹上，而后转动另一根被连接钢筋或反拧套筒到预定位置，最后用扳手转动连接钢筋，使其相互对面锁定连接套筒。

②对于钢筋完全不能转动的部位，如弯折钢筋或施工缝、后浇带等部位，可将锁定螺母和连接套筒预先拧入加长的螺纹内，再反拧入另一根钢筋端头螺纹上，最后用锁定螺母锁定连接套筒；或配套应用带有正反螺纹的套筒，以便从一个方向上能松开或拧紧两根钢筋。

③直螺纹钢筋连接时，应采用扭力扳手按表3—14规定的力矩把钢筋接头拧紧。

表3—14　直螺纹钢筋连接接头拧紧力矩值

钢筋直径/mm	16～18	20～22	25	28	32	36～40
拧紧力矩/(N·m)	100	200	250	280	320	350

三、钢筋绑扎连接

（1）钢筋绑扎的方法。钢筋绑扎目前仍为钢筋连接的主要手段之一，绑扎是借助钢筋钩用铁丝把各种单根钢筋绑扎成整体网片或骨架的方法。钢筋的接长、钢筋骨架或钢筋网的成型应优先采用焊接或机械连接，如不能采用焊接（如缺乏电焊机或焊机功率不够）或骨架过大过重不便于运输安装时，也可采用绑扎的方法。

钢筋绑扎一般采用20～22号钢丝，钢丝过硬时，可经退火处理。

钢筋绑扎操作的基本方法主要有一面顺扣法、十字花扣法、兜扣法、缠扣法、反十字花扣法、套扣法。一面顺扣法是最常用的钢筋绑扎方法，其他绑扎方法主要根据绑扎部位的实际需要进行选择。铁丝绑扎完应将绑扎丝头向下弯入，保证所有绑扎丝头最后一律朝向混凝土内部，不得外露，见图3—62所示。

1）一面顺扣法。一面顺扣法是最常用的钢筋绑扎方法，如图3-63所示。绑扎时先将铁丝扣穿套钢筋交叉点，接着用钢筋钩钩住铁丝弯成圆圈的一端，旋转钢筋钩，一般旋1.5～2.5转即可。扣要短，才能少转快扎。这种方法操作简便，绑点牢靠，适用于钢筋网、架各个部位的绑扎。采用一面顺扣法绑扎的钢筋网架时，每个绑点穿进铁丝后方向要求变换90°，这样绑扎的钢筋网架整体性好，不易发生歪斜、变形。

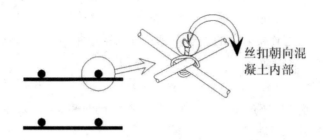

图 3—62　绑扎扣丝头朝向

 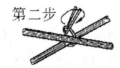 

图 3—63　一面顺扣绑扎法

2）十字花扣法。十字花扣法主要用于平板钢筋网片和箍筋处的绑扎，绑扎方法见图 3—64 所示。

 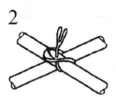 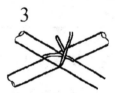

图 3—64　十字花扣绑扎法

3）兜扣法。兜扣法的适用情况与十字花扣法同，也适用于平板钢筋网片和箍筋处的绑扎，见图 3—65 所示。

图 3—65　兜扣绑扎法

4）反十字花扣法。反十字花扣法主要用于梁骨架的箍筋与主筋的绑扎，见图 3—66 所示。

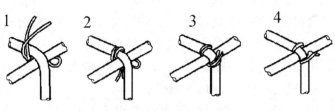

图 3—66 反十字花扣绑扎法

5）缠扣法。缠扣法主要用于墙钢筋网、柱钢筋和箍筋的绑扎，见图 3—67 所示。

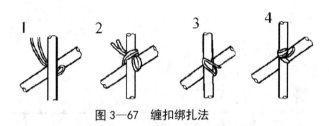

图 3—67 缠扣绑扎法

6）套扣法。套扣法可用于梁的架立钢筋和箍筋的绑口处的绑扎，见图 3—68 所示。

图 3—68 套扣绑扎法

（2）钢筋绑扎连接要求。

1）绑扎时应注意钢筋位置是否准确，绑扎是否牢固，搭接长度及绑扎点位置是否符合规范要求。板和墙的钢筋网，除靠近外围两行钢筋的相交点全部扎牢外，中间部分的相交点可相隔交错扎牢，但必须保证受力钢筋不位移。双向受力的钢筋，须全部扎牢。梁和柱的箍筋，除设计有特殊要求时，应与受力钢筋垂直设置。箍筋弯钩叠合处，应沿受力钢筋方向错开设置；柱中的竖向钢筋搭接时，角部钢筋的弯钩应与模板成 45°（多边形柱为模板内角的平分角，圆形柱应与模板切线垂直）；弯钩与模板的角度最小不得小于 15°。

2）当受力钢筋采用机械连接接头或焊接接头时，设置在同一构件内的接头宜相互错开。同一构件中相邻纵向受力钢筋的绑扎搭接接头宜相互错开。钢筋搭接处，应在中心和两端用铁丝扎牢。在受拉区域内，HPB 300 级钢筋绑扎接头的末端应做弯钩。绑扎搭接接头中钢筋的横向净距不应小于钢筋直径，且不应小于 25 mm；钢筋绑扎搭接接头连接区段的长度为 1.3li（li 为搭接长度），凡搭接接头中点位于该连接区段长度内的搭接接头均属于同一连接区段。同一连接区段内，纵向钢筋搭接接头面积百分率为该区段内有搭接接头的纵向受力钢筋截面面积与全部纵向受力钢筋截面面积的比值；同一连接区段内，纵向受拉钢筋搭接接头面积百分率应符合规范要求。钢筋绑扎搭接长度按下列规定确定：

①纵向受力钢筋绑扎搭接接头面积百分率不大于 25%时，其最小搭接长度应符合表 3—15 的规定。

表 3—15 纵向受拉钢筋的最小搭接长度

钢筋类型		混凝土强度等级			
		C15	C20 ~ C25	C30 ~ C35	≥C40
光圆钢筋	HPB 300 级	45d	35d	30d	25d
带肋钢筋	HRB 335 级	55d	45d	35d	30d
	HRB 400 级、RRB 400 级	–	55d	40d	35d

注：两根直径不同钢筋的搭接长度，以较细钢筋的直径计算。

②当纵向受拉钢筋搭接接头面积百分率大于 25%，但不大于 50%时，其最小搭接长度应按表 3—15 中的数值乘以系数 1.2 取用；当接头面积百分率大于 50%时，应按表 3—13 中的数值乘以系数 1.35 取用。

③纵向受拉钢筋的最小搭接长度根据前述①、②确定后，在下列情况时还应进行修正：带肋钢筋的直径大于 25 mm 时，其最小搭接长度应按相应数值乘以系数 1.1 取用；对环氧树脂涂层的带肋钢筋，其最小搭接长度应按相应数值乘以系数 1.25 取用；当在混凝土凝固过程中受力钢筋易受扰动时（如滑模施工），其最小搭接长度应按相应数值乘以系数 1.1 取用；对末端采用机械锚固措施的带肋钢筋，其最小搭接长度可按相应数值乘以系数 0.7 取用；当带肋钢筋的混凝土保护层厚度大于搭接钢筋直径的 3 倍且配有箍筋时，其最小搭接长度可按相应数值乘以系数 0.8 取用；对有抗震设防要求的结构构件，其受力钢筋的最小搭接长度对一、二级抗震等级应按相应数值乘以系数 1.15 采用；对三级抗震等级应按相应数值乘以系数 1.05 采用。

④纵向受压钢筋搭接时，其最小搭接长度应根据①～③条的规定确定相应数值后，乘以系数 0.7 取用。

⑤在任何情况下，受拉钢筋的搭接长度不应小于 300 mm，受压钢筋的搭接长度不应小于 200 mm。

3）在梁、柱类构件的纵向受力钢筋搭接长度范围内，应按设计要求配置箍筋。

4）钢筋保护层应按设计或规范的要求正确确定。工地常用预制水泥垫块垫在钢筋与模板之间，以控制保护层厚度。垫块应布置成梅花形，其相互间距不大于 1

m。上下双层钢筋之间的尺寸，可绑扎短钢筋或设置撑脚来控制。

第 3 讲　钢筋绑扎安装

一、基础底板钢筋绑扎安装

（1）弹钢筋位置线。

1）根据施工图纸需求的钢筋间距弹出底板钢筋位置线和墙、柱、基础梁钢筋位置线。

2）计算钢筋根数时，要按图纸标明的钢筋间距，算出底板实际需用的钢筋根数，靠近底板模板边的起步筋离模板边为 50mm，满足迎水面钢筋保护层厚度不应小于 50mm 的要求。

3）在垫层上弹出钢筋位置线（包括基础梁钢筋位置线）和插筋位置线。插筋位置线包含剪力墙、框架柱和暗柱等竖向筋插筋位置，谨防遗漏。剪力墙竖向起步筋距柱或暗柱为 50mm，中间插筋按设计图纸标明的竖向筋间距分档，如分到边不到一个整间距时，可按根数均分，以达到间距偏差不大于 10mm。

（2）运钢筋到使用部位。按照钢筋绑扎使用的先后顺序，分段进行钢筋吊运。吊运前，应根据弹线情况算出实际需要的钢筋根数。

（3）底板下层钢筋绑扎。

1）底板钢筋放置顺序：两向钢筋交叉时，基础底板及楼板短跨方向上部主筋宜放置于长跨方向主筋之上，短跨方向下部主筋置于长跨方向下部主筋之下。

2）铺底板下层钢筋，根据设计、规范和下料单要求，先铺短向钢筋，再铺长向钢筋（如果底板有集水坑、设备基坑，在铺底板下层钢筋前，先铺集水坑、设备基坑的下层钢筋）。

2）根据已弹好的位置线将横向、纵向的钢筋依次摆放到位，钢筋弯钩应垂直向上。平行地梁方向在地梁下一般不设底板钢筋。钢筋端部距导墙的距离应两端一致并符合相关规定，特别是两端设有地梁时，应保证弯钩和地梁纵筋相互错开。

3）底板钢筋如有接头时，搭接位置应错开，满足设计要求或在征得设计同意时可不考虑接头位置，按照 25%错开接头。当采用焊接或机械连接接头时，应按焊接或机械连接规程规定确定抽取试样的位置。

钢筋采用直螺纹机械连接时，钢筋应顶紧，连接钢筋处于接头的中间位置，偏差不大于 1P（P 为螺距），外露丝扣不超过一个完整丝扣，检查合格的接头，用红油漆作上标记，以防遗漏。

若钢筋采用搭接的连接方式，钢筋的搭接段绑扣不少于 3 个，与其他钢筋交叉绑扎时，不能省去三点绑扎。

4）进行钢筋绑扎时，如单向板靠近外围两行的相交点应逐点绑扎，中间部分相交点可相隔交错绑扎，双向受力的钢筋必须将钢筋交叉点全部绑扎，如采用一面顺扣应交错交换方向，也可采用八字扣，但必须保证钢筋不产生位移。

（4）设置垫块。检查底板下层钢筋施工合格后，放置底板混凝土保护层用垫块，垫块的厚度等于钢筋保护层厚度，按照 1m 左右距离梅花形摆放。如基础底板或基础梁用钢量较大，摆放距离可缩小。

（5）基础梁钢筋绑扎。对于短基础梁、门洞口下地梁，可采用事先预制，施工时吊装就位即可，对于较长、较大基础梁采用现场绑扎。

1）绑扎地梁时，应先搭设绑扎基础梁的钢管临时支撑架，临时支架的高度达到能够将主跨基础梁支起离基础底板下层钢筋 50mm 即可，如果两个方向的基础梁同时绑扎，后绑的次跨基础梁的临时支架高度要比先绑基础梁的临时支架高 50～100mm 左右（保证后绑的次跨基础梁在绑扎钢筋穿筋方便为宜）。

2）基础梁的绑扎，先排放主跨基础梁的上层钢筋，根据设计的基础梁箍筋的间距，在基础梁的上层钢筋上用粉笔画出箍筋的间距，按照画出的箍筋间距安装箍筋并绑扎（基础底板门洞口地梁箍筋应满布，洞口处箍筋距离暗柱边 50mm）。如果基础梁上层钢筋有两排钢筋，穿上层钢筋的下排钢筋（先不绑扎，等次跨基础梁上层钢筋绑扎完毕再绑扎），下排钢筋的临时支架使得下排钢筋距上排钢筋 50～100mm 为宜，以便后绑的次跨基础梁穿上层钢筋的下排钢筋。

3）穿主跨基础梁的下层钢筋的下排钢筋并绑扎。穿主跨基础梁的下层钢筋的上排钢筋先不绑扎，等次跨基础梁下层钢筋下排钢筋绑扎完毕再绑扎。下层钢筋的上排钢筋的临时支架使得上排钢筋距下排钢筋 50～100mm 为宜，以便后绑的次跨基础梁穿下层钢筋的下排钢筋。

4）排放次跨基础梁的上层钢筋的上排筋。根据设计的次跨基础梁箍筋的间距，在次跨基础梁的上层钢筋上用粉笔画出箍筋的间距，按照画出的箍筋间距安装箍筋并绑扎。如果基础梁上层钢筋有两排钢筋，穿上层钢筋的下排钢筋并绑扎。

5）穿次跨基础梁的下层钢筋的下排钢筋并绑扎。穿次跨基础梁的下层钢筋的上排钢筋先不绑扎，等主跨基础梁的下层钢筋的上排钢筋绑扎完毕后再绑扎。

6）将主跨基础梁的临时支架拆除，使得主跨基础梁平稳放置在基础底板的下层钢筋上，并进行适当的固定以保证主跨基础梁不变形，再将次跨基础梁的临时支架拆除，使得次跨基础梁平稳放置在主跨基础梁上，并进行适当的固定以保证次跨基础梁不变形，接着按次序分别绑扎次跨基础梁的上层钢筋的下排筋、主跨基础梁的上层钢筋的下排筋、主跨基础梁的下层钢筋的上排筋、次跨基础梁的下层钢筋的上排筋。

7）绑扎基础梁钢筋时，梁纵向钢筋超过两排的，纵向钢筋中间要加短钢筋梁垫，保证纵向钢筋间距大于 25mm（且大于纵向钢筋直径），基础梁上下纵筋之间要加可靠支撑，保证梁钢筋的截面尺寸；基础梁的箍筋接头位置应按照规范要求相互错开。

（6）水电工序插入。在底板和基础梁钢筋绑扎完成后，方可进行水电预埋等工作。

（7）设置马凳。基础底板采用双层钢筋时，绑完下层钢筋后，摆放钢筋马凳。马凳的摆放按施工方案的规定确定间距。马凳宜支撑在下层钢筋上，并应垂直于底板上层筋的下筋摆放，摆放要稳固。

（8）底板上层钢筋绑扎。在马凳上摆放纵横两个方向的上层钢筋，上层钢筋的弯钩朝下，进行连接后绑扎。绑扎时上层钢筋和下层钢筋的位置应对正，钢筋的上下次序及绑扣方法同底板下层钢筋。

（9）地梁排排水套管预埋。梁板钢筋全部完成后按施工图纸位置进行地梁排水套管预埋。

（10）设置定位框。底板钢筋绑扎完成后，根据垫层上弹好的墙、柱插筋位置线，在底板上层钢筋网上固定插筋定位框，可以采用线坠垂吊的方法使其同位置线对正。

（11）插墙、柱预埋钢筋。将墙、柱预埋筋伸入底板内下层钢筋上，拐尺的方向要正确，将插筋的拐尺与下层筋绑扎牢固，便将其上部与底板上层筋或地梁绑扎牢固，必要时可附加钢筋电焊焊牢，并在主筋上绑一道定位筋。插筋上部与定位框固定牢靠。

墙插筋的起步筋距暗柱边为 50mm，插入基础深度应符合设计和规范锚固长度要求，甩出的长度和甩头错开百分比及错开长度应符合工程设计和规范的要求。其上端应采取措施保证甩筋垂直，不歪斜、倾倒、变位。同时要考虑搭接长度、相邻钢筋错开距离。

（12）基础底板钢筋验收。为便于及时修正和减少返工量，验收宜分为两个阶段，即：地梁及底板下层钢筋网绑扎完成和底板上层钢筋网铁及插筋绑扎完成两个阶段。分阶段绑扎完成后，对绑扎不到位的地方进行局部调整，然后对现场进行清理，分别报工长进行交接检和质检员专项验收。全部完成后，填写钢筋工程隐蔽验收单，并报监理单位。

二、剪力墙钢筋绑扎安装

（1）在顶板上弹墙体外皮线和模板控制线。首先将墙根及竖筋上的水泥浆清理干净，混凝土面上的浮浆应该理制露出石子，钢筋上的浮浆可用钢丝刷去除。然后用墨斗在钢筋两侧弹出墙体外皮线和模板控制线。

（2）调整竖向钢筋位置。根据墙体外皮线和墙体保护层厚度检查预埋筋的位置是否正确，竖筋间距是否符合要求，如有位移时，应按 1：6 的比例将其调整到位。如有位移偏大时，应按技术洽商要求认真处理。

（3）接长竖向钢筋。预埋筋调整合适后，开始接长竖向钢筋。按照既定的连接方法连接竖向筋，当采用绑扎搭接时，搭接段绑扣不小于 3 个。接长竖向钢筋时，应保证竖筋上端弯钩朝向正确。竖筋连接接头的位置应相互错开。

（4）绑竖向梯子筋。根据预留钢筋上的水平控制线安装预制的竖向梯子筋，应保证方正、水平。竖向梯子形的间距不宜大于 4m。梯子筋如代替墙体竖向钢筋，应大于墙体竖向钢筋一个规格，梯子筋中控制墙厚度的横档钢筋的长度比墙厚小2mm，端头用无齿锯锯平后刷防锈漆，根据不同墙厚画出梯子筋一览表。

（5）绑扎暗柱及门窗过梁钢筋。

1）暗柱钢筋绑扎：绑扎暗柱钢筋时先在暗柱竖筋上根据箍筋间距划出箍筋位置线，起步筋距地 30mm（在每一根墙体水平筋下面）。将箍筋从上面套入暗柱，并按位置线顺序进行绑扎，箍筋的弯钩叠合处应相互错开。暗柱钢筋绑扎应方正，箍筋应水平，弯钩平直段应相互平行。

2）门窗过梁钢筋绑扎：为保证门窗洞口标高位置正确，在洞口竖筋上划出标高线。门窗洞口要按设计和规范要求绑扎过梁钢筋，锚入墙内长度要符合设计和规范要求，过梁箍筋两端各进入暗柱一个，第一个过梁箍筋距暗柱边 50mm，顶层过梁入支座全部锚固长度范围内均要加设箍筋，间距为 150mm。

（6）绑墙体水平钢筋。

1）暗柱和过梁钢筋绑扎完成后，可以进行墙体水平筋绑扎。水平筋应绑在墙体竖向筋外侧，按竖向梯子筋的间距从下到上顺序进行绑扎，水平筋第一根起步筋距地应为 50mm。

2）绑扎时将水平筋调整水平后，先与竖向梯子筋绑扎牢固，再与竖向立筋绑扎，注意将竖筋调整竖直。墙筋为双向受力钢筋，所有钢筋交叉点应逐点绑扎，顺扣绑机时相邻绑点穿绑丝的方向宜变换 90°，确保钢筋网绑扎稳固，不歪斜、变形。

3）绑扎时水平筋的搭接长度及错开距离要符合设计图纸及施工规范的要求。一般水平筋搭接范围内应有三根竖向筋通过。

4）墙筋在端部、角部的锚固长度、锚固方向应符合要求：

①剪力墙的水平钢筋在端部锚固应按设计和规范要求施工。可做成暗柱或加 U 形钢筋在"丁"字节点及转角节点的绑扎锚固。

②剪力墙的连梁上下水平钢筋伸入墙内长度 e'，不能小于设计和规范要求，详见图 3—69；连梁沿梁全长的箍筋构造要符合设计和规范要求，在建筑物的顶层连梁伸入墙体的钢筋长度范围内，应设置间距 ≯150mm 的构造箍筋，详见图 3—70。

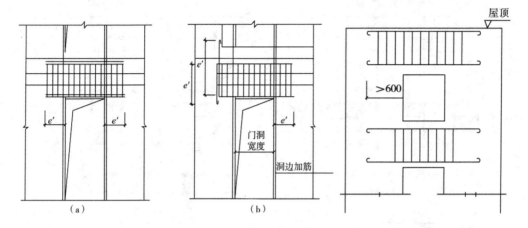

图 3—69　剪力墙连梁上下水平钢筋伸入墙内长度 e'　图 3—70　剪力墙连梁沿梁全长箍筋构造

③剪力墙洞口周围应绑扎补强钢筋，其锚固长度应符合设计和规范要求。

④剪力墙钢筋与外砖墙连接：先绑外墙，绑内墙钢筋时，先将外墙预留的 $\phi6$ 拉结筋理顺，然后再与内墙钢筋搭接绑牢，内墙水平筋间距及锚固按专项工程图纸施工，详见图 3—71。

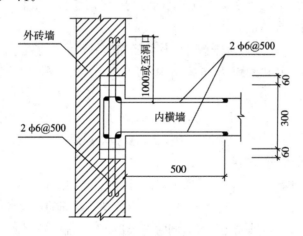

图 3—71　剪力墙钢筋与外砖墙连接

（7）设置拉筋和垫块。

1）拉筋设置：双排钢筋在水平筋绑扎完成后，应按设计要求间距设置拉筋，以固定双排钢筋的骨架间距。

接筋的设置有梅花形、矩形两种形式。当设计未注明时宜采用梅花型布置。拉筋的水平及竖向间距：梅花形布置时不大于 600mm，矩形布置时不大于 500mm。拉筋的布置形式及间距如图 3—72 所示。

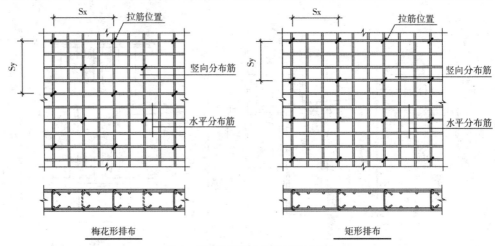

图 3—72 拉筋的布置形式及间距

图中 S_x 为拉筋水平间距；S_y 为拉筋竖向间距。

拉筋的排布在层高范围由底部顶板向上第二排水平分布筋处开始设置，在顶部板底向下第一排水平分布布筋处终止；在样身宽度范围由距样身边像构件范围的水平分布筋她应设置拉筋，此范围拉筋间距不大于样身拉筋间距。

拉筋应卡在钢筋的十字交叉点上，同时钩住竖向筋与水平筋。这时应注意拉筋设置后也不应改变样体钢筋的排距。

2）设置垫块：在墙体水平筋外侧应绑上带有铁丝的砂浆垫块或塑料卡，以保证保护层的厚度，垫块间距 1m 左右，梅花形布置。注意钢筋保护层垫块不要绑在钢筋十字交叉点上。

3）双 F 卡：可采用双 F 卡代替拉钩和保护层垫块，还能起到支撑的作用。支撑可用 ϕ10～14 钢筋制作，支撑如顶模板，要按墙厚度减 2mm，用无齿锯锯平并刷防锈漆，间距 1m 左右，梅花形布置。

（8）设置墙体钢筋上口水平梯子筋。对绑扎完成的钢筋板墙进行调整，并在上口距混凝土面 150mm 处设置水平梯子筋，以控制竖向筋的位置和固定伸出筋的间距，水平梯子筋应与竖筋固定牢靠。同时在模板上口加扁铁与水平梯子筋一起控制墙体竖向钢筋的位置。见图 3—73 所示。

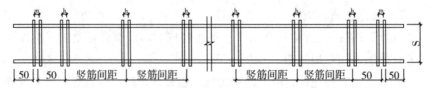

h=墙竖向主筋直径+2mm m=暗柱竖向主筋直径+2mm

s=墙截面尺寸-2（墙水平筋直径+竖筋直径+保护层）

图 3—73 墙体钢筋上口水平梯子筋

（9）墙体钢筋验收。对墙体钢筋进行自检。对不到位处进行修整，并将墙脚内杂物清理干净，报请质检员验收。

三、框架结构钢筋绑扎安装

（1）框架柱钢筋绑扎安装。

1）弹柱位置线、模板控制线：根据柱皮位置线向柱内偏移 5mm 弹出控制线，将控制线内的柱根混凝土浮浆用剁斧清理到全部露出石子，用水冲洗干净，但不得留有明水。

2）清理柱筋污渍、柱根浮浆清理：用钢丝刷将柱预留筋上的污渍清刷干净。

3）修整柱预留钢筋：根据柱外皮位置线和柱竖筋保护层厚度大小，检查柱预留钢筋位置是否符合设计要求及施工规范的规定，如柱筋位移过大，应按 1:6 的比例将其调整到位。

4）在预留柱筋上套箍筋：按图纸要求间距及柱箍筋加密区情况，计算好每跟柱箍筋数量，先将箍筋套在下层伸出的搭接筋上。

5）柱竖向钢筋连接：连接柱子竖向钢筋时，相邻钢筋的接头应相互错开，错开距离符合有关施工规范、及施工图纸要求。并且接头距柱根起始面的距离要符合施工方案的要求。

采用绑扎形式立柱钢筋，在搭接长度内，绑扣不少于 3 个，绑扣要向柱中心。如果柱子主筋采用光圆钢筋搭接时，角部弯钩应与模板成 45°，中间钢筋的弯钩应与模板成 90°角。

6）标识箍筋位置线。在立好的柱竖向钢筋上，按图纸要求用粉笔画出箍筋位置线（或使用皮数杆控制箍筋间距）。柱上下两端及柱竖向钢筋均搭接区箍筋应加密，加密区长度及加密区内箍筋间距应符合设计图纸和规范要求。

7）柱钢筋绑扎。按已画好的箍筋位置线，将已套好的箍筋往上移动，由上而下绑扎，宜采用缠扣绑扎。箍筋与主筋要垂直和紧密贴实，箍筋转角处与主筋交点均要绑扎，主筋与箍筋非转角部分的相交点成梅花形交错绑扎。箍筋的弯钩叠合处应沿柱子竖筋交错布置，并绑扎牢固。

有抗震要求的地区，柱箍筋端头应弯成 135°。平直部分长度不小于 10d（d 为箍筋直径）。如箍筋采用 90°搭接，搭接处应焊接，焊缝长度单面焊缝不小于 10d。如设计要求柱设有拉筋时，拉筋应钩住箍筋，见图 3—74。

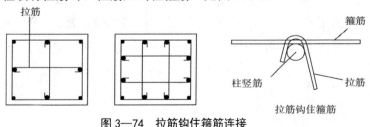

图 3—74　拉筋钩住箍筋连接

8）在柱顶绑定距框。为控制柱竖向主筋的位置，一般在柱预留筋的上口设置一个定距框，定距框距混凝土面上 150mm 设置，定距框用 φ14 以上的钢筋焊制，可做成"井"字形，卡口的尺寸大于柱子竖向主筋直径 2mm 即可。见图 3—75 所示。

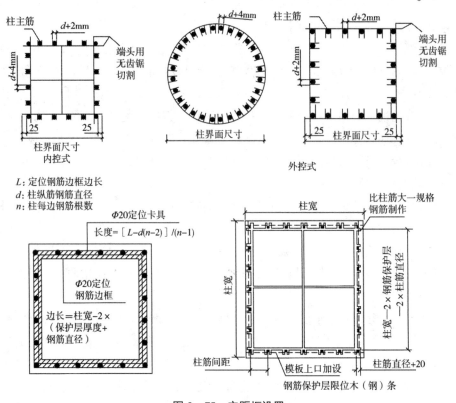

L：定位钢筋边框边长
d：柱纵筋钢筋直径
n：柱每边钢筋根数

图 3—75　定距框设置

9）保护层垫块设置。钢筋保护层厚度应符合设计要求，垫块应绑扎在柱筋外皮上，间距一般为 1000mm（或用塑料卡卡在外竖筋上），以保证主筋保护层厚度准确。

（2）框架梁钢筋绑扎。

1）画主次梁箍筋位置线。框架梁底模支设完成并验收合格后，在梁底模板上按箍筋间距画出位置线，箍筋起步筋距柱边为 50mm，梁两端应按设计、规范的要求进行加密。

2）放箍筋。根据主次梁箍筋位置线，算出每道梁箍筋数量，将相应规格的箍筋放在对应的底模上。此时应注意箍筋的接头（弯钩叠合处）应交错布置在上部两根纵筋上。见图 3—76 所示。

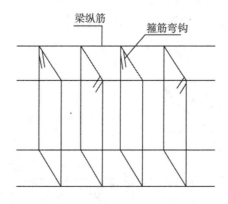

图 3—76　放箍筋

3）穿主梁底层纵筋及弯起筋。先穿主梁的下部纵向受力钢筋及弯起钢筋,梁筋应放在柱竖筋内侧,底层纵筋弯钩应朝上,端头距柱边的距离应符合设计及有关图集、规范的要求。

梁下部纵向钢筋伸入中间节点锚固长度及伸过中心线的长度要符合设计、规范及施工方案要求。框架梁纵向钢筋在端节点内的锚固长度也要符合设计、规范及施工方案要求。

4）穿次梁底层纵筋。按相同的方法穿次梁底层纵筋。

在主、次梁所有接头末端与钢筋弯折处的距离,不得小于钢筋直径的 10 倍。接头不宜位于构件最大弯矩处。受拉区域内 HPB235 级钢筋绑扎接头的末端应做弯钩;HRB335 级钢筋可不做弯钩。搭接处应采用之点绑扎法。接头位置应相互错开,当采用绑扎搭接接头时,同一连接区段内,纵向钢筋搭接接头面积百分率不大于25%。

5）穿主梁上层纵筋及架立筋。底层纵筋放置完成后,按顺序穿上层纵筋和架立筋,上层纵筋弯钩应朝下,一般应在下层筋弯钩的外侧,端头距柱边的距离应符合施工图纸的要求。

框架梁上部纵向钢筋应贯穿中间节点,支座负筋的根数及长度应符合设计、规范的要求。框架梁纵向钢筋在端节点内的锚固长度也要符合设计、规范及施工方案要求。

6）绑主梁钢筋。主梁纵筋穿好后,将箍筋按已画好的位置线逐个分开,隔一定间距将架立筋与箍筋绑扎牢固。调整好箍筋位置,应与梁保持垂直,先绑架立筋,再绑主筋。绑梁上部纵向筋的箍筋,宜用套扣法绑扎。

箍筋在叠合处的弯钩,在梁中应交错绑扎,箍筋弯钩为135°,平直部分长度为10d,如做成封闭箍时,单面焊缝长度为10d。

7）穿次梁上层纵向钢筋、绑次梁钢筋。按相同的方法穿次梁上层纵向钢筋,次梁的上层纵筋一般在主梁上层纵筋上面，如图 3—77 所示。当次梁钢筋锚固在主梁内时，应注意主筋的锚固位置和长度符合要求。

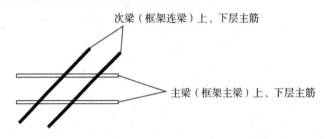

次梁（框架连梁）上、下层主筋

主梁（框架主梁）上、下层主筋

图 3—77　主、次梁上、下层主筋布置

然后按相同的方法绑次梁箍筋。当设计要求梁设有拉筋时，应按设计要求的布置形式及间距设置拉钩，拉筋应钩住箍筋与腰筋的交叉点。

8）设置保护层垫块。框架梁绑扎完成后，在梁底放置砂浆垫块（也可采用塑料卡），垫块应设在箍筋下面，间距一般 1m 左右。

在梁两侧用塑料卡卡在外箍筋上，以保证主筋保护层厚度准确。

四、板钢筋绑扎安装

（1）模板上弹线。清理模板上面的杂物，按板筋的间距用墨线在模板上弹出下层筋的位置线。板筋起始筋距梁边为 50mm。

（2）绑板下层钢筋。按弹好的钢筋位置线，按顺序摆放纵横向钢筋。板下层钢筋的弯钩应竖直向上，下层筋应伸入到梁内，其长度应符合设计的要求。在现浇板中有板带梁时，应先绑板带梁钢筋，再摆放板钢筋。

（3）板上有预留洞时，钢筋的设置应符合设计需求及施工要求及施工规范的规定。若无具体要求时，可按洞口尺寸大小处理：洞口尺寸 300mm 时，钢筋绕过洞口，洞口尺寸＞300mm 时，洞口设附加筋。

（4）绑扎板筋时一般用顺扣或八字扣，除外围两根筋的相交点应全部绑扎外，其余各点可交错绑扎，双向板相交点需全部绑扎。

（5）水电工序插入。预埋件、电气管线、水暖设备预留孔洞等及时配合安装。

（6）绑板上层钢筋。按上层筋的间距摆放好钢筋，上层筋通常为支座负弯矩钢筋，应横跨梁上部，并与梁筋绑扎牢固。

当上层筋有搭接时，搭接位置和搭接长度应符合设计及施工规范的要求。上层筋的直钩应垂直朝下，不能直接落在模板上。上层筋为负弯矩钢筋时，每个相交点均要绑扎，绑扎方法同下层筋。

（7）设置马凳及保护层垫块。如板为双层钢筋，两层筋之间必须加钢筋马凳，以确保上部钢筋的位置。钢筋马凳应设在下层筋上，并与上层筋绑扎牢靠，间距800mm 左右，呈梅花形布置。

在钢筋的下面垫好砂浆垫块（或塑料卡），间距 1000mm，梅花形布置。垫块厚度等于保护层厚度，应满足设计要求。

五、楼梯钢筋绑扎安装

（1）预留预埋。施工楼梯间墙体时，要做好预留、预埋工作。休息平台板为光圆钢筋时应预留筋，当设计为螺蚊筋时，钢筋应伸出墙外，模板应穿孔或做成分体形式。

（2）绑扎楼梯梁。楼梯钢筋绑扎时，应首先绑扎楼梯梁，再绑扎楼梯踏步板钢筋，最后绑扎楼梯平台板钢筋，钢筋绑扎要注意楼梯踏步板和楼梯平台板负弯矩筋的位置。

楼梯梁的绑扎同框架梁的绑扎方法。

（3）放楼梯板钢筋位置线。根据楼梯板下层筋间距，在楼梯底模上用墨线分别弹出主筋和分布筋的位置线。

（4）绑梯板钢筋。根据底模上的弹线，将梯板下层筋绑扎就位。然后再绑扎上层负弯矩能及分布筋。板筋要锚固到梁内。板筋每个交点均应绑扎。绑扎方法同板钢筋绑扎。

（5）设置马凳及保护层垫块。上下层钢筋之间要设置马凳以保证上层钢筋的位置。板底应设置保护层垫块保证下层钢筋的位置。

第 5 单元　混凝土工程施工工艺

混凝土工程包括混凝土的拌制、运输、浇筑捣实和养护等施工过程。各个施工过程既相互联系又相互影响，在混凝土施工过程中除按有关规定控制混凝土原材料质量外，任一施工过程处理不当都会影响混凝土的最终质量。

第 1 讲　混凝土的运输

一、对混凝土拌和物运输的要求

运输过程中，应保持混凝土的均匀性，避免产生分层离析现象，混凝土运至浇筑地点，应符合浇筑时所规定的坍落度（表 3—16）；混凝土应以最少的中转次数，最短的时间，从搅拌地点运至浇筑地点，保证混凝土从搅拌机卸出后到浇筑完毕的延续时间不超过表 3—17 的规定；运输工作应保证混凝土的浇筑工作连续进行；运送混凝土的容器应严密，其内壁应平整光洁，不吸水，不漏浆，粘附的混凝土残渣应经常清除。

表3—16 混凝土浇筑时的坍落度

项次	结构种类	坍落度/mm
1	基础或地面等的垫层、无配筋的厚大结构（挡土墙、基础或厚大的块体等）或配筋稀疏的结构	10～30
2	板、梁和大型及中型截面的柱子等	30～50
3	配筋密列的结构(薄壁、斗仓、筒仓、细柱等)	50～70
4	配筋特密的结构	70～90

注：1. 本表系指采用机械振捣的坍落度，采用人工捣实时可适当增大。

2. 需要配制大坍落度混凝土时，应掺用外加剂。

3. 曲面或斜面结构的混凝土，其坍落度值，应根据实际需要另行选定。

4. 轻集料混凝土的坍落度，宜比表中数值减少10～20 m。

5. 自密实混凝土的坍落度另行规定。

表3—17 混凝土从搅拌机中卸出后到浇筑完毕的延续时间 （单位：min）

混凝土强度等级	气温/℃	
	不高于25	高于25
C30 及 C30 以下	120	90
C30 以上	90	60

注：1. 掺用外加剂或采用快硬水泥拌制混凝土时，应按试验确定。

2. 轻集料混凝土的运输、浇筑延续时间应适当缩短。

二、混凝土运输方式

混凝土运输工作分为地面运输、垂直运输和楼面运输三种情况。

（1）地面运输如运距较远时，可采用自卸汽车或混凝土搅拌运输车；工地范围内的运输多用载重1 t的小型机动翻斗车，近距离亦可采用双轮手推车。

（2）混凝土的垂直运输，目前多用塔式起重机、井架，也可采用混凝土泵。

1）塔式起重机运输的优点是地面运输、垂直运输和楼面运输都可以采用。混凝土在地面由水平运输工具或搅拌机直接卸入吊斗吊起运至浇筑部位进行浇筑。

2）混凝土的垂直运送，除采用塔式起重机之外，还可使用井架。混凝土在地面用双轮手推车运至井架的升降平台上，然后井架将双轮手推车提升到楼层上，再将手推车沿铺在楼面上的跳板推到浇筑地点。另外，井架可以兼运其他材料，利用率较高。由于在浇筑混凝土时，楼面上已立好模板，扎好钢筋，因此需铺设手推车行走用的跳板。为了避免压坏钢筋，跳板可用马凳垫起。手推车的运输道路应形成回路，避免交叉和运输堵塞。

3）混凝土泵是一种有效的混凝土运输工具，它以泵为动力，沿管道输送混凝土,可以同时完成水平和垂直运输,将混凝土直接运送至浇筑地点,我国一些大中城市及重点工程正逐渐推广使用并取得了较好的技术经济效果。多层和高层框架建筑、基础、水下工程和隧道等都可以采用混凝土泵输送混凝土。混凝土泵根据驱动方式分为柱塞式混凝土泵和挤压式混凝土泵。

泵送混凝土除应满足结构设计强度外,还要满足可泵性的要求,即混凝土在泵管内易于流动,有足够的黏聚性,不泌水、不离析,并且摩阻力小。要求泵送混凝土所采用粗集料应为连续级配,其针片状颗粒含量不宜大于 10%;粗集料的最大粒径与输送管径之比应符合规范的规定;泵送混凝土宜采用中砂,其通过 0.315 mm 筛孔的颗粒含量不应少于 15%;最好能达到 20%。泵送混凝土应选用硅酸盐水泥、普通硅酸盐水泥、矿渣硅酸盐水泥和粉煤灰硅酸盐水泥,不宜采用火山灰质硅酸盐水泥。为改善混凝土工作性能,延缓凝结时间,增大坍落度和节约水泥,泵送混凝土应掺用泵送剂或减水剂;泵送混凝土宜掺用粉煤灰或其他活性矿物掺和料。掺磨细粉煤灰,可提高混凝土的稳定性、抗渗性、和易性和可泵性,既能节约水泥,又使混凝土在泵管中增加润滑能力,提高泵和泵管的使用寿命。混凝土的坍落度宜为 80~180 mm;泵送混凝土的用水量与水泥和矿物掺和料的总量之比不宜大于 0.60。泵送混凝土的水泥和矿物掺和料的总量不宜小于 300 kg/m³。为防止泵送混凝土经过泵管时产生阻塞,要求泵送混凝土比普通混凝土的砂率要高,其砂率宜为 35%~45%;此外,砂的粒度也很重要。

混凝土泵在输送混凝土前,管道应先用水泥浆或砂浆润滑。泵送时要连续工作,如中断时间过长,混凝土将出现分层离析现象,应将管道内混凝土清除,以免堵塞,泵送完毕要立即将管道冲洗干净。

第 2 讲　混凝土浇筑

混凝土浇筑要保证混凝土的均匀性和密实性,要保证结构的整体性、尺寸准确和钢筋、预埋件的位置正确,拆模后混凝土表面要平整、光洁。

浇筑前应检查模板、支架、钢筋和预埋件的正确位置,并进行验收。由于混凝土工程属于隐蔽工程,因而对混凝土量大的工程、重要工程或重点部位的浇筑,以及其他施工中的重大问题,均应随时填写施工记录。

一、浇筑要求

(1)防止离析。浇筑混凝土时,混凝土拌和物由料斗、漏斗、混凝土输送管、运输车内卸出时,如自由倾落高度过大,由于粗集料在重力作用下,克服黏着力后的下落动能大，下落速度较砂浆快，因而可能形成混凝土离析。为此，混凝土自高处倾落的自由高度不应超过 2 m，在竖向结构中限制自由倾落高度不宜超过 3 m，否则应沿串筒、斜槽、溜管等下料。

（2）正确留置施工缝。混凝土结构大多要求整体浇筑，如因技术或组织上的原因不能连续浇筑时，且停顿时间有可能超过混凝土的初凝时间，则应事先确定在适当位置留置施工缝。由于混凝土的抗拉强度约为其抗压强度的 1／10，因而施工缝是结构中的薄弱环节，宜留在结构剪力较小的部位，同时要方便施工。柱子宜留在基础顶面、梁或吊车梁牛腿的下面、吊车梁的上面、无梁楼盖柱帽的下面（图 3—78）和板连成整体的大截面梁应留在板底面以下 20～30 mm 处，当板下有梁托时，留置在梁托下部。单向板应留在平行于板短边的任何位置。有主次梁的楼盖宜顺着次梁方向浇筑，施工缝应留在次梁跨度的中间 1／3 长度范围内（图 3—79）。墙可留在门洞口过梁跨中 1／3 范围内，也可留在纵横墙的交接处。双向受力的楼板、大体积混凝土结构、拱、薄壳、多层框架等及其他复杂的结构，应按设计要求留置施工缝。

在施工缝处继续浇筑混凝土时，应除掉水泥浮浆和松动石子，并用水冲洗干净，待已浇筑的混凝土的强度不低于 1.2 MPa 时才允许继续浇筑，在结合面应先铺抹一层水泥浆或与混凝土砂浆成分相同的砂浆。

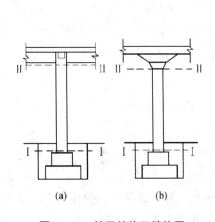

图 3—78　柱子的施工缝位置

（a）梁板式结构；（b）无梁楼盖结构

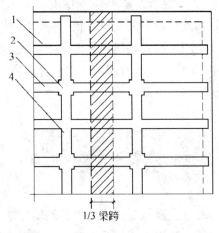

图 3—79　有主次梁楼盖的施工缝位置

1—楼板；2—柱；3—次梁；4—主梁

二、浇筑方法

（1）现浇多层钢筋混凝土框架结构的浇筑。浇筑这种结构首先要划分施工层和施工段，施工层一般按结构层划分，而每一施工层如何划分施工段，则要考虑工序数量、技术要求、结构特点等。要做到木工在第一施工层安装完模板，准备转移到第二施工层的第一施工段上时，该施工段所浇筑的混凝土强度应达到允许工人在上面操作的强度（1.2 MPa）。

1）施工层与施工段确定后，就可求出每班（或每小时）应完成的工程量，据此选择施工机具和设备并计算其数量。

2）混凝土浇筑前应做好必要的准备工作，如模板、钢筋和预埋管线的检查和清理以及隐蔽工程的验收；浇筑用脚手架、走道的搭设和安全检查；根据试验室下达的混凝土配合比通知单准备和检查材料；并做好施工用具的准备等。

3）浇筑柱子时，施工段内的每排柱子应由外向内对称地顺序浇筑，不要由一端向另一端推进，预防柱子模板因湿胀造成受推倾斜而误差积累难以纠正。截面在 400 mm×400 mm 以内，或有交叉箍筋的柱子，应在柱子模板侧面开孔用斜溜槽分段浇筑，每段高度不超过 2 m。截面在 400 mm×400 mm 以上、无交叉箍筋的柱子，如柱高不超过 4.0 m，可从柱顶浇筑；如用轻集料混凝土从柱顶浇筑，则柱高不得超过 3.5 m。柱子开始浇筑时，底部应先浇筑一层厚 50～100 mm 与所浇筑混凝土成分相同的水泥砂浆。浇筑完毕，如柱顶处有较大厚度的砂浆层，则应加以处理。柱子浇筑后，应间隔 1～1.5 h，待所浇混凝土拌和物初步沉实，再筑浇上面的梁板结构。

4）梁和板一般应同时浇筑，从一端开始向前推进。只有当梁高大于 1 m 时才允许将梁单独浇筑，此时的施工缝留在楼板板面下 20～30 mm 处。梁底与梁侧面注意振实，振动器不要直接触及钢筋和预埋件。楼板混凝土的虚铺厚度应略大于板厚，用表面振动器或内部振动器振实，用铁插尺检查混凝土厚度，振捣完后用长的木抹子抹平。

5）为保证捣实质量，混凝土应分层浇筑，每层厚度见表 3—80。

表 3—80　混凝土浇筑层的厚度

项次	捣实混凝土的方法		浇筑层厚度/mm
1	插入式振动		振动器作用部分长度的 1.25 倍
2	表面振动		200
3	人工捣固	在基础或无筋混凝土和配筋稀疏的结构中	250
		在梁、墙、板、柱结构中	200
		在配筋密集的结构中	150
4	轻集料混凝土	插入式振动	300
		表面振动（振动时需加荷）	200

6）浇筑叠合式受弯构件时，应按设计要求确定是否设置支撑，且叠合面应根据设计要求预留凸凹差（当无要求时，凸凹为 6 mm），形成自然粗糙面。

（2）大体积混凝土结构浇筑。大体积混凝土结构在工业建筑中多为设备基础，在高层建筑中多为厚大的桩基承台或基础底板等，整体性要求较高，往往不允许留施工缝，要求一次连续浇筑完毕。

1）大体积混凝土结构浇筑方案。为保证结构的整体性，混凝土应连续浇筑，要求每一处的混凝土在初凝前就被后部分混凝土覆盖并捣实成整体，根据结构特点不同，可分为全面分层、分段分层、斜面分层等浇筑方案（图3—80）。

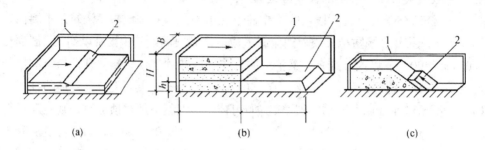

图3—80 大体积混凝土浇筑方案图

（a）全面分层；（b）分段分层；（c）斜面分层

1—模板；2—新浇筑的混凝土

①全面分层。当结构平面面积不大时，可将整个结构分为若干层进行浇筑，即第一层全部浇筑完毕后，再浇筑第二层，如此逐层连续浇筑，直到结束。为保证结构的整体性，要求次层混凝土在前层混凝土初凝前浇筑完毕。若结构平面面积为 A（m^2），浇筑分层厚为 h（m），每小时浇筑量为 Q（m^3/h），混凝土从开始浇筑至初凝的延续时间为 T（h）（一般等于混凝土初凝时间减去混凝土运输时间），为保证结构的整体性，则应满足：

$$A \cdot h \leqslant Q \cdot T$$

故
$$A \leqslant Q \cdot T/h$$

即采用全面分层时，结构平面面积应满足上式的条件。

②分段分层。当结构平面面积较大时，全面分层已不适应，这时可采用分段分层浇筑方案。即将结构分为若干段，每段又分为若干层，先浇筑第一段各层，然后浇筑第二段各层，如此逐段逐层连续浇筑，直至结束。为保证结构的整体性，要求次段混凝土应在前段混凝土初凝前浇筑并与之捣实成整体。若结构的厚度为 H（m），宽度为 b（m），分段长度为 l（m），为保证结构的整体性，则应满足下式的条件：

$$l \leqslant Q \cdot T/b(H - h)$$

③斜面分层。当结构的长度超过厚度的3倍时，可采用斜面分层的浇筑方案。这时，振捣工作应从浇筑层斜面下端开始，逐渐上移，且振动器应与斜面垂直。

2）早期温度裂缝的预防。厚大钢筋混凝土结构由于体积大，水泥水化热聚积在内部不易散发，内部温度显著升高，外表散热快，形成较大内外温差，内部产生压应力，外表产生拉应力，如内外温差过大（25℃以上），则混凝土表面将产生裂缝。当混凝土内部逐渐散热冷却，产生收缩，由于受到基底或已硬化混凝土的约束，不能自由收缩，而产生拉应力。温差越大，约束程度越高，结构长度越大，则拉应力越大。当拉应力超过混凝土的抗拉强度时即产生裂缝，裂缝从基底向上发展，甚至贯穿整个基础。要防止混凝土早期产生温度裂缝，就要降低混凝土的温度应力。控制混凝土的内外温差，使之不超过 25℃，以防止表面开裂；控制混凝土冷却过程中的总温差和降温速度，以防止基底开裂。早期温度裂缝的预防方法主要有：优先采用水化热低的水泥（如矿渣硅酸盐水泥）；减少水泥用量；掺入适量的粉煤灰或在浇筑时投入适量的毛石；放慢浇筑速度和减少浇筑厚度，采用人工降温措施（拌制时，用低温水，养护时用循环水冷却）；浇筑后应及时覆盖，以控制内外温差，减缓降温速度，尤应注意寒潮的不利影响；必要时，取得设计单位同意后，可分块浇筑，块和块间留 1 m 宽厚浇带，待各分块混凝土干缩后，再浇筑后浇带。分块长度可根据有关手册计算，当结构厚度在 1 m 以内时，分块长度一般为 20～30 m。

3）泌水处理。大体积混凝土另一特点是上、下浇筑层施工间隔时间较长，各分层之间易产生泌水层，它将使混凝土强度降低，酥软、脱皮起砂等不良后果。采用自流方式和抽吸方法排除泌水，会带走一部分水泥浆，影响混凝土的质量。泌水处理措施主要有同一结构中使用两种不同坍落度的混凝土，或在混凝土拌和物中掺减水剂，都可减少泌水现象。

三、混凝土密实成型

混凝土浇入模板以后是较疏松的，里面含有空气与气泡。而混凝土的强度、抗冻性、抗渗性以及耐久性等，都与混凝土的密实程度有关。目前主要是用人工或机械捣实混凝土使混凝土密实。人工捣实是用人力的冲击来使混凝土密实成型，只有在缺乏机械、工程量不大或机械不便工作的部位采用。机械捣实的方法有多种，下面主要介绍振动捣实。

（1）混凝土振动密实原理。振动机械的振动一般是由电动机、内燃机或压缩空气马达带动偏心块转动而产生的简谐振动。产生振动的机械将振动能量通过某种方式传递给混凝土拌和物使其受到强迫振动。在振动力作用下混凝土内部的黏着力和内摩擦力显著减少，使集料犹如悬浮在液体中，在其自重作用下向新的位置沉落，紧密排列，水泥砂浆均匀分布填充空隙，气泡被排出，游离水被挤压上升，混凝土填满了模板的各个角落并形成密实体积。机械振实混凝土可以大大减轻工人的劳动强度，减少蜂窝麻面的发生，提高混凝土的强度和密实性，加快模板周转，节约水泥 10%～15%。影响振动器的振动质量和生产率的因素是复杂的。当混凝土的配合比、集料的粒径、水泥的稠度以及钢筋的疏密程度等因素确定之后，振动质量和生产率取决于振动的频率、振幅和振动时间等。

（2）振动机械的选择。振动机械可分为内部振动器、表面振动器、外部振动器和振动台（图3-81）。内部振动器又称插入式振动器，是建筑工地应用最多的一种振动器，多用于振实梁、柱、墙、厚板和基础等。其工作部分是一个棒状空心圆柱体，内部装有偏心振子，在电动机带动下高速转动而产生高频微幅的振动。根据振动棒激振的原理，内部振动器有偏心式和行星滚锥式（简称行星式）两种，其激振结构的工作原理如图3—82所示。

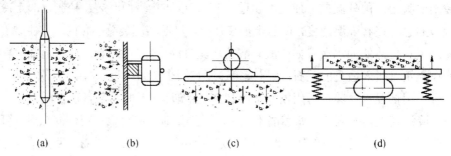

图 3—81　振动机械示意图

（a）内部振动器；（b）外部振动器；（c）表面振动器；（d）振动台

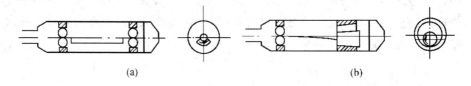

图 3—82　振动棒的激振原理图

（a）偏心轴式；（b）行星滚锥式

1）偏心轴式内部振动器是利用振动棒中心具有偏心质量的转轴产生高频振动，其振动频率为5000～6000次／min。

2）行星滚锥式内部振动器是利用振动棒中一端空悬的转轴旋转时其下垂端圆锥部分沿棒壳内圆锥面滚动，形成滚动体的行星运动而驱动棒体产生圆振动，其振动频率为12000～15000次／min，振捣效果好，且构造简单，使用寿命长，是当前常有的内部振动器。其构造如图3—83所示。

（3）用插入式振动器振动混凝土时，应垂直插入，并插入下层混凝土50mm，以促使上下层混凝土结合成整体。每一振点的振捣延续时间，应使混凝土捣实（即表面呈现浮浆和不再沉落为限）。

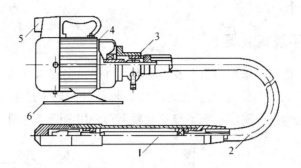

图 3—83　电动软轴行星式内部振动器

1—振动棒；2—软轴；3—防逆装置；4—电动机；5—电器开关；6—支座

采用插入式振动器捣实普通混凝土的移动间距，不宜大于作用半径的 1.5 倍。捣实轻集料混凝土的间距，不宜大于作用半径的 1 倍；振动器与模板的距离不应大于振动器作用半径的 1 / 2，并应尽量避免碰撞钢筋、模板、预埋件等。插点的分布有行列式和交错式两种，如图 3—84 所示。

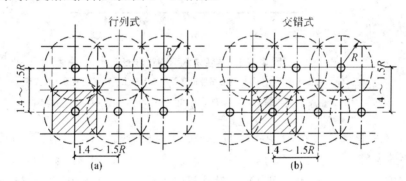

图 3—84　插点的分布

（a）行列式；（b）交错式

（4）表面振动器又称平板振动器，它是将电动机装上有左右两个偏心块固定在一块平板上而成，其振动作用可直接传递到混凝土面层上。这种振动器适用于捣实楼板、地面、板形构件和薄壳等薄壁结构。在无筋或单层钢筋结构中，每次振实的厚度不大于 250 mm；在双层钢筋的结构中，每次振实厚度不大于 120 mm。表面振动器的移动间距，应保证振动器的平板覆盖已振实部分的边缘，以使该处的混凝土振实出浆为准。也可进行两遍振实，第一遍和第二遍的方向要互相垂直，第一遍主要使混凝土密实，第二遍则使表面平整。

附着式振动器又称外部振动器，它通过螺栓或夹钳等固定在模板外侧的横档或竖档上，偏心块旋转所产生的振动力通过模板传给混凝土，使之振实。但模板应有足够的刚度。对于小截面直立构件，插入式振动器的振动棒很难插入，可使用附着式振动器，附着式振动器的设置间距，应通过试验确定，在一般情况下，可每隔 1～

1.5 m 设置一个。

四、水下浇筑混凝土

深基础、地下连续墙、沉井及钻孔灌注桩等常需在水下或泥浆中浇筑混凝土。水下或泥浆中浇筑混凝土时，应保证水或泥浆不混入混凝土内，水泥浆不被水带走，混凝土能借压力挤压密实。水下浇筑混凝土常采用导管法（图3—85）。

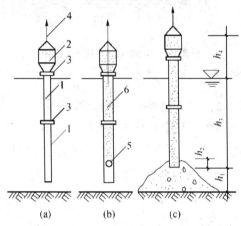

图 3—85　导管法水下浇筑混凝土

（a）组装导管；（b）导管内悬吊球口塞并浇入混凝土；（c）浇混凝土，提管

1—钢导管；2—漏斗；3—密封接头；4—吊索；5—球塞；6—钢丝或绳子

（1）导管直径约 200～300 m，且不小于集料粒径的 8 倍，每节管长 1.5～3 m，用法兰密封连接，顶部有漏斗，导管用起重机吊住，可以升降。

（2）灌筑前，用钢丝吊住球塞堵住导管下口，然后将管内灌满混凝土，并使导管下口距地基约 300 mm，距离太小，容易堵管，距离太大，则开管时冲出的混凝土不能及时封埋管口端处，而导致水或泥浆渗入混凝土内。漏斗及导管内应有足够的混凝土，以保证混凝土下落后能将导管下端埋入混凝土内 0.5～0.6 m。剪断钢丝后，混凝土在自重作用下冲出管口，并迅速将管口下端埋住。

（3）此后，一面不断灌筑混凝土，一面缓缓提起导管，且始终保持导管在混凝土内有一定的埋深，埋深越大则挤压作用越大，混凝土越密实，但也越不易浇筑，一般埋深 h_2 为 0.5～0.8 m。这样，最先浇筑的混凝土始终处于最外层，与水接触，且随混凝土的不断挤入不断上升，故水或泥浆不会混入混凝土内，水泥浆不会被带走，而混凝土又能在压力作用下自行挤密。为保证与水接触的表层混凝土能呈塑性状态上升，每一灌筑点应在混凝土初凝前浇至设计标高。

（4）混凝土应连续浇筑，导管内应始终注满混凝土，以防空气混入，并应防止堵管，如堵管超过半小时，则应立即换备用管进行浇筑。一般情况下，第一导管灌筑范围以 4 m 为限，面积更大时，可用几根导管同时浇筑，或待一浇筑点浇筑完毕后再将导管换插到另一浇筑点进行浇筑,而不应在一浇筑点将导管作水平移动以扩大浇筑范围。浇筑完毕后,应清除与水接触的表层厚约 0.2 m 的松软混凝土。

（5）水下浇筑时,混凝土的密实程度取决于混凝土所受的挤压力。为保证混凝土在导管出口处有一定的超压力 P,则应保持导管内混凝土超出水面一定高度 h_4,若导管下口至水面的距离为 h_3,则:

$$P = 0.025h_4 + 0.015h_3$$

故

$$h_4 = 40P - 0.6h_3$$

要求的超压力 P 与导管作用半径有关,当作用半径为 4m 时,P 为 0.25N/m^2,当作用半径为 3.5m 时,P 为 0.15N/m^2;当作用半径为 3.0m 时,P 为 0.1N/m^2。

第 3 讲 混凝土的养护与拆模

一、混凝土的养护

（1）混凝土浇筑完毕后,在一个相当长的时间内,应保持其适当的温度和足够的湿度,以造成混凝土良好的硬化条件,这就是混凝土的养护工作。混凝土表面水分不断蒸发,如不设法防止水分损失,水化作用未能充分进行,混凝土的强度将受到影响,还可能产生干缩裂缝。因此,混凝土养护的目的,一是创造有利条件,使水泥充分水化,加速混凝土的硬化;二是防止混凝土成型后因暴晒、风吹、干燥等自然因素影响,出现不正常收缩、裂缝等现象。

（2）混凝土的养护方法分为自然养护和热养护两类,见表 3—18。养护时间取决于当地气温、水泥品种和结构物的重要性。

二、混凝土的拆模

模板拆除日期取决于混凝土的强度、模板的用途、结构的性质及混凝土硬化时的气温。不承重的侧模,在混凝土强度能保证其表面棱角不因拆除模板而受损坏时,即可拆除。承重模板,如梁、板等底模,应待混凝土达到规定强度后,方可拆除。结构的类型跨度不同,其拆模强度不同,底模拆除时对混凝土强度要求,见表 3—19。

表 3—18　混凝土的养护方法

类别	名 称	说 明
自然养护	洒水(喷雾)养护	在混凝土面不断洒水(喷雾),保持其表面湿润
	覆盖浇水养护	在混凝土面覆盖湿麻袋、草袋、湿砂、锯末等,不断洒水保持其表面湿润
	围水养护	四周围成土埂,将水蓄在混凝土表面
	铺膜养护	在混凝土表面铺上薄膜,阻止水分蒸发
	喷膜养护	在混凝土表面喷上薄膜,阻止水分蒸发
热养护	蒸汽养护	利用热蒸汽对混凝土进行湿热养护
	热水(热油)养护	将水或油加热,将构件搁置在其上养护
	电热养护	对模板加热或微波加热养护
	太阳能养护	利用各种罩、窑、集热箱等封闭装置对构件进行养护

表 3—19　底模拆除时的混凝土强度要求

构 件 类 型	构 件 跨 度 /m	达到设计的混凝土立方体抗压强度标准值的百分率/(%)
板	≤2	≥50
	>2,≤8	≥75
	>8	≥100
梁、拱、壳	≤8	≥75
	>8	≥100
悬臂构件	—	≥100

　　已拆除承重模板的结构,应在混凝土达到规定的强度等级后,才允许承受全部设计荷载。拆模后应由监理(建设)单位、施工单位对混凝土的外观质量和尺寸偏差进行检查,并做好记录。如发现缺陷,应进行修补。对面积小、数量不多的蜂窝或露石的混凝土,应先用钢丝刷或压力水洗刷基层,然后用 1:2~1:2.5 的水泥砂浆抹平;对较大面积的蜂窝、露石、露筋应按其全部深度凿去薄弱的混凝土层,然后用钢丝刷或压力水冲刷,再用比原混凝土强度等级高一个级别的细集料混凝土填塞,并仔细捣实。对影响结构性能的缺陷,应与设计单位研究处理。

第 4 讲 混凝土的质量检查与缺陷防治

一、混凝土的质量检查

（1）混凝土质量检查包括施工过程中的质量检查和养护后的质量检查。

（2）施工过程中的质量检查，即在混凝土制备和浇筑过程中对原材料的质量、配合比、坍落度等的检查，每一工作班至少检查两次，如遇特殊情况还应及时进行抽查。混凝土的搅拌时间应随时检查。

（3）混凝土养护后的质量检查，主要是指混凝土的立方体抗压强度检查。混凝土的抗压强度应以标准立方体试件（边长 150 mm），在标准条件下（温度 20℃±3℃和相对湿度 90%以上的湿润环境）养护 28 d 后测得的具有 95%保证率的抗压强度。

（4）结构混凝土的强度等级必须符合设计要求。

（5）现浇混凝土结构的允许偏差，应符合规范规定；当有专门规定时，尚应符合相应的规定。

（6）混凝土表面外观质量要求：不应有蜂窝、麻面、孔洞、露筋、缝隙及夹层、缺棱掉角和裂缝等。

二、现浇湿混凝土结构质量缺陷及产生原因

（1）现浇结构的外观质量缺陷的确定。现浇结构的外观质量缺陷，应由监理（建设）单位、施工单位等各方根据其对结构性能和使用功能影响的严重程度，按规范确定。

（2）混凝土质量缺陷产生的原因。

1）蜂窝。由于混凝土配合比不准确，浆少而石子多，或搅拌不均造成砂浆与石子分离，或浇筑方法不当，或振捣不足，以及模板严重漏浆。

2）麻面。模板表面粗糙不光滑，模板湿润不够，接缝不严密，振捣时发生漏浆。

3）露筋。浇筑时垫块位移，甚至漏放，钢筋紧贴模板，或者因混凝土保护层处漏振或振捣不密实而造成露筋。

4）孔洞。混凝土结构内存在空隙，砂浆严重分离，石子成堆，砂与水泥分离。另外，有泥块等杂物掺入也会形成孔洞。

5）缝隙和薄夹层。主要是混凝土内部处理不当的施工缝、温度缝和收缩缝，以及混凝土内有外来杂物而造成的夹层。

6）裂缝。构件制作时受到剧烈振动，混凝土浇筑后模板变形或沉陷，混凝土

表面水分蒸发过快，养护不及时等，以及构件堆放、运输、吊装时位置不当或受到碰撞。

（3）产生混凝土强度不足的原因。

1）配合比设计方面有时不能及时测定水泥的实际活性，影响了混凝土配合比设计的正确性；另外，套用混凝土配合比时选用不当及外加剂用量控制不准等，分离或浇筑方法不当，或振捣不足，以及模板严重漏浆，都有可能导致混凝土强度不足。

2）搅拌方面任意增加用水量，配合比称料不准，搅拌时颠倒加料顺序及搅拌时间过短等造成搅拌不均匀，导致混凝土强度降低。

3）现场浇捣方面主要是施工中振捣不实，以及发现混凝土有离析现象时，未能及时采取有效措施来纠正。

4）养护方面主要是不按规定的方法、时间对混凝土进行妥善的养护，以致造成混凝土强度降低。

三、混凝土质量缺陷的防治与处理

（1）表面抹浆修补。对数量不多的小蜂窝、麻面、露筋、露石的混凝土表面，主要是保护钢筋和混凝土不受侵蚀，可用 1：2～1：2.5 水泥砂浆抹面修整。

（2）细石混凝土填补。当蜂窝比较严重或露筋较深时，应取掉不密实的混凝土，用清水洗净并充分湿润后，再用比原强度等级高一级的细石混凝土填补并仔细捣实。

（3）水泥灌浆与化学灌浆。对于宽度大于 0.5 mm 的裂缝，宜采用水泥灌浆；对于宽度小于 0.5 mm 的裂缝，宜采用化学灌浆。

第 6 单元 钢结构安装施工工艺

第 1 讲 钢结构构件的加工制作

一、加工制作前的准备工作

（1）图纸审查。图纸审查的主要内容包括：

1）设计文件是否齐全。

2）构件的几何尺寸是否标注齐全，相关构件的尺寸是否正确。

3）构件连接是否合理，是否符合国家标准。

4）加工符号、焊接符号是否齐全。

5）构件分段是否符合制作、运输安装的要求。

6）标题栏内构件的数量是否符合工程的总数量。

7）结合本单位的设备和技术条件考虑能否满足图纸上的技术要求。

（2）备料。根据设计图纸算出各种材质、规格的材料净用量，并根据构件的不同类型和供货条件，增加一定的损耗率（一般为实际所需量的 10%）提出材料预算计划。

（3）工艺装备和机具的准备。

1）根据设计图纸及国家标准定出成品的技术要求。

2）编制工艺流程，确定各工序的公差要求和技术标准。

3）根据用料要求和来料尺寸统筹安排、合理配料，确定拼装位置。

4）根据工艺和图纸要求，准备必要的工艺装备。

二、零件加工

（1）放样。放样是指把零（构）件的加工边线、坡口尺寸、孔径和弯折、滚圆半径等以 1∶1 的比例从图纸上准确地放制到样板和样杆上，并注明图号、零件号、数量等。

（2）划线。划线是指根据放样提供的零件的材料、尺寸、数量，在钢材上画出切割、铣、刨边、弯曲、钻孔等加工位置，并标出零件的工艺编号。

（3）切割下料。钢材切割下料方法有气割、机械剪切和锯切等。

（4）边缘加工。边缘加工分刨边、铣边和铲边三种：

1）刨边是用刨边机切削钢材的边缘，加工质量高，但工效低、成本高。

2）铣边是用铣边机滚铣切削钢材的边缘，工效高、能耗少、操作维修方便、加工质量高，应尽可能用铣边代替刨边。

3）铲边分手工铲边和风镐铲边两种，对加工质量不高。工作量不大的边缘加工可以采用。

（5）矫正平直。钢材由于运输和对接焊接等原因产生翘曲时，在划线切割前需矫正平直。矫平可以用冷矫和热矫的方法。

（6）滚圆与煨弯。滚圆是用滚圆机把钢板或型钢变成设计要求的曲线形状或卷成螺旋管。

煨弯是钢材热加工的方式之一，即把钢材加热到 900~1000℃（黄赤色），立即进行煨弯，在 700～8000℃（樱红色）前结束。采用热煨时一定要掌握好钢材的加热温度。

（7）零件的制孔。零件制孔方法有冲孔、钻孔两种。冲孔在冲床上进行，冲孔只能冲较薄的钢板，孔径的大小一般大于钢材的厚度，冲孔的周围会产生冷作硬化。钻孔是在钻床上进行，可以钻任何厚度的钢材，孔的质量较好。

三、构件组装

组装亦称装配、组拼，是把加工好的零件按照施工图的要求拼装成单个构件。钢构件的大小应根据运输道路、现场条件、运输和安装单位的机械设备能力与结构受力的允许条件等来确定。

（1）一般要求

1）钢构件组装应在平台上进行，平台应测平。用于装配的组装架及胎模要牢固的固定在平台上。

2）组装工作开始前要编制组装顺序表，组拼时严格按照顺序表所规定的顺序进行组拼。

3）组装时，要根据零件加工编号，严格检验核对其材质)、外形尺寸，毛刺飞边要清除干净，对称零件要注意方向，避免错装。

4）对于尺寸较大、形状较复杂的构件，应先分成几个部分组装成简单组件，再逐渐拼成整个构件，并注意先组装内部组件，再组装外部组件。

5）组装好的构件或结构单元，应按图纸的规定对构件进行编号，并标注构件的重量、重心位置、定位中心线、标高基准线等。

（2）焊接连接的构件组装。

1）根据图纸尺寸，在平台上画出构件的位置线，焊上组装架及胎模夹具。组装架离平台面不小于 50mm，并用卡兰、左右螺旋丝杠或梯形螺纹，作为夹紧调整零件的工具。

2）每个构件的主要零件位置调整好并检查合格后，把全部零件组装上并进行点焊，使之定形。在零件定位前，要留出焊缝收缩量及变形量。高层建筑钢结构的柱子，两端除增加焊接收缩量的长度之外，还必须增加构件安装后荷载压缩变形量，并留好构件端头和支承点锐平的加工余量。

3）为了减少焊接变形，应该选择合理的焊接顺序。如对称法、分段逆向焊接法、跳焊法等。在保证焊缝质量的前提下，采用适量的电流，快速施焊，以减小热影响区和温度差，减小焊接变形和焊接应力。

四、构件成品的表面处理

（1）高强度螺栓摩擦面的处理。采用高强度螺栓连接时，应对构件摩擦面进行加工处理。摩擦面的处理方法一般有喷砂、酸洗、砂轮打磨等几种，其中喷砂处理过的摩擦面的抗滑移系数值较高，离散率较小。

构件出厂前应按批做试件检验抗滑移系数，试件的处理方法应与构件相同，检验的最小数值应符合设计要求，并附三组试件供安装时复验抗滑移系数。

（2）构件成品的防腐涂装。钢结构构件在加工验收合格后，应进行防腐涂料涂装。但构件焊缝连接处、高强度螺栓摩擦面处不能作防腐涂装，应在现场安装完后，再补刷防腐涂料。

五、构件成品验收

钢结构构件制作完成后，应根据《钢结构工程施工质量验收规范》（GB 50205-2001）及其他相关规范、规程的规定进行成品验收。钢结构构件加工制作质量验收，可按相应的钢结构制作工程或钢结构安装工程检验批的划分原则划分为一个或若干个检验批进行。

构件出厂时，应提交产品质量证明（构件合格证）和下列技术文件：

（1）钢结构施工详图、设计更改文件、制作过程中的技术协商文件。

（2）钢材、焊接材料及高强度螺栓的质量证明书及必要的实验报告。

（3）钢零件及钢部件加工质量检验记录。

（4）高强度螺栓连接质量检验记录，包括构件摩擦面处抗滑移系数的试验报告。

（5）焊接质量检验记录。

（6）构件组装质量检验记录。

第 2 讲　钢结构连接施工

一、焊接施工

（1）焊接方法选择。焊接是钢结构使用最主要的连接方法之一。在钢结构制作和安装领域中，广泛使用的是电弧焊。在电弧焊中又以药皮焊条、手工焊条、自动埋弧焊、半自动与自动 CO_2 气体保护焊为主。在某些特殊场合，则必须使用电渣焊。

（2）焊接工艺要点。

1）焊接工艺设计：确定焊接方式、焊接参数及焊条、焊丝、焊剂的规格型号等。

2）焊条烘烤：焊条和粉芯焊丝使用前必须按质量要求进行烘焙，低氢型焊条经过烘焙后，应放在保温箱内随用随取。

3）定位点焊：焊接结构在拼接、组装时要确定零件的准确位置，要先进行定位点焊。定位点焊的长度、厚度应由计算确定。电流要比正式焊接提高10%～15%，定位点焊的位置应尽量避开构件的端部、边角等应力集中的地方。

4）焊前预热：预热可降低热影响区冷却速度，防止焊接延迟裂纹的产生。预热区焊缝两侧，每侧宽度均应大于焊件厚度的 1.5 倍以上，且不应小于 100mm。

5）焊接顺序确定：一般从焊件的中心开始向四周扩展；先焊收缩量大的焊缝，后焊收缩量小的焊缝；尽量对称施焊；焊缝相交时，先焊纵向焊缝。待冷却至常温后，再焊横向焊缝；钢板较厚时分层施焊。

6）焊后热处理：焊后热处理主要是对焊缝进行脱氢处理，以防止冷裂纹的产生。焊后热处理应在焊后立即进行，保温时间应根据板厚按每 25mm 板厚 1h 确定。预热及后热均可采用散发式火焰枪进行。

二、高强度螺栓连接施工

高强度螺栓连接是目前与焊接并举的钢结构主要连接方法之一。其特点是施工方便，可拆可换，传力均匀，接头刚性好，承载能力大，疲劳强度高，螺母不易松动，结构安全靠。高强度螺栓从外形上可分为大六角头高强度螺栓（即扭矩形高强度螺栓）和扭剪型高度螺栓两种。高强度螺栓和与之配套的螺母、垫圈总称为高强度螺栓连接副。

（1）一般要求。

1）高强度螺栓使用前，应按有关规定对高强度螺栓的各项性能进行检验。运输过程应轻装轻卸，防止损坏。当发现包装破损、螺栓有污染等异常现象时，应用煤油清洗，按高强度螺栓验收规程进行复验，经复验扭矩系数合格后方能使用。

2）工地储存高强度螺栓时，应放在干燥、通风、防雨、防潮的仓库内，并不得沾染异物。

3）安装时，应按当天需用量领取，当天没有用完的螺栓，必须装回容器内，妥善保管，不得乱扔、乱放。

4）安装高强度螺栓时接头摩擦面上不允许有毛刺、铁屑、油污、焊接飞溅物。摩擦面应干燥，没有结露、积霜、积雪，并不得在雨天进行安装。

5）使用定扭矩扳子紧固高强度螺栓时，每天上班前应对定扭矩扳子进行校核，合格后方能使用。

（2）安装工艺。

1）一个接头上的高强度螺栓连接，应从螺栓群中部开始安装，向四周扩展，逐个拧紧。扭矩型高强度螺栓的初拧、复拧、终拧，每完成一次应涂上相应的颜色或标记，以防漏拧。

2）接头如有高强度螺栓连接又有焊接连接时，直按先栓后焊的方式施工，先终拧完高强度螺栓再焊接焊缝。

3）高强度螺栓应自由穿入螺栓孔内，当板层发生错孔时，允许用铰刀扩孔。扩孔时，铁屑不得掉入板层间。扩孔数量不得超过一个接头螺栓的 1/3，扩孔后的孔径不应大于 1.2d（d 为螺栓直径）。严禁使用气割进行高强度螺栓孔的扩孔。

4）一个接头多个高强度螺栓穿入方向应一致。垫圈有倒角的一侧应朝向螺栓头和螺母，螺母有圆台的一面应朝向垫圈，螺母和垫圈不应装反。

5）高强度螺栓连接副在终拧以后，螺栓丝扣外露应为 2～3 扣，其中允许有 10%的螺栓丝扣外露 1 扣或 4 扣。

（3）紧固方法。

1）大六角头高强度螺栓连接副紧固。大六角头高强度螺栓连接副一般采用扭矩法和转角法紧固。

扭矩法：使用可直接显示扭矩值的专用扳子，分初拧和终拧二次拧紧。初拧扭矩为终拧扭矩的 50%～80%，其目的是通过初拧，使接头各层钢板达到充分密贴，终拧扭矩把螺栓拧紧。

转角法：根据构件紧密接触后，螺母的旋转角度与螺栓的预拉力成正比的关系确定的一种方法。操作时分初拧和终拧两次施拧。初拧可用短扳手将螺母拧至附件靠拢，并作标记。终拧用长扳手将螺母从标记位置拧至规定的终拧位置。转动角度的大小在施工前由试验确定。

2）扭剪型高强度螺栓紧固。扭剪型高强度螺栓有一特制尾部，采用带有两个套筒的专用电动扳手紧固。紧固时用专用扳手的两个套筒分别套住螺母和螺栓尾部的梅花头，接通电源后，两个套筒按反向旋转，拧断尾部后即达相应的扭矩值。一般用定扭矩扳手初拧，用专用电动扳手终拧。

第 3 讲　多层及高层钢结构安装

一、安装顺序

一般钢结构标准单元施工顺序如图 3—86 所示。

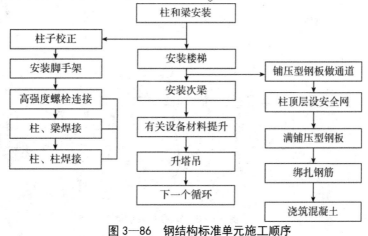

图 3—86　钢结构标准单元施工顺序

多高层建筑钢结构安装前，应根据安装流水段和构件安装顺序，编制构件安装顺序表。表中应注明每一构件的节点型号、连接件的规格数量、高强度螺栓规格数量、栓焊数量及焊接量、焊接形式等。构件从成品检验、运输、现场核对、安装、校正到安装后的质量检查，应统一使用该安装顺序表。

二、构件吊点设置与起吊

（1）钢柱。平运 2 点起吊，安装 1 点立吊。立吊时，需在柱子根部垫上垫木，以回转法起吊，严禁根部拖地。吊装 H 型钢柱、箱形柱时，可利用其接头耳板作吊环，配以相应的吊索、吊架和销钉。钢柱起吊如图 3—87 所示。

（2）钢梁。距梁端 500mm 处开孔，用特制卡具 2 点平吊，次梁可三层串吊，如图 3—88 所示。

（3）组合件。因组合件形状、尺寸不同，可计算重心确定吊点，采用 2 点吊、3 点吊或 4 点吊。凡不易计算者，可在力口设倒链协助找重心，构件平衡后起吊。

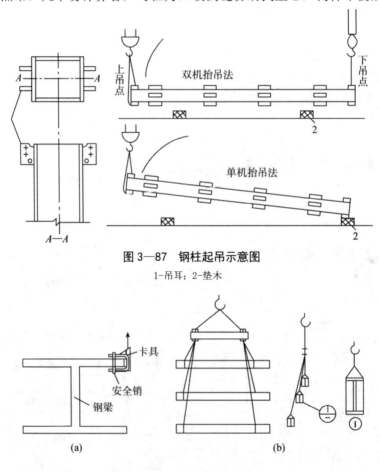

图 3—87　钢柱起吊示意图

1-吊耳；2-垫木

图 3—88　钢梁吊装示意图

（a）卡具设置示意；（b）钢梁吊装

（4）零件及附件。钢构件的零件及附件应随构件一并起吊。尺寸较大、重量较重的节点板、钢柱上的爬梯、大梁上的轻便走道等，应牢固固定在构件上。

三、构件安装与校正

（1）钢柱安装与校正。

1）首节钢柱的安装与校正。安装前，应对建筑物的定位轴线、首节柱的安装位置、基础的标高和基础混凝土强度进行复检，合格后才能进行安装。

①柱顶标高调整。根据钢柱实际长度、柱底平整度，利用柱子底板下地脚螺栓上的调整螺母调整柱底标高，以精确控制柱顶标高（见图 3—89）。

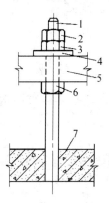

图 3—89　采用调整螺母控制标高

1-地脚螺栓；2-止退螺母；3-紧固螺母；4-螺母垫圈；5-柱子底板；6-调整螺母；7-钢筋混凝土基础

②纵横十字线对正。首节钢柱在起重机吊钩不脱钩的情况下，利用制作时在钢柱上划出的中心线与基础顶面十字线对正就位。

③垂直度调整。用两台呈 90°的经纬仪投点.采用缆风法校正。在校正过程中不断调整柱底板下螺母，校毕将柱底板上面的 2 个螺母拧上，缆风松开，使柱身呈自由状态，再用经纬仪复核。如有小偏差，微调下螺母，无误后将上螺母拧紧。柱底板与基础面间预留的空隙，用无收缩砂浆以捻浆法垫实。

2）上节钢柱安装与校正。上节钢柱安装时，利用柱身中心线就位，为使上下柱不出现错口，尽量做到上、下柱定位轴线重合。上节钢柱就位后，按照先调整标高，再调整位移，最后调整垂直度的顺序校正。

校正时，可采用缆风法校正法或无缆风校正法。目前多采用无缆风校正法（见图 3—90），即利用塔吊、钢模、垫板、撬棍以及千斤顶等工具，在钢柱呈自由状态下进行校正。

（2）钢梁的安装与校正。

1）钢梁安装时，同一列柱，应先从中间跨开始对称地向两端扩展；同一跨钢梁，应先安上层梁再安中下层梁。

2）在安装和校正柱与柱之间的主梁时，可先把柱子撑开，跟踪测量二校正，预留接头焊接收缩量，这时柱产生的内力，在焊接完毕焊缝收缩后也就消失了。

3）一节柱的各层梁安装好后，应先焊上层主梁后焊下层主梁，以使框架稳固，便于施工。一节柱的竖向焊接顺序是：上层主梁→下层主梁→中层主梁→上柱与下柱焊接。

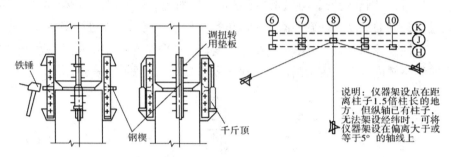

图3—90　无缆风校正法示意图

四、楼层压型钢板安装

多高层钢结构楼板，一般多采用压型钢板与混凝土叠合层组合而成（见图3—91）。

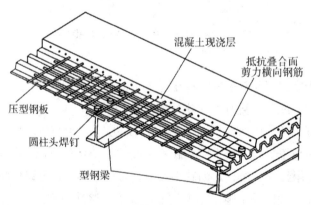

图3—91　压型钢板组合楼板的构造

一节柱的各层梁安装校正后，应立即安装本节柱范围内的各层楼梯，并铺好各层楼面的压型钢板，进行叠合楼板施工。

楼层压型钢板安装工艺流程是：弹线→清板→吊运→布板→切割→压合→侧焊→端焊→封堵→验收→栓钉焊接。

（1）压型钢板安装铺设。

1）在铺板区弹出钢梁的中心线。

2）将压型钢板分层分区按料单清理、编号，并运至施工指定部位。

3）用专用软吊索吊运。吊运时，应保证压型钢板板材整体不变形、局部不卷边。

4）按设计要求铺设。压型钢板铺设应平整、顺直、波纹对正，设置位置正确；压型钢板与钢梁的锚固支承长度应符合设计要求，且不应小于 50mm。

5）采用等离子切割机或剪板钳裁剪边角。裁减放线时，富余量应控制在 5mm 范围内。

6）压型钢板固定。压型钢板与压型钢板侧板间连接采用咬口钳压合，使单片压型钢板间连成整板，然后用点焊将整板侧边及两端头与钢梁固定，最后采用栓钉固定。为了浇筑混凝土时不漏浆，端部肋作封端处理。

（2）栓钉焊接。焊接时，先将焊接用的电源及制动器接上，把栓钉插入焊枪的长口，焊钉下端置入母材上面的瓷环内。按焊枪电钮，栓钉被提升，在瓷环内产生电弧，在电弧发生后规定的时间内，用适当的速度将栓钉插入母材的融池内。焊完后，立即除去瓷环，并在焊缝的周围去掉卷边，检查焊钉焊接部位。栓钉焊接工序如图 3—92 所示。

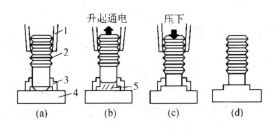

图 3—92　栓钉焊接工序

（a）焊接准备；（b）引弧；（c）焊接；（d）焊后清理

1-焊枪；2-栓钉；3-瓷环；4-母材；5-电弧

第 4 讲　钢结构涂装施工

根据钢结构所处的环境及工作性能采取相应的防腐与防火措施，是钢结构设计与施工的重要内容。目前国内外主要采用涂料涂装的方法进行钢结构的防腐与防火。

一、钢结构防腐涂装施工

（1）防腐涂装方法。

钢结构防腐涂装，常用的施工方法有刷涂法和喷涂法两种。刷涂法应用较广泛，适宜于油性基料刷涂。喷涂法施工工效高，适合于大面积施工，对于快干和挥发性强的涂料尤为适合。

（2）防腐涂装质量要求。

1）涂料、涂装遍数、涂层厚度均应符合设计要求。当设计对涂层厚度无要求时，涂层干漆膜总厚度：室外应为 150μm，室内应为 125μm，其允许偏差为-25μm。每遍涂层干漆膜厚度的允许偏差为-5μm。

2）配制好的涂料不宜存放过久，涂料应在使用的当天配制。稀释剂的使用应按说明规定执行，不得随意添加。

3）涂装时的环境温度和相对湿度应符合涂料产品说明书的要求，当产品说明书无要求时，环境温度宜在 5～38℃之间，相对湿度不应大于 85%。涂装时构件表面不应有结露；涂装后 4h 内应保护免受雨淋。

4）施工图中注明不涂装的部位不得涂装。焊缝处、高强度螺栓摩擦面处，暂不涂装，现场安装完后，再对焊缝及高强度螺栓接头处补刷防腐涂料。

5）涂装应均匀，无明显起皱、流挂、针眼和气泡等，附着应良好。

6）涂装完毕后，应在构件上标注构件的编号。大型构件应标明其重量、构件重心位定位标记。

二、钢结构防火涂装施工

（1）防火涂料涂装的一般规定。

1）防火涂料的涂装，应在钢结构安装就位，并经验收合格后进行。

2）钢结构防火涂料涂装前钢材表面应除锈，并根据设计要求涂装防腐底漆。防腐底漆与防火涂料不应发生化学反应。

3）防火涂料涂装基层不应有油污、灰尘和泥砂等污垢。钢构件连接处 4～12mm 宽的缝隙应采用防火涂料或其他防火材料，填补堵平。

4）对大多数防火涂料而言，施工过程中和涂层干燥固化前，环境温度应宜保持在 5～38℃之间，相对湿度不应大于 85%，空气应流动。涂装时构件表面不应有结露，涂装后 4h 内应保护免受雨淋。

（2）厚涂型防火涂料涂装。

1）施工方法与机具：

厚涂型防火涂料一般采用喷涂施工。机具可为压送式喷涂机或挤压泵，配能自动调压的 0.6～0.9m³/min 的空压机，喷枪口径为 6～12mm，空气压力为 0.4～0.6MPa。局部修补可采用抹灰刀等工具手工抹涂。

2）涂料的搅拌与配置：

①由工厂制造好的单组分湿涂料，现场应采用便携式搅拌器搅拌均匀。

②由工厂提供的干粉料，现场加水或用其他稀释剂调配，应按涂料说明书规定配比混合搅拌，边配边用。

③由工厂提供的双组分涂料，按配制涂料说明规定的配比混合搅拌，边配边用。特别是化学固化干燥的涂料，配制的涂料必须在规定的时间内用完。

④搅拌和调配涂料，使稠度适宜，即能在输送管道中畅通流动，喷涂后不会流淌和下坠。

3）施工操作：

①喷涂应分 2～5 次完成，第一次喷涂以基本盖住钢材表面即可，以后每次喷涂厚度为 5~10mm，一般以 7mm 左右为宜。通常情况下，每天喷涂一遍即可。

②喷涂时，应注意移动速度，不能在同一位置久留，以免造成涂料堆积流淌；配料及往挤压泵加料应连续进行，不得停顿。

③施工工程中，应采用测厚针检测涂层厚度，直到符合设计规定的厚度，方可停止喷涂。

④喷涂后的涂层要适当维修，对明显的乳突，应采用抹灰刀等工具剔除，以确保涂层表面均匀。

（3）薄涂型防火涂料涂装。

1）施工方法与机具

①喷涂底层、主涂层涂料，宜采用重力（或喷斗）式喷枪，配能自动调压的 0.5～0.9m3/min 的空压机。喷嘴直径为 4～5mm，空气压力为 0.4～0.5MPa。

②面层装饰涂料，一般采用喷涂施工，也可以采用刷涂或滚涂的方法。喷涂时，应将喷涂底层的喷嘴直径换为 1～2mm，空气压力调为 0.4MPa。

③局部修补或小面积施工，可采用抹灰刀等工具手工抹涂。

2）施工操作：

①底层及主涂层一般应喷 2～3 遍，每遍间隔 4～24h，待前遍基本干燥后再喷后一遍。头遍喷涂以盖住基底面 70% 即可，二、三遍喷涂每遍厚度不超过 25mm 为宜。施工工程中应采用测厚针检测涂层厚度，确保各部位涂层达到设计规定的厚度。

②面层涂料一般涂饰 1～2 遍。若头遍从左至右喷涂，二遍则应从右至左喷涂，以确保全部覆盖住下部主涂层。

第 5 讲 轻钢结构安装

轻钢结构单层厂房，主要由钢柱、屋面钢梁或屋架、屋面檩条，墙梁（檩条）及屋面、柱间支撑系统，屋面、墙面彩钢板等组装而成，如图 3-93 所示。

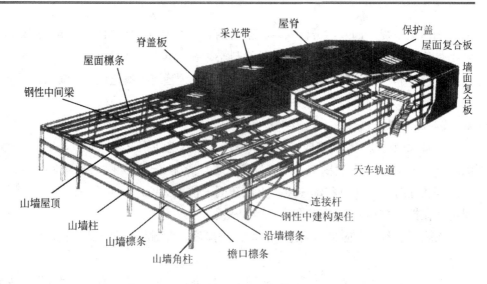

图 3—93 轻钢结构单层厂房构造示意图

一、轻钢结构单层厂房安装机械选择

轻钢结构单层厂房的构件相对自重轻,安装高度不大,因而构件安装所选择的起重机械多以行走灵活的自行式(履带式、汽车式)起重机和塔式起重机安装。所选择的塔式起重机的臂杆长度应具有足够的高差,能有不碰撞的安全运转空间。

对有些重量比较轻的小型构件,如檩条、彩钢板等,也可直接由人力吊升安装。

起重机械的数量,可根据工程规模、安装工程大小及工期要求合理确定。

二、轻钢结构单层厂房安装

(1)结构安装方法。

轻钢结构安装可采用综合吊装法和分件安装法。综合吊装法,是先吊装一个单元(一般为一个柱间)的钢柱(4～6根),立即校正固定后吊装屋面梁、屋面檩条等,等一个单元构件吊装、校正、固定结束后,依次进行下一单元吊装。屋面彩钢板可在轻钢结构框架全部或部分安装完成后进行。

分件吊装法是全部的钢柱吊装完毕后,再安装屋面梁、屋面(墙面)檩条和彩钢板。

(2)构件的吊装工艺。

1)钢柱的吊装。钢柱起吊前应搭好上柱顶的直爬梯。钢柱可采用单点绑扎吊装,扎点宜选择在距柱顶 1/3 柱长处,绑扎点处应设软垫,以免吊装时损伤钢柱表层。当柱长比较大时,也可采用双点绑扎吊装。

钢柱宜采用旋转法吊升,吊升时宜在柱脚底部拴好拉绳并垫以垫木,防止钢柱起吊时,柱脚拖地和碰坏地脚螺栓。

钢柱对位时，一定要使柱子中心线对准基础顶面安装中心，并使地脚螺栓对孔，注意钢柱垂直度，在基本达到要求时，方可落下就位。经过初校，待垂直度偏差控制在 20mm 以内，拧上四角地脚螺栓临时固定后，方可使起重机脱钩。钢柱标高及平面位置已在基面设垫板及柱吊装对位过程完成，柱就位后主要是校正钢柱的垂直度。用两台经纬在两个方向对准钢柱两个面上的中心标记，同时检查钢柱的垂直度，如有偏差，可用千斤顶、斜顶杆等方法校正。

钢柱校正后，应将地脚螺栓紧固，并将垫板与预埋板及柱脚底焊接牢固。

2) 屋面梁、刚架梁吊装。屋面梁在地面拼装用高强螺栓连接紧固。屋面梁宜采用两点对称绑扎吊装，绑扎点亦设软垫，以免损伤构件表面。屋面梁吊装前应设好安全绳，以方便施工人员高空操作；屋面梁吊升宜缓慢进行，吊升过柱顶后由操作工人扶正对位，用螺栓穿过连接板与钢柱临时固定，并进行校正。屋面梁的校正主要是垂直度检查，屋面梁跨中垂直度偏不大于 H/250（H 为屋面梁高），并不得大于 20mm。屋架校正后应及时进行高强螺栓紧固，做好永久固定。

刚架梁如跨度大、稳定性差，为防止吊装时出现下挠和侧向失稳，可将刚架梁分成两段，一次吊装半榀，在空中对接。在有支撑的跨间，亦可将相邻两个半榀刚架在地面拼装成刚性单元进行一次吊装。

高强螺栓紧固、检测应按规范规定进行。

3) 屋面檩条、墙面梁的安装。薄壁轻钢檩条，由于重量轻，安装时可用起重机械或人力吊升。当安装完一个单元的钢柱、屋面梁后，即可进行屋面檩条和墙梁的安装。墙梁也可在整个钢框架安装完毕后进行。檩条和墙梁安装比较简单，直接用螺栓连接在檩条挡板或墙梁托板上。檩条的安装误差应在 ±5mm 之内，弯曲偏差应在 L/750（L 为檩条跨度）之内，且不得大于 20mm。墙梁安装后应用拉杆螺栓调整平直度，顺序应由上向下逐根进行。

4) 屋面和墙面彩钢板安装。屋面檩条、墙梁安装完毕，就可进行屋面、墙面彩钢板的安装。一般是先安装墙面彩钢板，后安装屋面彩钢板，以便于檐口部位的连接。

彩钢板安装有隐藏式连接和自攻螺丝连接两种。隐藏式连接是通过支架将其固定在檩条上，彩钢板横向之间用咬口机将相邻彩钢板搭接口咬接，或用防水黏结胶黏结（这种做法仅适用于屋面）。自攻螺丝连接是将彩钢板直接通过自攻螺丝固定在屋面檩条或墙梁上，在螺丝处涂防水胶封口。这种方法可用于屋面或墙面彩钢板连接。

彩钢板在纵向需要接长时，其搭接长度不应小于 200mm，横向搭接不小于一个波宽，并用自攻螺丝连接，防水胶封口。

轻钢结构安装完工后，需进行节点补漆和最后一遍涂装，涂装所用材料同基层上的涂层材料。

由于轻钢结构构件比较单薄,安装时构件稳定性差,需采取必要的措施,防止吊装变形。

第7单元 建筑防水工程施工工艺

第1讲 地下工程防水混凝土结构施工

防水混凝土结构是指以本身的密实性而具有一定防水能力的整体式混凝土或钢筋混凝土结构。它兼有承重、围护和抗渗的功能,还可满足一定的耐冻融及耐侵蚀要求。

(1)防水混凝土的种类。

防水混凝土一般分为普通防水混凝土、外加剂防水混凝土和膨胀水泥防水混凝土三种。

普通防水混凝土是以调整和控制配合比的方法,以达到提高密实度和抗渗性要求的一种混凝土。

外加剂防水混凝土是指用掺入适量外加剂的方法,改善混凝土内部组织结构,以增加密实性、提高抗渗性的混凝土。按所掺外加剂种类的不同可分减水剂防水混凝土、加气剂防水混凝土、三乙醇胺防水混凝土、氯化铁防水混凝土等。

膨胀水泥防水混凝土是指用膨胀水泥为胶结料配制而成的防水混凝土。

不同类型的防水混凝土具有不同特点,应根据使用要求加以选择。

(2)防水混凝土施工。

1)防水混凝土结构工程质量的优劣,除取决于合理的设计、材料的性质及配合成分以外,还取决于施工质量的好坏。因此,对施工中的各主要环节,如混凝土搅拌、运输、浇筑、振捣、养护等,均应严格遵循施工及验收规范和操作规程的各项规定进行施工。

2)防水混凝土所用模板,除满足一般要求外,应特别注意模板拼缝严密,支撑牢固。在浇筑防水混凝土前,应将模板内部清理干净。如若两侧模板需用对拉螺栓固定时,应在螺栓或套管中间加焊止水环,螺栓加堵头,如图3—94所示。

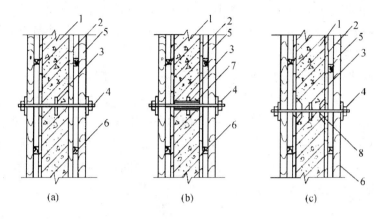

图 3—94 螺栓穿墙止水措施

（a）螺栓加焊止水环；（b）套管加焊止水环；（c）螺栓加堵头

1—防水建筑；2—模板；3—止水环；4—螺栓；5—水平加劲肋；6—垂直加劲肋 7—预埋套管（拆模后将螺栓拔出，套管内用膨胀水泥砂浆封堵）；8—堵头（拆模后将螺栓沿平凹坑底割去，再用膨胀水泥砂浆封堵）

3）钢筋不得用钢丝或铁钉固定在模板上，必须采用相同配合比的细石混凝土或砂浆块作垫块，并确保钢筋保护层厚度符合规定，不得有负误差。如结构内设置的钢筋确需用钢丝绑扎时，均不得接触模板。

4）防水混凝土的配合比应通过试验选定。选定配合比时，应按设计要求的抗渗标号提高 0.2 MPa。防水混凝土的抗渗等级不得小于 P6，所用水泥的强度等级不低于 42.5 级，石子的粒径宜为 5~40 mm，宜采用中砂，防水混凝土可根据抗裂要求掺入钢纤维或合成纤维，其掺和料、外加剂的掺量应经试验确定，其水灰比不大于 0.55。

5）地下防水工程所使用的防水材料应有产品合格证书和性能检测报告，材料的品种、规格、性能等应符合现行国家产品标准和设计要求，不合格的材料不得在工程中使用。

6）配制防水混凝土要用机械搅拌，先将砂、石、水泥一次倒入搅拌筒内搅拌 0.5~1.0 min，再加水搅拌 1.5~2.5 min。如掺外加剂应最后加入。外加剂必须先用水稀释均匀，掺外加剂防水混凝土的搅拌时间应根据外加剂的技术要求确定。对厚度不小于 250 mm 的结构，混凝土坍落度宜为 10~30 mm；厚度小于 250 mm 或钢筋稠密的结构，混凝土坍落度宜为 30~50 mm。拌好的混凝土应在半小时内运至现场，于初凝前浇筑完毕，如运距较远或气温较高时，宜掺缓凝减水剂。

7）防水混凝土拌和物在运输后，如出现离折，必须进行二次搅拌，当坍落度损失后，不能满足施工要求时，应加入原水灰比的水泥浆或二次掺减水剂进行搅拌，严禁直接加水。

8）混凝土浇筑时应分层连续浇筑，其自由倾落高度不得大于 1.5 m。混凝土应用机械振捣密实，振捣时间为 10～30 s，以混凝土开始泛浆和不冒气泡为止，并避免漏振、欠振和超振。混凝土振捣后，须用铁锹拍实，等混凝土初凝后用铁抹子压光，以增加表面致密性。

9）防水混凝土应连续浇筑，尽量不留或少留施工缝。必须留设施工缝时，宜留在下列部位：墙体水平施工缝不应留在剪力与弯矩最大处或底板与侧墙的交接处，应留在高出底板表面不小于 300 mm 的墙体上；拱（板）墙结合的水平施工缝，宜留在拱（板）墙接缝线以下 150～300 mm 处；墙体有预留孔洞时，施工缝距孔洞边缘不应小于 300 mm；垂直施工缝应避开地下水和裂隙水较多的地段，并宜与变形缝相结合。施工缝防水的构造形式如图 3—95 所示。

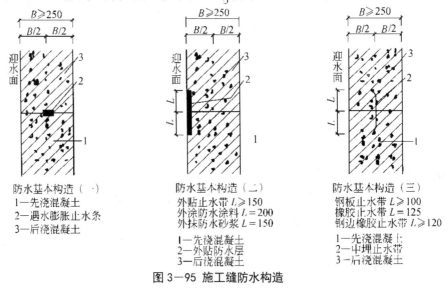

图 3—95 施工缝防水构造

施工缝浇灌混凝土前，应将其表面浮浆和杂物清除干净，先铺净浆，再铺 30～50 mm 厚的 1：1 水泥砂或涂刷混凝土界面处理剂，并及时浇灌混凝土，垂直施工缝可不铺水泥砂浆，选用的遇水膨胀止水条，应牢固地安装在缝表面或预留槽内，且该止水条应具有缓胀性能，其 7 d 的膨胀率不应大于最终膨胀率的 60%，如采用中埋式止水带时，应位置准确，固定牢靠。

10）防水混凝土终凝后（一般浇后 4～6 h），即应开始覆盖浇水养护，养护时间应在 14 d 以上，冬季施工混凝土入模温度不应低于 5℃，宜采用综合蓄热法、蓄热法、暖棚法等养护方法，并应保持混凝土表面湿润，防止混凝土早期脱水，如采用掺化学外加剂方法施工时，能降低水溶液的冰点，使混凝土在低温下硬化，但要适当延长混凝土搅拌时间，振捣要密实，还要采取保温保湿措施。不宜采用蒸汽养护和电热养护，地下构筑物应及时回填分层夯实，以避免由于干缩和温差产生裂缝。防水混凝土结构须在混凝土强度达到设计强度 40% 以上时方可在其上面继续施工，达到设计强度 70% 以上时方可拆模。拆模时，混凝土表面温度与环境温度之差不得超过 15℃，以防混凝土表面出现裂缝。

11）防水混凝土浇筑后严禁打洞，因此，所有的预留孔和预埋件在混凝土浇筑前必须埋设准确。对防水混凝土结构内的预埋铁件、穿墙管道等防水薄弱之处，应采取措施，仔细施工。

12）拌制防水混凝土所用材料的品种、规格和用量，每工作班检查不应少于两次，混凝土在浇筑地点的坍落度，每工作班至少检查两次，防水混凝土抗渗性能，应采用标准条件下养护混凝土抗渗试件的试验结果评定，试件应在浇筑地点制作。连续浇筑混凝土每 500m³ 应留置一组抗渗试件，一组为 6 个试件，每项工程不得小于两组。

13）防水混凝土的施工质量检验，应按混凝土外露面积每 100m² 抽查 1 处，每处 10m²，且不得不少于 3 处，细部构造应全数检查。

14）防水混凝土的抗压强度和抗渗压力必须符合设计要求，其变形缝、施工缝、后浇带、穿墙管道、埋设件等设置和构造均要符合设计要求，严禁有渗漏。防水混凝土结构表面的裂缝宽度不应大于 0.2 mm，并不得贯通，其结构厚度不应小于 250 mm，迎水面钢筋保护层厚度不应小于 50 mm。

第 2 讲　水泥砂浆防水层的施工

（1）刚性抹面防水根据防水砂浆材料组成及防水层构造不同可分为两种：掺外加剂的水泥砂浆防水层与刚性多层抹面防水层。

1）掺外加剂的水泥砂浆防水层，近年来已从掺用一般无机盐类防水剂发展至用聚合物外加剂改性水泥砂浆，从而提高水泥砂浆防水层的抗拉强度及韧性，有效地增强了防水层的抗渗性，可单独用于防水工程，获得较好的防水效果。

2）刚性多层抹面防水层主要是依靠特定的施工工艺要求来提高水泥砂浆的密实性，从而达到防水抗渗的目的，适用于埋深不大，不会因结构沉降、温度和湿度变化及受振动等产生有害裂缝的地下防水工程。适用于结构主体的迎水面或背水面，在混凝土或砌体结构的基层上采用多层抹压施工，但不适用环境有侵蚀性，持续振动或温度高于80℃的地下工程。

（2）水泥砂浆防水层所采用的水泥强度等级不应低于 42.5 级，宜采用中砂，其粒径在 3 mm 以下，外加剂的技术性能应符合国家或行业标准一等品及以上的质量要求。

（3）刚性多层抹面防水层通常采用四层或五层抹面做法。一般在防水工程的迎水面采用五层抹面做法（图 3-96），在背水面采用四层抹面做法（少一道水泥浆）。

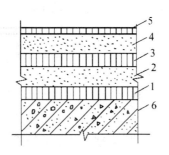

图 3—96 五层做法构造

1、3—素灰层 2 mm；2、4—砂浆层 4～5 mm；5—水泥浆 1 mm；6—结构层

1）施工前要注意对基层的处理，使基层表面保持湿润、清洁、平整、坚实、粗糙，以保证防水层与基层表面结合牢固，不空鼓和密实不透水。

2）施工时应注意素灰层与砂浆层应在同一天完成。施工应连续进行，尽可能不留施工缝。一般顺序为先平面后立面。分层做法如下：第一层，在浇水湿润的基层上先抹 1 mm 厚素灰（用铁板用力刮抹 5～6 遍），再抹 1 mm 找平；第二层，在素灰层初凝后终凝前进行，使砂浆压入素灰层 0.5 mm 并扫出横纹；第三层，在第二层凝固后进行，做法同第一层；第四层，同第二层做法，抹后在表面用铁板抹压 5～6 遍，最后压光；第五层，在第四层抹压二遍后刷水泥浆一遍，随第四层压光。

3）水泥砂浆铺抹时，采用砂浆收水后二次抹光，使表面坚固密实。防水层的厚度应满足设计要求，一般为 18～20 mm 厚，聚合物水泥砂浆防水层厚度要视施工层数而定。

4）施工时应注意素灰层与砂浆层应在同一天完成，防水层各层之间应结合牢固，不空鼓。每层宜连续施工尽可能不留施工缝，必须留施工缝时，应采用阶梯坡形槎，但离开阴阳角处，不小于 200 mm，防水层的阴阳角应做成圆弧形。

（4）水泥砂浆防水层不宜在雨天及 5 级以上大风中施工，冬季施工不应低于 5℃，夏季施工不应在 35℃以上或烈日照射下施工。

（5）如采用普通水泥砂浆做防水层，铺抹的面层终凝后应及时进行养护，且养护时间不得少于 14 d。

（6）对聚合物水泥砂浆防水层未达硬化状态时，不得浇水养护或受雨水冲刷，硬化后应采用干湿交替的养护方法。

第3讲 地下工程防水卷材施工

卷材防水层是用沥青胶结材料粘贴卷材而成的一种防水层，属于柔性防水层。其特点是具有良好的韧性和延伸性，能适应一定的结构振动和微小变形，对酸、碱、盐溶液具有良好的耐腐蚀性，是地下防水工程常用的施工方法，采用改性沥青防水卷材和高分子防水卷材，抗拉强度高，延伸率大，耐久性好，施工方便。但由于沥青卷材吸水率大，耐久性差，机械强度低，直接影响防水层质量，而且材料成本高，施工工序多，操作条件差，工期较长，发生渗漏后修补困难。

（1）铺贴方案。地下防水工程一般把卷材防水层设置在建筑结构的外侧迎水面上称为外防水，这种防水层的铺贴法可以借助土压力压紧，并与结构一起抵抗有压地下水的渗透和侵蚀作用，防水效果良好，采用比较广泛。卷材防水层用于建筑物地下室，应铺设在结构主体底板垫层至墙体顶端的基面上，在外围形成封闭的防水层，卷材防水层为一至二层，防水卷材厚度应满足表3-20的规定。

表 3-20　防水卷材厚度

卷材品种	高聚物改性沥青类防水卷材			合成高分子类防水卷材			
	弹性体改性沥青防水卷材、改性沥青聚乙烯胎防水卷材	自粘聚合物改性沥青防水卷材		三元乙丙橡胶防水卷材	聚氯乙烯防水卷材	聚乙烯丙纶复合防水卷材	高分子自粘胶膜防水卷材
		聚酯毡胎体	无胎体				
单层厚度（mm）	≥4	≥3	≥1.5	≥1.5	≥1.5	卷材：≥0.9 粘结料：≥1.3 芯材厚度：≥0.5	≥1.2
双层总厚度（mm）	≥（4+3）	≥（3+3）	≥（1.5+1.5）	≥（1.2+1.2）	≥（1.2+1.2）	卷材：≥（0.7+0.7） 粘结料：≥（1.3+1.3） 芯材厚度：≥0.5	—

阴阳角处应做成圆弧或135°折角，其尺寸视卷材品质而定，在转角处，阴阳角等特殊部位，应增贴1～2层相同的卷材，宽度不宜小于500 mm。

外防水的卷材防水层铺贴方法，按其与地下防水结构施工的先后顺序分为外贴法和内贴法两种。

1）外贴法。在地下建筑墙体做好后，直接将卷材防水层铺贴在墙上，然后砌筑保护墙（图 3—97）。其施工程序是：首先浇筑需防水结构的底面混凝土垫层；并在垫层上砌筑永久性保护墙，墙下干铺油毡一层，墙高不小于结构底板厚度，另加 200～500 mm；在永久性保护墙上用石灰砂浆砌临时保护墙，墙高为 150 mm×（油毡层数+1）；在永久性保护墙上和垫层上抹 1∶3 水泥砂浆找平层，临时保护墙上用石灰砂浆找平；待找平层基本干燥后，即在其上满涂冷底子油，然后分层铺贴立面和平面卷材防水层，并将顶端临时固定。在铺贴好的卷材表面做好保护层后，再进行需防水结构的底板和墙体施工。需防水结构施工完成后，将临时固定的接槎部位的各层卷材揭开并清理干净，再在此区段的外墙外表面上补抹水泥砂浆找平层，找平层上满涂冷底子油，将卷材分层错槎搭接向上铺贴在结构墙上。卷材接槎的搭接长度，高聚物改性沥青卷材为 150 mm，合成高分子卷材为 100 mm，当使用两层卷材时，卷材应错槎接缝，上层卷材应盖过下层卷材，应及时做好防水层的保护结构。

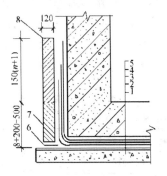

图 3—97　外贴法

1—垫层；2—找平层；3—卷材防水层；4—保护层；5—构筑物；6—油毡；　7—永久保护墙；8—临时性保护墙

2）内贴法。在地下建筑墙体施工前先砌筑保护墙，然后将卷材防水层铺贴在保护墙上，最后施工并浇筑地下建筑墙体（图 3—98）。其施工程序是：先在垫层上砌筑永久保护墙，然后在垫层及保护墙上抹 1∶3 水泥砂浆找平层，待其基本干燥后满涂冷底子油，沿保护墙与垫层铺贴防水层。卷材防水层铺贴完成后，在立面防水层上涂刷最后一层沥青胶时，趁热粘上干净的热砂或散麻丝，待冷却后，随即抹一层 10～20 mm 厚 1∶3 水泥砂浆保护层。在平面上可铺设一层 30～50 mm 厚 1∶3 水泥砂浆或细石混凝土保护层。最后进行需防水结构的施工。

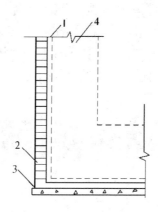

图 3—98　内贴法

1—卷材防水层；2—永久保护墙；3—垫层；4—尚未施工的构筑物

（2）施工要点。

1）铺贴卷材的基层必须牢固、无松动现象；基层表面应平整干净；阴阳角处，均应做成圆弧形或钝角。

2）铺贴卷材前，应在基面上涂刷基层处理剂，当基面较潮湿时，应涂刷湿固化型胶粘剂或潮湿界面隔离剂。基层处理剂应与卷材和胶粘剂的材性相容，基层处理剂可采用喷涂法或涂刷法施工，喷涂应均匀一致，不露底，待表面干燥后，再铺贴卷材。

3）铺贴卷材时，每层的沥青胶，要求涂布均匀，其厚度一般为 1.5～2.5 mm。

4）外贴法铺贴卷材应先铺平面，后铺立面，平、立面交接处应交叉搭接；内贴法宜先铺垂直面，后铺水平面。铺贴垂直面时应先铺转角，后铺大面。墙面铺贴时应待冷底子油干燥后自下而上进行。

5）卷材接槎的搭接长度，高聚物改性沥青卷材为 150 mm，合成高分子卷材为 100 mm，当使用两层卷材时，上下两层和相邻两幅卷材的接缝应错开 1／3～1／2 幅宽，并不得互相垂直铺贴。在立面与平面的转角处，卷材的接缝应留在平面距立面不小于 500 mm 处。在所有转角处均应铺贴附加层并仔细粘贴紧密。

6）粘贴卷材时应展平压实。卷材与基层和各层卷材间必须黏结紧密，搭接缝必须用沥青胶仔细封严。最后一层卷材贴好后，应在其表面均匀涂刷一层 1～1.5 mm 的热沥青胶，以保护防水层。

7）铺贴高聚物改性沥青卷材应采用热熔法施工，在幅宽内卷材底表面均匀加热，不可过分加热或烧穿卷材，只使卷材的粘接面材料加热呈熔融状态后，立即与基层或已粘贴好的卷材粘接牢固，但对厚度小于 3 mm 的高聚物改青沥青防水卷材不能采用热熔法施工。

8）铺贴合成高分子卷材要采用冷粘法施工，所使用的胶粘剂必须与卷材材性相容。

9）如用模板代替临时性保护墙时，应在其上涂刷隔离剂。从底面折向立面的卷材与永久性保护墙的接触部位，应采用空铺法施工，与临时性保护墙或围护结构模板接触的部位，应临时贴附在该墙上或模板上，卷材铺好后，其顶端应临时固定。当不设保护墙时，从底面折向立面的卷材的接茬部位应采取可靠的保护措施。

第 4 讲　地下工程防水细部构造施工

一、变形缝

（1）地下结构物的变形缝是防水工程的薄弱环节，防水处理比较复杂。如处理不当会引起渗漏现象，从而直接影响地下工程的正常使用和寿命。为此，在选用材料、作法及结构形式上，应考虑变形缝处的沉降、伸缩的可变性，并且还应保证其在形态中的密闭性，即不产生渗漏水现象。用于伸缩的变形缝宜不设或少设，可根据不同的工程结构，类别及工程地质情况采用诱导缝、加强带、后浇带等替代措施。用于沉降的变形缝宽度宜为 20～30 mm，用于伸缩的变形缝宽度宜小于此值，变形缝处混凝土结构的厚度不应小于 300 mm。

（2）对止水材料的基本要求是：适应变形能力强；防水性能好；耐久性高；与混凝土黏结牢固等。防水混凝土结构的变形缝、后浇带等细部构造应采用止水带、遇水膨胀橡胶腻子止水条等高分子防水材料和接缝密封材料。

（3）常见的变形缝止水带材料有：橡胶止水带、塑料止水带、氯丁橡胶止水带和金属止水带（如镀锌钢板等）。其中，橡胶止水带与塑料止水带的柔性、适应变形能力与防水性能都比较好，是目前变形缝常用的止水材料；氯丁橡胶止水带是一种新型止水材料，具有施工简便、防水效果好、造价低且易修补的特点；金属止水带一般仅用于高温环境条件下无法采用橡胶止水带或塑料止水带的场合。金属止水带的适应变形能力差，制作困难。

对环境温度高于 50℃处的变形缝，可采用 2 mm 厚的紫铜片或 3 mm 厚不锈钢金属止水带，在不受水压的地下室防水工程中，结构变形缝可采用加防腐掺和料的沥青浸过的松散纤维材料，软质板材等填塞严密，并用封缝材料严密封缝。

（4）墙的变形缝的填嵌应按施工进度逐段进行，每 300～500 mm 高填缝一次，缝宽不小于 30 mm。

1）不受水压的卷材防水层，在变形缝处应加铺两层抗拉强度高的卷材。

2）在受水压的地下防水工程中，温度经常低于 50℃，在不受强氧化作用时，变形缝宜采用橡胶或塑料止水带；当有油类侵蚀时，应选用相应的耐油橡胶或塑料止水带。

3）止水带应整条，如必须接长，应采用焊接或胶接，止水带的接缝宜为一处，应设在边墙较高位置上，不得设在结构转角处。

4）止水带埋设位置应准确，其中间空心圆环与变形缝的中心线应重合。

5）止水带应妥善固定，顶、底板内止水带应成盆状安设，宜采用专用钢筋套或扁钢固定，止水带不得穿孔或用铁钉固定，损坏处应修补，止水带应固定牢固、平直，不能有扭曲现象。

6）止水带的构造形式通常有埋入式、可卸式、粘贴式等，目前采用较多的是埋入式。根据防水设计的要求，有时在同一变形缝处，可采用数层、数种止水带的构造形式。图 3—99 是埋入式橡胶（或塑料）止水带的构造图，图 3—100、图 3—101 分别是可卸式止水带和粘贴式止水带的构造图。

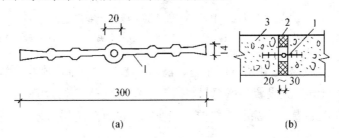

图 3—99 埋入式橡胶（或塑料）止水带的构造

（a）橡胶止水带；（b）变形缝构造

1—止水带；2—沥青麻丝；3—构筑物

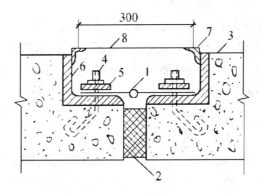

图 3—100 可卸式橡胶止水带变形构造

1—橡胶止水带；2—沥青麻丝；3—构筑物；4—螺栓；5—钢压条；6—角钢；7—支撑角钢；8—钢盖板

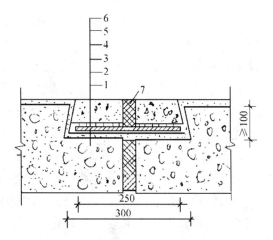

图 3—101　粘贴式氯丁橡胶板变形缝构造

1—构筑物；2—刚性防水层；3—胶粘剂；4—氯丁胶板；5—素灰层；6—细石混凝土覆盖层；7—沥青麻丝

（5）变形缝接缝处两侧应平整、清洁、无渗水，并涂刷与嵌缝材料相容的基层处理剂，嵌缝应先设置与嵌缝材料隔离的背衬材料，并嵌填密实，与两侧黏结牢固，在缝上粘贴卷材或涂刷涂料前，应在缝上设置隔离层后才能进行施工。

二、后浇带

后浇带（也称后浇缝）是对不允许留设变形缝的防水混凝土结构工程（如大型设备基础等）采用的一种刚性接缝。

（1）防水混凝土基础后浇缝留设的位置及宽度应符合设计要求。其断面形式可留成平直缝或阶梯缝，但结构钢筋不能断开；如必须断开，则主筋搭接长度应大于 45 倍主筋直径，并应按设计要求加设附加钢筋。留缝时应采取支模或固定钢板网等措施，保证留缝位置准确、断口垂直、边缘混凝土密实。后浇带需超前止水时，后浇带部位混凝土应局部加厚，并增设外贴式或埋入式止水带。留缝后要注意保护，防止边缘毁坏或缝内进入垃圾杂物。

（2）后浇带的混凝土施工，应在其两侧混凝土浇筑完毕并养护六个星期，待混凝土收缩变形基本稳定后再进行。但高层建筑的后浇带应在结构顶板浇筑混凝土 14d 后，再施工后浇带。浇筑前应将接缝处混凝土表面凿毛并清洗干净，保持湿润。

浇筑的混凝土应优先选用补偿收缩的混凝土，其强度等级不得低于两侧混凝土的强度等级；施工期的温度应低于两侧混凝土施工时的温度，而且宜选择在气温较低的季节施工。浇筑后的混凝土养护时间不应少于 28d。

第5讲　卷材防水屋面工程施工

一、屋面找平层施工

（1）水泥砂浆找平层。

1）清理基层。将结构层、保温层表面松散的水泥浆、灰渣等杂物清理干净。

2）封堵管根。在进行大面积找平层施工之前，应先将突出屋面的管根、屋面暖沟墙根部、变形缝、烟囱等处封堵处理好。突出屋面结构（如女儿墙、山墙、天窗壁、变形缝、烟囱等）的交接处和基层的转角处，找平层均应做成圆弧形，圆弧半径应符合表3-21的要求。内部排水的水落口周围，找平层应做成略低的凹坑。

表 3-21　转角处找平层圆弧半径

卷 材 种 类	圆弧半径/mm
沥青防水卷材	100 ~ 150
高聚物改性沥青防水卷材	50
合成高分子防水卷材	20

3）弹标高坡度线。根据测量所放的控制线，定点、找坡,然后拉挂屋脊线、分水线、排水坡度线。

4）贴饼充筋。根据坡度要求拉线找坡贴灰饼，灰饼间距以 1～2 m 为宜，顺排水方向冲筋，冲筋的间距为 1～2 m。在排水沟、雨水口处先找出泛水，冲筋后进行找平层抹灰。

5）铺找平层。找平层施工前，应适当洒水湿润基层表面，以无明水、阴干为宜。如找平层的基层采用加气板块等预制保温层时，应先将板底垫实找平，不易填塞的立缝、边角破损处，宜用同类保温板块的碎块填实填平。找平层宜设分格缝，并嵌填密封材料。分格缝应留设在屋脊、板端缝处，其纵横缝的最大间距不宜大于 6 m。

6）抹面层、压光。第一遍抹压：天沟、拐角、根部等处应在大面积抹灰前先做，有坡度要求的必须做好，以满足排水要求。大面积抹灰是在两筋中间铺砂浆（配合比应按设计要求），用抹子摊平，然后用刮杠刮平。用铁抹子轻轻抹压一遍，直到出浆为止。砂浆的稠度应控制在 70 mm 左右；第二遍抹压：当面层砂浆初凝后，走人有脚印但面层不下陷时，用铁抹子进行第二遍抹压，将凹坑、砂眼填实抹平；第三遍抹压：当面层砂浆终凝前，用铁抹子压光无抹痕时，应用铁抹子进行第三遍压光，此遍应用力抹压，将所有抹纹压平，使面层表面密实光洁。

7）养护。面层抹压完即进行覆盖并洒水养护，每天洒水不少于 2 次，养护时间一般不少于 7 天。

（2）沥青砂浆找平层。

1）清理基层、封堵管根、弹标高坡度线、贴饼充筋：同水泥砂浆找平层做法。

2）配制冷底子油。配合比（质量比）见表 3—22。将沥青加热熔化，使其脱水不再起泡为止。再将熔好的沥青按配量倒入桶中，待其冷却。如加入快挥发性溶剂，沥青温度一般不超过 110℃，如加入慢挥发性溶剂，温度一般不超过 140℃；达到上述温度后，将沥青成细流状缓慢注入一定配合量的溶剂中，并不停地搅拌，直到沥青加完，溶解均匀为止。

表 3—22　冷底子油配合比参考表

石油沥青/（%）	溶　　剂	
	轻柴油或煤油/（%）	汽油/（%）
40	60	—
30	—	70

3）配制沥青砂浆。先将沥青熔化脱水，同时将中砂和粉料按配合比要求拌和均匀，预热烘干至 120~140℃，然后将熔化的沥青按计量倒入拌和盘上与砂和粉料均匀拌和，并继续加热至要求温度，但不使升温过高，防止沥青碳化变质。沥青砂浆施工的温度要求，见表 3—23。

表 3—23　沥青砂浆施工的温度要求

室外温度/℃	沥青砂浆温度/℃		
	拌制	开始碾压时	碾压完毕
+5 以上	140~170	90~100	60
−10~+5	160~180	110~130	40

4）刷冷底子油。基层清理干净后，应满涂冷底子油 2 道，涂刷均匀，作为沥青砂浆找平层的结合层。

5）铺找平层。冷底子油干燥后，按照坡度控制线铺设沥青砂浆，虚铺砂浆厚度应为压实厚度的 1.3~1.4 倍，分格缝一般以板的支撑点为界。砂浆刮平后，用火辊滚压（夏天温度较高时，辊内可不生火）至平整、密实、表面无蜂窝、看不出压痕时为止。滚筒应保持清洁，表面可刷柴油，根部及边角滚压不到之处，可用烙铁烫平压实，以不出现压痕为好。施工缝宜留成斜槎，在继续施工时，将接缝处清理干净，并刷热沥青一道，接着铺沥青砂浆，铺后用火辊或烙铁烫平。分格缝留设的间距一般不大于 4 m，缝宽一般为 20 mm，如兼作排气屋面的排气道时，可适当加宽，并与保温层连通。分格缝应附加 200~300 mm 宽的油毡，并用沥青胶结材料单边粘贴覆盖。铺完的沥青砂浆找平层如有缺陷，应挖除并清理干净后涂一层热沥青，及时填满沥青砂浆并压实。

（3）细石混凝土找平层。

1）清理基层、封堵管根、弹标高坡度线、贴饼充筋：同水泥砂浆找平层做法。

2）细石混凝土搅拌：细石混凝土的强度等级应按设计要求试配，坍落度为 40～60 mm。如设计无要求时，不应小于 C20。

3）铺找平层。将搅拌好的细石混凝土铺抹到屋面保温层上，若无保温层时，应在基层涂刷水泥浆结合层，并随刷随铺，凹处用同配合比混凝土填平，然后用滚筒（常用的为直径 200 mm、长度为 600 mm 的混凝土或铁制滚筒）滚压密实，直到面层出现泌水后，再均匀撒一层 1∶1 干拌水泥砂拌和料（砂要过 3 mm 筛），再用刮杠刮平。当面层干料吸水后，用木抹子用力搓打、抹平，将干水泥砂拌和料与细石混凝土的浆混合，使面层结合紧密。表面找平、压光同水泥砂浆做法。

基层与突出屋面构筑物的连接处，以及基层转角处的找平层应做成半径为 100～150 mm 的圆弧形或钝角。根据卷材种类不同，其圆弧半径应符合表 7-5 的要求；排水沟找坡应以两排水口距离的中间点为分水线放坡抹平，纵向排水坡度不应小于 1%，最低点应对准排水口。排水口与水落管的落水口连接应平滑、顺畅，不得有积水，并应用柔性防水密封材料嵌填密封；找平层与檐口、排水口、沟脊等相连接的转角，应抹成光滑一致的圆弧形。

4）养护。同水泥砂浆找平层做法。

二、屋面保温层施工

（1）清理基层。预制或现浇混凝土基层应平整、干燥和干净。

（2）弹线找坡、分仓。按设计坡度及流水方向，找出屋面坡度走向，确定保温层的厚度范围。保温层设置排汽道时，按设计要求弹出分格线来。

（3）管根固定。穿过屋面和女儿墙等结构的管道根部，应用细石混凝土填塞密实，做好转角处理，将管根部固定。

（4）铺设隔汽层。有隔汽层的屋面，按设计要求选用气密性好的防水卷材或防水涂料作隔汽层，隔汽层应沿墙面向上铺设，并与屋面的防水层相连接，形成封闭的整体。

（5）保温层铺设。

1）铺设板状保温层。干铺加气混凝土板、泡沫混凝土板块、蛭石混凝土块或聚苯板块等保温材料，应找平拉线铺设。铺前先将接触面清扫干净，板块应紧密铺设、铺平、垫稳。分层铺设的板块，其上下两层应错开；各层板块间的缝隙，应用同类材料的碎屑填密实，表面应与相邻两板高度一致。一般在块状保温层上用松散湿料做找坡保温板缺棱掉角，可用同类材料的碎块嵌补，用同类材料的粉料加适量水泥填嵌缝隙板块状保温材料用黏结材料平粘在屋面基层上时，一般用水泥、石灰混合砂浆，并用保温灰浆填实板缝、勾缝，保温灰浆配合比为 1∶1∶10（水泥∶石灰膏∶同类保温材料的碎粒，体积比），聚苯板材料应用沥青胶结料粘贴。

2）铺设整体保温层。沥青膨胀蛭石、沥青膨胀珍珠岩宜用机械搅拌，并应色泽一致，无沥青团；压实程度根据试验确定，其厚度应符合设计要求，表面平整。硬质聚氨酯泡沫塑料应按配合比准确计量，发泡厚度均匀一致。施工环境气温宜为15～30℃，风力不宜大于三级，相对湿度宜小于 85%。整体保温层应分层分段铺设，虚铺厚度应经试验确定，一般为设计厚度的1.3倍，经压实后达到设计要求的厚度。铺设保温层时，由一端向另一端退铺，用平板式振捣器振实或用木抹子拍实，表面抹平，做成粗糙面，以利与上部找平层结合。压实后的保温层表面，应及时铺抹找平层并保湿养护不少于 7 天。

3）保温层的构造应符合下列规定：

①保温层设置在防水层上部时宜做保护层，保温层设置在防水层下部时应做找平层。

②水泥膨胀珍珠岩及水泥膨胀蛭石不宜用于整体封闭式保温层；当需要采用时，应做排汽道。排汽道应纵横贯通，并应与大气连通的排汽孔相通。排气孔的数量应根据基层的潮湿程度和屋面构造确定，屋面面积每 36 m² 宜设置一个。排气孔应做好防水处理。

③当排气孔采用金属管时，其排气管应设置在结构层上，并有牢固的固定措施，穿过保温层及排汽道的管壁应打排气孔。

④屋面坡度较大时，保温层应采取防滑措施。

⑤倒置式屋面保温屋应采取吸水率低且长期浸水不腐烂的保温材料。

3.卷材防水层施工

（1）卷材防水施工方法和适用范围。卷材防水目前常见的施工类别有热施工工艺、冷施工工艺、机械固定工艺三大类。每一种施工工艺又有若干不同的施工方法，各种不同的施工方法又各有其不同的适用范围。因此，施工时应根据不同的设计要求、材料情况、工程具体做法等选定合适的施工方法。卷材防水的施工方法和适用范围可参考表 3－24。

表 3—24　卷材防水施工方法和适用范围

工艺类别	名　称	做　　法	适用范围
热施工工艺	热熔法	采用火焰加热器熔化热熔型防水卷材底部的热熔胶进行黏结的方法	有底层热熔胶的高聚物改性沥青防水卷材
	热风焊接法	采用热空气焊枪加热防水卷材搭接缝进行黏结的方法	合成高分子防水卷材搭接缝焊接
冷施工工艺	冷玛蹄脂粘贴法	采用工艺配置好的冷用沥青胶结材料,施工时不需加热,直接涂刮后粘贴油毡	石油沥青油毡三毡四油(二毡三油)叠层铺贴
	冷粘法	采用胶粘剂进行卷材与基层、卷材与卷材的黏结,而不需要加热的施工方法	合成高分子防水卷材
	冷粘法	采用胶粘剂进行卷材与基层、卷材与卷材的黏结,而不需要加热的施工方法	合成高分子防水卷材
	自粘法	采用带有自粘胶的防水卷材,不用热施工,也不需涂刷胶结材料,而直接进行黏结的方法	带有自粘胶的合成高分子防水卷材及高聚物改性沥青防水卷材
机械固定工艺	机械钉压法	采用镀锌钢钉或铜钉等固定卷材防水层的施工方法	多用于木基层上铺设高聚物改性沥青防水卷材
	压埋法	卷材与基层大部分不黏结,上面采用卵石等压埋,但搭接缝及周边要全粘	用于空铺法、倒置式屋面

（2）卷材防水层的铺贴方法和技术要求。

1）卷材防水层的铺贴方法。卷材防水层的铺贴方法有满粘法、空铺法、点粘法和条粘法四种，其具体做法、优缺点和适用条件如下。

①满粘法。满粘法又叫全粘法，即在铺贴防水卷材时，卷材与基层采用全部黏结的施工方法。

②空铺法。空铺法是指铺贴防水卷材时，卷材与基层仅在四周一定宽度内粘贴，黏结面积不少于 1/3 的施工方法。铺贴时，应在檐口、屋脊和屋面的转角处及突出屋面的连接处，卷材与找平层应满涂玛蹄脂黏结，其黏结宽度不得小于 80 mm，卷材与卷材的搭接缝应满粘，叠层铺设时，卷材与卷材之间应满粘。

空铺法可使卷材与基层之间互不黏结，减少了基层变形对防水层的影响，有利于解决防水层开裂、起鼓等问题；但是对于叠层铺设的防水层由于减少了一油，降低了防水功能，如一旦渗漏，不容易找到漏点。

空铺法适用于基层湿度过大、找平层的水蒸气难以由排汽道排入大气的屋面，或用于埋压法施工的屋面。在沿海大风地区，应慎用，以防被大风掀起。

③条粘法。条粘法是指铺贴卷材时，卷材与基层采用条状黏结的施工方法。每幅卷材与基层的黏结面不得少于两条，每条宽度不应少于 150 mm。每幅卷材与卷材的搭接缝应满粘，当采用叠层铺贴时，卷材与卷材间应满粘。

这种铺贴方法，由于卷材与基层在一定宽度内不黏结，增大了防水层适应基层变形的能力，有利于解决卷材屋面的开裂、起鼓，但这种铺贴方法，操作比较复杂，且部分地方减少了一油，降低了防水功能。

条粘法适用于采用留槽排汽不能可靠地解决卷材防水层开裂和起鼓的无保温层屋面，或者温差较大，而基层又十分潮湿的排汽屋面。

④点粘法。点粘法是指铺贴防水卷材时，卷材与基层采用点状黏结的施工方法。要求每平方米面积内至少有 5 个黏结点，每点面积不小于 100×100 mm，卷材与卷材搭接缝应满粘。当第一层采用打孔卷材时，也属于点粘法。防水层周边一定范围内也应与基层满粘牢固。点粘的面积，必要时应根据当地风力大小经计算后确定。

点粘法铺贴，增大了防水层适应基层变形的能力，有利于解决防水层开裂、起鼓等问题，但操作比较复杂，当第一层采用打孔卷材时，施工虽然方便，但仅可用于石油沥青三毡四油叠层铺贴工艺。

点粘法适用于采用留槽排汽不能可靠地解决卷材防水层开裂和起鼓的无保温层屋面，或者温差较大，而基层又十分潮湿的排汽屋面。

2）卷材施工顺序和铺贴方向。

①施工顺序。卷材铺贴应遵守"先高后低、先远后近"的施工顺序。即高跨低跨屋面，应先铺高跨屋面，后铺低跨屋面；在等高的大面积屋面，应先铺离上料点较远的部位，后铺较近部位。卷材防水大面积铺贴前，应先做好节点处理，附加层及增强层铺设，以及排水集中部位的处理。如节点部位密封材料的嵌填，分格缝的空铺条以及增强的涂料或卷材层。然后由屋面最低标高处开始，如檐口、天沟部位再向上铺设。尤其在铺设天沟的卷材，宜顺天沟方向铺贴，从水落口处向分水线方向铺贴。

大面积屋面施工时，为了提高工效和加强技术管理，可根据屋面面积的大小，屋面的形状、施工工艺顺序、操作人员的数量、操作熟练程度等因素划分流水施工段，施工段的界线宜设在屋脊、天沟、变形缝等处，然后根据操作要求和运输安排，再确定各施工段的流水施工顺序。

②卷材铺贴方向。屋面防水卷材的铺贴方向应根据屋面坡度和屋面是否受震动来确定，当屋面坡度小于 3% 时，卷材宜平行屋脊铺贴；屋面坡度在 3%～15% 时，卷材平行或垂直于屋脊铺贴；屋面坡度大于 15% 或受震动时，沥青防水卷材应垂直于屋脊铺贴，高聚物改性沥青防水卷材和合成高分子防水卷材可平行或垂直屋脊铺

贴，但上下层卷材不得相互垂直铺贴。

3）卷材搭接宽度要求。卷材搭接视卷材的材性和粘贴工艺分为长边搭接和短边搭接，搭接宽度要求见表 3—25。

表 3—25　卷材搭接宽度　　　　　　　　　　（单位：mm）

铺贴方法　　卷材种类	长边搭接		短边搭接	
	满粘法	空铺、点粘、条粘法	满粘法	空铺、点粘、条粘法
沥青防水卷材	100	150	70	100
高聚物改性沥青防水卷材	80	100	80	100
合成高分子防水卷材　胶粘剂	80	100	80	100
合成高分子防水卷材　胶粘带	50	60	50	60
合成高分子防水卷材　单缝焊	60，有效焊接宽度不小于 25			
合成高分子防水卷材　双缝焊	80，有效焊接宽度 10×2＋空腔宽			

（3）改性沥青防水卷材施工。改性沥青防水卷材的施工方法有热熔法、冷粘法、冷粘法加热熔法、热沥青黏结法等，目前使用较多的是热熔法和冷粘法施工。

改性沥青防水卷材施工前，对基层的要求与处理方法和沥青基防水卷材一样，主要是检查找平层的质量和基层含水率。改性沥青防水卷材每平方米屋面铺设一层时需卷材 1.15～1.2 m²。

1）热熔法施工。施工时在找平层上先刷一层基层处理剂，用改性沥青防水涂料稀释后涂刷较好，也可以用冷底子油或乳化沥青。找平层表面全部要涂黑，以增强卷材与基层的黏结力。

对于无保温层的装配式屋面，为避免结构变形将卷材拉裂，在板缝或分格缝处 300 mm 内，卷材应空铺或点粘，缝的两侧 150 mm 不要刷基层处理剂，也可以干铺一层油毡作隔离层。

基层处理剂干燥后，先弹出铺贴基准线，卷材的搭接宽度按表 7-9 执行。

改性沥青卷材屋面防水往往只做一层，所以施工时要特别细心。尤其是节点及复杂部位、卷材与卷材的连接处一定要做好，才能保证不渗漏。大面积铺贴前应先在水落口、管道根部、天沟部位做附加层，附加层可以用卷材剪成合适的形状贴入水落口或管道根部，也可以用改性沥青防水涂料加玻纤布处理这些部位。屋面上的天沟往往因雨较大或排水不畅造成积水，所以天沟是屋面防水中的薄弱处，铺贴在天沟中的卷材接头越少越好，可将整卷卷材顺天沟方向全部满粘，接头粘好后再裁 100 mm 宽的卷材把接头加固。

热熔法施工的关键是掌握好烘烤的温度。温度过低，改性沥青没有融化、黏结不牢；温度过高沥青炭化，甚至烧坏胎体或将卷材烧穿。烘烤温度与火焰的大小、火焰和烘烤面的距离、火焰移动的速度以及气温、卷材的品种等诸多因素有关，要在实践中不断总结积累经验。加热程度控制为热熔胶出现黑色光泽（此时沥青的温度在 200～230℃之间）、发亮并有微泡现象，但不能出现大量气泡。

卷材与卷材搭接时要将上下搭接面同时烘烤，粘合后从搭接边缘要有少量连续的沥青挤出来，如果有中断，说明这一部位没有粘好，要用小扁铲挑起来再烘烤直到沥青挤出来为止。边缘挤出的沥青要随时用小抹子压实。对于铝箔复面的防水卷材烘烤到搭接面时，火焰要放小，防止火焰烤到已铺好的卷材上，损坏铝箔，必要时还可用隔板保护。

热熔法铺贴卷材一般以三人为一组为宜：一人负责烘烤，一人向前推贴卷材，一人负责滚压和收边并负责移动液化气瓶。

铺贴时要让卷材在自然状态下展开，不能强拉硬扯。如发现卷材铺偏了，要裁断再铺，不能强行拉正，以免卷材局部受力造成开裂。

热熔卷材的边沿必须做好，对于没有女儿墙的卷材边沿，可按图 3—102 予以处理。

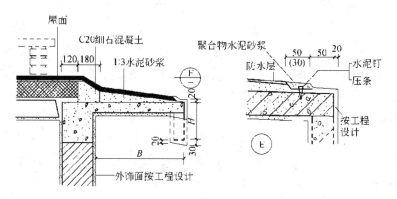

图 3—102 屋面挑檐防水做法（一）

有挑檐的屋面可按图 3—103 所示将卷材包到外沿顶部并用水泥钉、压条固定后再粉刷保护层。有女儿墙的屋面应将卷材压入顶留的凹槽内，再用聚合物水泥砂浆固定。如果是混凝土浇筑的女儿墙没有留出凹槽，应将卷材立面粘牢后，再用水泥钉及压条将卷材沿边沿钉牢，卷材边涂上密封膏（图 3—104）。如果卷材立面要做水泥砂浆保护层，应选用带砂粒或页岩片覆面的卷材。

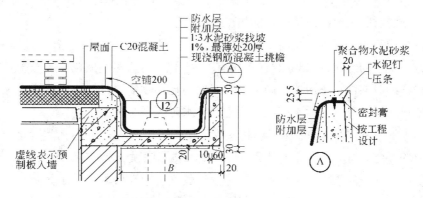

图 3—103　屋面挑檐防水做法（二）

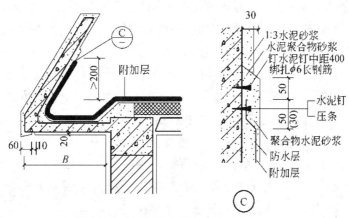

图 3—104　屋面挑檐防水做法（三）

2）冷粘法施工。改性沥青防水卷材在不能用火的地方以及卷材厚度小于 3 mm 时，宜用冷粘法施工。

冷粘法施工质量的关键是胶粘剂的质量。胶粘剂材料要求与沥青相容，剥离强度要大于 8 N/10 mm，耐热度大于 85 ℃。不能用一般的改性沥青防水涂料作胶粘剂，施工前应先做黏结性能试验。冷粘法施工时对基层要求比热熔法更高，基层如不平整或起砂就粘不牢。

冷粘法施工时，应先将粘合剂稀释后在基层上涂刷一层，干燥后即粘贴卷材，不可隔时过久，以免落上灰尘，影响粘贴效果。粘贴时同样先做附加层和复杂部位，然后再大面积粘贴。涂刷胶粘剂时要按卷材长度边涂边贴。涂好后稍晾一会让溶剂挥发掉一部分，然后将卷材贴上。溶剂过多卷材会起鼓。卷材与卷材黏结时更应让溶剂多挥发一些，边贴边用压辊将卷材下的空气排出来。要贴得平展，不能有皱折。有时卷材的边沿并不完全平整，粘贴后边沿会部分翘起来，此时可用重物把边沿压住，过一段时间待粘牢后再将重物去掉。

（4）合成高分子防水卷材施工。

1）卷材冷粘法施工。防水卷材冷粘法操作是指采用胶粘剂进行卷材与基层、卷材与卷材的黏结，而不需要加热施工的方法。

合成高分子防水卷材用冷粘法施工，不仅要求找平层干燥，施工过程中还要尽量减少灰尘的影响，所以卷材在有霜有雾时，也要等霜雾消失找平层干燥后再施工。卷材铺贴时遇雨、雪应停止施工，并及时将已铺贴的卷材周边用胶粘剂封口保护。暑期夜间施工时，当后半夜找平层上有露水时也不能施工。

①涂刷基层处理剂：施工前将验收合格的基层重新清扫干净，以免影响卷材与基层的黏结。基层处理剂一般是用低黏度聚氨酯涂膜防水材料，用长把滚刷蘸满后均匀涂刷在基层表面，不得见白露底，待胶完全干燥后即可进行下一工序的施工。

②复杂部位增强处理：对于阴阳角、水落口、通汽孔的根部等复杂部位，应先用聚氨酯涂膜防水材料或常温自硫化的丁基橡胶胶粘带进行增强处理。

③涂刷基层胶粘剂：先将氯丁橡胶系胶粘剂（或其他基层胶粘剂）的铁桶打开，用手持电动搅拌器搅拌均匀，即可涂刷基层胶粘剂

a. 在卷材表面上涂刷：先将卷材展开摊铺在平整、干净的基层上（靠近铺贴位置），用长柄滚刷蘸满胶粘剂，均匀涂刷在卷材的背面，不要刷得太薄而露底，也不得涂刷过多而聚胶。还应注意，在搭接缝部位处不得涂刷胶粘剂，此部位留作涂刷接缝胶粘剂用。涂刷胶粘剂后，经静置 10～20 min，待指触基本不粘手时，即可将卷材用纸筒芯卷好，就可进行铺贴。打卷时，要防止砂粒、尘土等异物混入。应该指出，有些卷材如 LYX-603 氯化聚乙烯防水卷材，在涂刷胶粘剂后立即可以铺贴。因此，在施工前要认真阅读厂家的产品说明书。

b. 在基层表面上涂刷：用长柄滚刷蘸满胶粘剂，均匀涂刷在基层处理剂已基本干燥和洁净的表面上。涂刷时要均匀，切忌在一处反复涂刷，以免将底胶"咬起"。涂刷后，经过干燥 10～20 min，指触基本不粘手时，即可铺贴卷材。

④铺贴卷材：操作时，几个人将刷好基层胶粘剂的卷材抬起，翻过来，将一端粘贴在预定部位，然后沿着基准线铺展卷材。铺展时，对卷材不要拉得过紧，而要在合适的状态下，每隔 1 m 左右对准基准线粘贴一下，以此顺序对线铺贴卷材。平面与立面相连的卷材，应由下开始向上铺贴，并使卷材紧贴阴面压实。

⑤排除空气和滚压：每当铺完一卷卷材后，应立即用松软的长把滚刷从卷材的一端开始朝卷材的横向顺序用力滚压一遍，彻底排除卷材与基层间的空气。排除空气后，卷材平面部位可用外包橡胶的大压辊滚压，使其黏结牢固。滚压时，应从中间向两侧移动，做到排气彻底。如有不能排除的气泡，也不要割破卷材排气，可用注射用的针头，扎入气泡处，排除空气后，用密封胶将针眼封闭，以免影响整体防水效果和美观。

⑥卷材接缝黏结：搭接缝是卷材防水工程的薄弱环节，必须精心施工。施工时，首先在搭接部位的上表面，顺边每隔 0.5～1 m 处涂刷少量接缝胶粘剂，待其基本

干燥后，将搭接部位的卷材翻开，先做临时固定。然后将配置好的接缝胶粘剂用油漆刷均匀涂刷在翻开的卷材搭接缝的两个黏结面上，涂胶量一般以 $0.4\sim0.6\ kg/m^2$ 为宜。干燥 $20\sim30$ 分钟指触手感不粘时，即可进行粘贴。粘贴时应从一端开始，一边粘贴一边驱除空气，粘贴后要及时用手持压辊按顺序认真地滚压一遍，接缝处不允许有气泡或皱折存在。遇到三层重叠的接缝处，必须填充密封膏进行封闭，否则将成为渗水路线。

⑦卷材末端收头处理：为了防止卷材末端收头和搭接缝边缘的剥落或渗漏，该部位必须用单组分氯磺化聚乙烯或聚氨酯密封膏封闭严密，并在末端收头处用掺有水泥用量20%108胶的水泥砂浆进行压缝处理。常见的几种末端收头处理如图3—105 所示。

防水层完工后应做蓄水试验，其方法与前述相同。合格后方可按设计要求进行保护层施工。

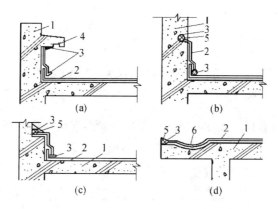

图 3—105　防水卷材末端收头处理

（a）、（b）、（c）屋面与墙面；（d）檐口

1—混凝土或水泥砂浆找平层；2—高分子防水卷材；　3—密封膏嵌填；4—滴水槽；5—108胶水泥砂浆；6—排水沟

2）卷材自粘法施工。卷材自粘法是采用带有自粘胶的一种防水卷材，不需热加工，也不需涂刷胶粘剂，可直接实现防水卷材与基层黏结的一种操作工艺，实际上是冷粘法操作工艺的发展。由于自粘型卷材的胶粘剂与卷材同时在工厂生产成型，因此质量可靠，施工简便、安全；更因自粘型卷材的黏结层较厚，有一定的徐变能力，适应基层变形的能力增强，且胶粘剂与卷材合二为一，同步老化，延长了使用寿命。

自粘法施工可采用满粘法或条粘法。若采用条粘法时，只需在基层上脱离部位上刷一层石灰水，或加铺一层裁剪下来的隔离纸，即可达到隔离的目的。

卷材自粘法施工的操作工艺中，清理基层、涂刷基层处理剂、节点密封等与冷粘法相同。这里仅就卷材铺贴方法作一介绍。

　　①滚铺法。当铺贴大面积卷材时，隔离纸容易撕剥，此时宜采用滚铺法。滚铺法是撕剥隔离纸与铺贴卷材同时进行。施工时不要打开整卷卷材，用一根φ30×1500mm 的钢管穿过卷材中间的纸芯筒，然后由两人各持钢管一端，把卷材抬到待铺位置的开始端，并把卷材向前展开500mm 左右，由一人把开始端的500mm 卷材拉起来，另一人撕剥开此部分的隔离纸，将其折成条形（或撕断已剥部分的隔离纸），随后由另外两人各持钢管一端，把卷材抬起（不要太高），对准已弹好的粉线轻轻摆铺，同时注意长、短方向的搭接，再用手予以压实。待开始端的卷材固定后，撕剥端部隔离纸的工人把折好的隔离纸拉出（如撕断则重新剥开），卷到已用过的包装纸芯筒上，随即缓缓剥开隔离纸，并向前移动，而抬卷材的两人同时沿基准粉线向前滚铺卷材，如图3—106 所示。

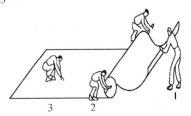

图 3—106　卷材自粘法施工（滚铺法）

1—撕剥隔离纸，并卷到用过的包装纸芯筒上；2—滚铺卷材；3—排气滚压

　　每铺完一幅卷材，即可用长柄滚刷从开始端起彻底排除卷材下面的空气。排完空气后，再用大压辊将卷材压实平整，确保黏结牢固。

　　②抬铺法。当铺部位较复杂，如天沟、泛水、阴阳角或有突出物的基面时，或由于屋面面积较小以及隔离纸不易撕剥（如温度过高、储存保管不好等）时就可采用抬铺法施工。

　　抬铺法是先将要铺贴的卷材剪好，反铺于屋面平面上，待剥去全部隔离纸后，再铺贴卷材。首先应根据屋面形状考虑卷材搭接长度剪裁卷材，其次要认真撕剥隔离纸。撕剥时，已剥开的隔离纸宜与黏结面保持 45°～60° 的锐角，防止拉断隔离纸。另外，剥开的隔离纸要放在合适的地方，防止被风吹到已剥去隔离纸的卷材胶结面上。剥完隔离纸后，使卷材的黏结胶面朝外，把卷材沿长向对折。对折后，分别由两人从卷材的两端配合翻转卷材，翻转时，要一手拎住半幅卷材，另一手缓缓铺放另半幅卷材。在整个铺放过程中，各操作工人要用力均匀，配合默契。待卷材铺贴完成后，应与滚铺法一样，从中间向两边缘处排出空气后，再用压辊滚压，使其黏结牢固。

　　③搭接缝粘贴。自粘型卷材上表面有一层防粘层（聚乙烯薄膜或其他材料），在铺贴卷材前，应将相邻卷材待搭接部位的上表面防粘层先熔化掉，使搭接缝能黏结牢固。操作时用手持汽油喷灯沿搭接粉线熔烧搭接部位的防粘层。卷材搭接应在大面卷材排出空气并压实后进行。

黏结搭接缝时,应掀开搭接部位的卷材,用扁头热风枪加热搭接卷材底面的胶粘剂,并逐渐前移。另一人紧随其后,把加热后的搭接部位卷材马上用棉纱团从里向外予以排气,并抹压平整。最后一人则用手持压辊滚压搭接部位,使搭接缝密实。加热时应注意控制好加热程度,其标准是经过压实后,在搭接边的末端有胶粘剂稍稍外溢为度。

搭接缝粘贴密实后,所有搭接缝均应用密封材料封边,宽度不少于 10 mm,其涂封量可参照材料说明书的有关规定。三层重叠部位的处理方法与卷材冷粘法操作相同。

3) 卷材热风焊接法施工。热风焊接法是采用热空气焊枪进行合成高分子防水卷材搭接粘合的一种操作工艺。目前 PVC 防水卷材的铺贴是采用空铺法,另加点式机械固定或点粘、条粘,细部构造则采用胶粘。

①施工用的主要机具。卷材热风焊接法施工应准备的主要机具有热风焊接机、热风塑料焊枪和小压辊、冲击钻、钩针、油刷、刮板、胶桶、小铁锤等。

②操作要点。

a.基层要求详见卷材防水屋面构造中的有关内容。

b.细部构造:按屋面规范要求施工,附加层的卷材必须与基层黏结牢固。特殊部位如水落口、排气口、上人孔等均可提前预制成型或在现场制作,然后安装黏结牢固。

c.大面铺贴卷材:将卷材垂直于屋脊方向由上至下铺贴平整,搭接部位要求尺寸准确,并应排除卷材下面的空气,不得有皱折现象。采用空铺法铺贴卷材时,在大面积上(每 m² 有 5 个点采用胶粘剂与基层固定,每点胶粘面积约 400 cm²)以及檐口、屋脊和屋面的转角处及突出屋面的连接处(宽度不小于 800 mm)均应用胶粘剂,将卷材与基层固定。

d.搭接缝焊接:卷材长短边搭接缝宽度均 50 mm,可采用单道式或双道式焊接,如图 3—107 所示。焊接前应先将复合无纺布清除,必要时还需用溶剂擦洗;焊接时,焊枪喷出的温度应使卷材热熔后,小压辊能压出熔浆为准,为了保证焊接后卷材表面平整,应先焊长边搭接缝,后焊短边搭接缝。

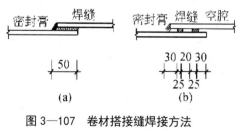

图 3—107　卷材搭接缝焊接方法

(a) 单道缝;(b) 双道缝

e.焊缝检查:如采用双道焊缝,可用 5 号注射针与压力表相接,将钩针扎于两个焊缝的中间，再用打气筒进行充气。当压力表达到 0.15 MPa 时应停止充气，如保持压力时间不少于 1 分钟，则说明焊接良好；如压力下降，说明有未焊好的地方。这时可用肥皂水涂在焊缝上，若有气泡出现，则应在该处重新用焊枪或电烙铁补焊直到检查不漏气为止。另外，每工作班、每台热压焊接机均应取 1 处试样检查，以便改进操作。

f. 机械固定：如不采用胶粘剂固定卷材，则应采用机械固定法。机械固定需沿卷材之间的焊缝进行，间隔 600～900 mm 用冲击钻将卷材与基层钻眼，埋入 φ60 的塑料膨胀塞，加垫片用自攻螺丝固定，然后在固定点上用 φ100～φ150 卷材焊接，并将该点密封。也可将上述固定点放在下层卷材的焊缝边，再在上层与下层卷材焊接时将固定点包焊在内部。

g. 卷材收头：卷材全部铺贴完毕经试水合格后，收头部位可用铝条（2.5 mm×25 mm）加钉固定，并用密封膏封闭。如有留槽部位，也可将卷材弯入槽内，加点固定后，再用密封膏封闭，最后用水泥砂浆抹平封死。

第6讲 涂膜防水屋面工程施工

一、涂膜防水层施工方法及适用范围

涂膜防水层的施工方法和各种施工方法的适用范围见表 3—26。

二、施工工艺要点

（1）基层清理。基层验收合格，表面尘土、杂物清理干净并应干燥。

（2）涂刷基层处理剂。待基层清理洁净后，即可满涂一道基层处理剂，可用刷子用力薄涂，使基层处理剂进入毛细孔和微缝中，也可用机械喷涂。涂刷均匀一致，不漏底。基层处理剂常用涂膜防水材料稀释后使用，其配合比应根据不同防水材料按产品说明书的要求配置，溶剂型涂料可用溶剂稀释，乳液型涂料可用软水稀释。

表 3—26　涂膜防水层施工方法和适用范围

施工方法	具 体 做 法	适 用 范 围
抹压法	涂料用刮板刮平后,待其表面收水而尚未结膜时,再用铁抹子压实抹光	用于流平性差的沥青基厚质防水涂膜施工
涂刷法	用棕刷、长柄刷、圆滚刷蘸防水涂料进行涂刷	用于涂刷立面防水层和节点部位细部处理
涂刮法	用胶皮刮板涂布防水涂料,先将防水涂料倒在基层上,用刮板来回涂刮,使其厚薄均匀	用于黏度较大的高聚物改性沥青防水涂料和合成高分子防水涂料在大面积上的施工
机械喷涂法	将防水涂料倒入设备内,通过喷枪将防水涂料均匀喷出	用于黏度较小的高聚物改性沥青防水涂料和合成高分子防水涂料的大面积施工

（3）铺设有胎体增强材料的附加层。按设计和防水细部构造要求,在天沟、檐沟与屋面交接处、女儿墙、变形缝两侧墙体根部等易开裂的部位,铺设一层或多层带有胎体增强材料的附加层。

（4）涂膜防水层必须由两层以上涂层组成,每涂层应刷二遍到三遍,达到分层施工,多道薄涂。其总厚度必须达到设计要求。

（5）双组分涂料必须按产品说明书规定的配合比准确计量,搅拌均匀,已配成的双组分涂料必须在规定的时间内用完。配料时允许加入适量的稀释剂、缓凝剂或促凝剂来调节固化时间,但不得混入已固化的涂料。

（6）由于防水涂料品种多,成分复杂,为准确控制每道涂层厚度、干燥时间、黏结性能等,在施工前均应经试验确定。

（7）涂刷防水层。

1）涂布顺序:当遇有高低跨屋面时,一般先涂布高跨屋面,后涂布低跨屋面,在相同高度大面积屋面上施工,应合理划分施工段,分段尽量安排在变形缝处,在每一段中应先涂布较远的部位,后涂布较近的屋面;先涂布立面,后涂布平面;先涂布排水比较集中的水落口、天沟、檐口,再往上涂屋脊、天窗等。

2）纯涂层涂布一般应由屋面标高最低处顺脊方向施工,并根据设计厚度,分层分遍涂布,待先涂的涂层干燥成膜后,方可涂布后一道涂布层,其操作要点如下。

①用棕刷蘸胶先涂立面,要求多道薄涂,均匀一致、表面平整,不得有流淌堆积现象,待第一遍涂层干燥成膜后,再涂第二遍,直至达到规定的厚度。

②待立面涂层干燥后,应从水落口、天沟、檐口部位开始,屋面大面积涂布施工时,可用毛刷、长柄棕刷、胶皮刮板刮刷涂布,每一层宜分两遍涂刷,每遍的厚度应按试验确定的 1 m^2 涂料用量控制。

③施工时应从檐口向屋脊部位边涂边退，涂膜厚度应均匀一致，表面平整，不起泡，无针孔。当第一遍涂膜干燥后，经专人检查合格，清扫干净后，可涂刷第二遍。

④施工时，应与第一遍涂料涂刷方向相互垂直，以提高防水层的整体性与均匀性，并注意每遍涂层之间的接槎。在每遍涂刷时，应退槎 50～100 mm，接槎时也应超过 50～100 mm，避免搭接处产生渗漏。

其余各涂层均按上述施工方法，直达到设计规定的厚度。

3）夹铺胎体增强材料的施工方法。

①湿铺法：由于防水涂料品种较多，施工方法各异，具体施工方法应根据设计构造层次、材料品种、产品说明书的要求组织施工。现仅以二布六涂为例，即底涂分两遍完成，在涂第二遍涂料时趁湿铺贴胎体材料；加筋涂层也分两遍完成，在涂布第四遍涂料时趁湿铺贴胎体材料；面涂层涂刷两遍，共六遍成活，也就是通常所说的二布六涂（胶），其湿铺法操作要点如下。

a. 基层及附加层按设计及标准施工完毕，并经检查验收合格。

b. 根据设计要求，在整个屋面上涂刷第一遍涂料。

c. 在第一遍涂料干燥后，即可从天沟、檐口开始，分条涂刷第二遍涂料，每条宽度应与胎体材料宽度一致，一般应弹线控制，在涂刷第二遍涂料后，趁湿随即铺贴第一层胎体增强材料，铺时先将一端粘牢，然后将胎体材料展开平铺或紧随涂布涂料的后面向前方推滚铺贴，并将胎体材料两边每隔 1m 左右用剪刀剪一长 30 mm 的小口，以利铺贴平整。

d. 铺贴时不得用力拉伸，否则成膜后产生一较大收缩，易于脱开、错动、翘边或拉裂；但过松也会产生皱折，胎体材料铺胎后，立即用滚动刷由中部向两边来回依次向前滚压平整，排除空气，并使防水涂料渗出胎体表面，使其贴牢，不得有起皱和粘贴不牢的现象，凡有起皱现象应剪开贴平。如发现表面露白或空鼓说明涂料不足，应在表面补刷，使其渗透胎体与底基粘牢，胎体增强材料的搭接应符合设计及标准的要求。

e. 待第二遍涂料干燥并经检查合格，即可按涂刷第一遍涂料的要求，对整个屋面涂刷第三遍涂料。待第三遍涂料干燥后，即可按涂刷第二遍涂料的方法，涂刷第四遍涂料，铺贴第二层胎体增强材料。

f. 按上述方法依次涂刷面层第五遍、第六遍涂料。

②干铺法：涂膜中夹铺胎体增强材料也可采用干铺法。操作时仅第二遍、第四遍涂料干燥后，干铺胎体增强材料，再分别涂刷第三遍和第五遍涂料，并使涂料渗透胎体增强材料，与底层涂料牢固结合，其他各涂层施工与湿铺法相同。

③空铺法：涂膜防水屋面，还可采用空铺法，为提高涂膜防水层适应基层变形的能力或作排汽屋面时，可在基层上涂刷两道浓石灰浆等作隔离剂，也可直接在胎

体上涂刷防水涂料进行空铺，但在天沟、节点及屋面周边 800 mm 内应与基层粘牢，其他各涂层的施工与涂膜的湿（干）铺方法相同。

（8）保护层施工。

1）粉片状撒物保护层施工要求：当采用云母、蛭石、细砂等松散材料作保护层时，应筛去粉料。在涂布最后一遍涂料时，随即趁湿撒上覆盖材料，应撒布均匀（可用扫帚轻扫均匀），不得露底，轻拍或辊压粘牢，干燥后清除余料；撒布时应注意风向，不得撒到未涂面层涂料的部位，以免造成污染或产生隔离层，而影响质量。

2）浅色涂料保护层，应在面层涂料完全干燥、验收合格、清扫洁净后及时涂布。施工时，操作人员应站在上风向，从檐口或端头开始依次后退进行涂刷或喷涂，施工要求与涂膜防水相同。

3）水泥砂浆、细石混凝土、板块保护层，均应待涂膜防水层完全干燥后，经淋（蓄）水试验，确保无渗漏后方可施工。

第 7 讲　刚性防水屋面工程施工

刚性防水屋面主要适用于防水等级为Ⅲ级的屋面防水，也可用作Ⅰ、Ⅱ级屋面多道防水设防中的一道防水层；刚性防水层不适用于受较大振动或冲击的建筑屋面。

一、细石混凝土防水层施工

（1）基层处理。浇筑细石混凝土前，须待板缝灌缝细石混凝土达到强度，清理干净，板缝已做密封处理；将屋面结构层、保温层或隔离层上面的松散杂物清除干净，凸出基层上的砂浆、灰渣用凿子凿去，扫净，用水冲洗干净。

（2）细部构造处理。浇筑细石混凝土前，应按设计或技术标准的细部处理要求，先将伸出屋面的管道根部、变形缝、女儿墙、山墙等部位留出缝隙，并用密封材料嵌填；泛水处应铺设卷材或涂膜附加层；变形缝中应填充泡沫塑料，其上填放衬垫材料，并用卷材封盖，顶部应加扣混凝土盖板或金属盖板。

（3）标高、坡度、分格缝弹线。根据设计坡度要求在墙边引测标高点并弹好控制线。根据设计或技术方案弹出分格缝位置线（分格缝宽度不小于 20 mm），分格缝应留在屋面板的支撑端、屋面转折处、防水层与突出屋面结构的交接处。分格缝最大间距 6 m，且每个分格板块以 20～30 m² 为宜。

（4）绑扎钢筋。钢筋网片按设计要求的规格、直径配料，绑扎。搭接长度应大于 250 mm，在同一断面内，接头不得超过钢筋断面的 1/4；钢筋网片在分格缝处应断开；钢筋网应采用砂浆或塑料块垫起至细石混凝土上部，并保证留有 10 mm 的保护层。

（5）洒水湿润。浇混凝土前，应适当洒水湿润基层表面，主要是利于基层与混凝土层的结合，但不可洒水过量。

（6）浇筑混凝土。

1）拉线找坡、贴灰饼：根据弹好的控制线，顺排水方向拉线冲筋，冲筋的间距为 1.5 m 左右，在分格缝位置安装木条，在排水沟、雨水口处找出泛水。

2）混凝土搅拌、运输。防水细石混凝土必须严格按试验设计的配合比计量，各种原材料、外加剂、掺合料等不得随意增减。混凝土应采用机械搅拌。坍落度可控制在 30～50 mm；搅拌时间宜控制在 2.5～3 min。混凝土在运输过程中应防止漏浆和离析；搅拌站搅拌的混凝土运至现场后，其坍落度应符合现场浇筑时规定的坍落度，当有离析现象时必须进行二次搅拌。

3）混凝土浇筑。混凝土的浇筑应按先远后近，先高后低的原则。在湿润过的基层上分仓均匀地铺设混凝土，在一个分仓内可先铺 25 mm 厚混凝土，再将扎好的钢筋提升到上面，然后再铺盖上层混凝土。用平板振捣器振捣密实，用木杠沿两边冲筋标高刮平，并用滚筒来回滚压，直至表面浮浆不再沉落为止；然后用木抹子搓平、提出水泥浆。浇筑混凝土时，每个分格缝板块的混凝土必须一次浇筑完成，不得留施工缝。

4）压光。混凝土稍干后，用铁抹子三遍压光成活，抹压时不得撒干水泥或加水泥浆，并及时取出分格缝和凹槽的木条。头遍拉平、压实，使混凝土均匀密实；待浮水沉失，人踩上去有脚印但不下陷时，再用抹子压第二遍，将表面平整、密实，注意不得漏压，并把砂眼、抹纹抹平，在水泥终凝前，最后一遍用铁抹子同向压光，保证密实美观。

（7）养护。常温下，细石混凝土防水层抹平压实后 12～24 h 可覆盖草袋（垫）、浇水养护（塑料布覆盖养护或涂刷薄膜养生液养护），时间一般不少于 14 d。

（8）分格缝嵌缝。细石混凝土干燥后，即可进行嵌缝施工。嵌缝前应将分格缝中的杂质、污垢清理干净，然后在缝内及两侧刷或喷冷底子油一遍，待干燥后，用油膏嵌缝。

二、密封材料嵌缝

适用于刚性防水屋面分格缝以及天沟、檐沟、泛水、变形缝等细部构造的密封处理。

（1）基层的检查与修补。密封防水施工前，应首先进行接缝尺寸和基面平整性、密封性的检查，符合要求后才能进行下一步操作。如接缝宽度不符合要求，应进行调整；基层出现缺陷时，也可用聚合物水泥砂浆修补。对基层上沾污的灰尘、砂粒、油污等均应做清扫、擦洗；接缝处浮浆可用钢丝刷刷除，然后宜采用高压吹风器吹净。

（2）填塞背衬材料。背衬材料的形状有圆形、方形的棒状或片状，应根据实际需要选定，常用的有泡沫塑料棒或条、油毡等；初衬材料应根据不同密封材料选用。填塞时，圆形的背衬材料应大于接缝宽度 1~2 mm；方形背衬材料应与接缝宽度相同或略大，以保证背衬材料与接缝两侧紧密接触；如果接缝较浅时，可用扁平的片状背衬材料隔离。

（3）涂刷基层处理剂。

1）涂刷基层处理剂前，必须对接缝做全面的严格检查，待全部符合要求后，再涂刷基层处理剂；基层处理剂可采用市购配套材料或密封材料稀释后使用。

2）涂刷基层处理剂应注意以下几点：

①基层处理剂有单组分与双组分之分。双组分的配合比，按产品说明书中的规定执行。当配制双组分基层处理剂时，要考虑有效使用时间内的使用量，不得多配，以免浪费。单组分基层处理剂要摇匀后使用。

②基层处理剂干燥后应立即嵌填密封材料，干燥时间一般为 20~60 min。

③涂刷时，要用大小合适的刷子，使用后用溶剂洗净。涂刷有露白处或涂刷后间隔时间超过 24 h，应重新涂刷一次。

④基层处理剂容器要密封，用后即加盖，以防溶剂挥发。不得使用过期、凝聚的基层处理剂。

（4）密封材料的配制。当采用单组分密封材料时，可按产品说明书直接填嵌或加热塑化后使用；当采用双组分密封材料时，应按产品说明书规定的比例，采用机械或人工搅拌后使用。

（5）嵌填密封材料。密封材料的嵌填操作可分为热灌法和冷嵌法施工。改性石油沥青密封材料常采用热灌法和冷嵌法施工。合成高分子密封材料常用冷嵌法施工。

1）热灌法施工。采用热灌法工艺施工的密封材料需要在现场塑化或加热，使其具有流塑性后使用；热灌法适用于平面接缝的密封处理。

2）冷嵌法施工。冷嵌法施工大多采用手工操作，用腻子刀或刮刀嵌填，较先进的有采用电动或手动嵌缝枪进行嵌填。

（6）固化、养护。已嵌填施工完成的密封材料，应养护 2~3 d，当下一道工序施工时，必须对接缝部位的密封材料采取临时性或永久性的保护措施（如施工现场清扫，找平层、保温隔热层施工时，对已嵌填的密封材料宜用卷材或木板条保护），以防污染及碰损。

（7）保护层施工。接缝直接外露的密封材料上应做保护层，以延长密封防水年限。保护层施工，必须待密封材料表面干燥后才能进行，以免影响密封材料的固化过程及损坏密封防水部位。保护层的施工应根据设计要求进行，如设计无具体要求时，一般可采用密封材料稀释后作为涂料，加铺胎体增强材料，做宽约 200 mm左右的一布二涂涂膜保护层。此外，也可铺贴卷材、涂刷防水涂料或铺抹水泥砂浆作保护层，其宽度应不小于 100 mm。

第8单元 建筑节能保温工程施工工艺

第1讲 保温板薄抹灰外墙外保温系统工程施工

一、系统构造

膨胀聚苯板薄抹灰外墙外保温系统是以膨胀聚苯板（以下简称 EPS 板）为保温材料，用胶粘剂固定在基层墙体上，以玻纤网格布增强薄抹面层和外饰面涂层作为保护层，保护层厚度小于 6mm 的外墙保温系统。

二、工艺流程

基层处理→粘贴或锚固保温板→薄抹一层抹面胶浆→贴压玻纤网布→细部处理和加贴玻纤网布→抹面胶浆找平→面层涂饰工程。

三、施工环境要求

（1）施工环境空气温度和基层墙体表面温度≥5℃；风力不大于5级。

（2）施工现场应具备通电、通水施工条件，并保持清洁的工作环境；

（3）外墙和外门窗口施工及验收完毕（门窗框已安装就位）；

（4）冬期施工时，应采取适当的保护措施。

（5）夏季施工时，应避免阳光晒。必要时，可在施工脚手架上搭设防晒布，遮挡施工墙面；

（6）雨天施工时，应采取有效措施，防止雨水冲刷墙面；

（7）系统在施工过程中，应采用必要的保护措施，防止施工墙面受到污损，待建筑泛水、密封膏等构造细部按设计要求施工完毕后，方可拆除保护物。

四、主要施工要点

（1）基层墙体的处理：

1）基层墙体必须清理干净，墙面应无油、灰尘、污垢、脱模剂、风化物、涂料、蜡、防水剂、潮气、霜、泥土等污染物或其他有碍粘结的材料，并应剔除墙面的凸出物，再用水冲洗墙面，使之清洁平整。

2）清除基层墙体中松动或风化的部分，用水泥砂浆填充后找平。

3）基层墙体的表面平整度不符合要求时，可采用1：3水泥砂浆找平。

4）既有建筑进行保温改造时，应彻底清除原有外墙饰面层，露出基层墙体表面，并按上述方法进行处理。

5）基层墙体处理完毕后，应将墙面略微湿润，以备进行粘贴聚苯板工序的施工。

（2）粘贴聚苯板。

1）根据设计图纸的要求，在经平整处理的外墙面上沿散水标高用墨线弹出散水水平线；当需设置系统变形缝时，应在墙面相应位置弹出变形缝及其宽度线，标出聚苯板的粘贴位置。

2）粘贴聚苯板的两种方法。

①点粘法：沿聚苯板的周边用不锈钢抹子涂抹配制好的粘结胶浆，浆带宽50mm，厚10mm。当采用标准尺寸的聚苯板时，尚应在板面的中间部位均匀布置8个粘结胶浆点，每点直径为100mm，浆厚10mm，中心距200mm。当采用非标准尺寸的聚苯板时，板面中间部位涂抹的粘结胶浆一般不多于6个点，但也不少于4个点。点粘法粘结胶浆的涂抹面积与聚苯板板面面积之比不得小于1/3，见图3－108。

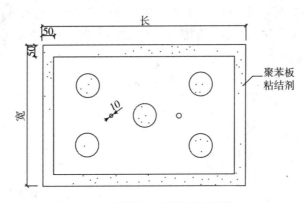

图3－108　封闭框点粘聚苯板示意图

②条粘法：在聚苯板的背面全涂上粘结胶浆（即粘结胶浆的涂抹面积与聚苯板面积之比为100%），然后将专用的锯齿抹子紧压聚苯板板面，并保持成45°，刮除锯齿间多余的粘结胶浆，使聚苯板面留有若干条宽为10mm，厚度为13mm，中心距为40mm且平行于聚苯板长边的浆带，见图3－109。

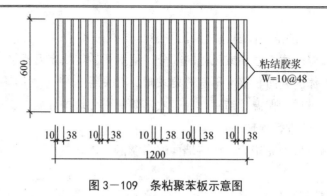

图 3—109 条粘聚苯板示意图

3）聚苯板抹完粘结胶浆后，应立即将板平贴在基层墙体墙面上滑动就位。粘贴时动作应轻柔、均匀挤压。为了保持墙面的平整度，应随时用一根长度超过 2.0m 的靠尺进行压平操作。

4）聚苯板应由建筑外墙勒脚部位开始，自下而上，沿水平方向横向铺设，每排板应互相错缝 1/2 板长，见图 3—110。

5）聚苯板贴牢后，应随时用专用的搓抹子将板边的不平处搓平，尽量减少板与板间的高差接缝。当板缝间隙大于 1.0mm 时，则应切割聚苯板条将缝填实后再磨平。

6）在外墙转角部位，上下排聚苯板间的竖向接缝应为垂直交错连接，保证转角处板材安装的垂直度，并将标有厂名的板边露在外侧；门窗洞口四角处 EPS 板不得拼接，应采用整块 EPS 板切割成形，EPS 板接缝应离开角部至少 200mm，见图 3—111。

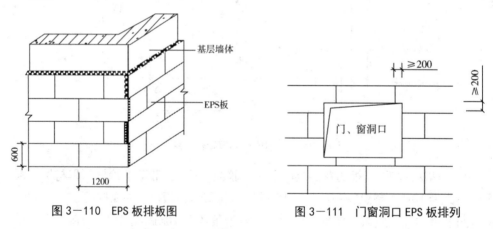

图 3—110 EPS 板排板图   图 3—111 门窗洞口 EPS 板排列

7）粘贴上墙后的聚苯板应用粗砂纸磨平，然后再将整个聚苯板面打磨一遍。打磨时散落的碎屑粉尘应随时用刷子、扫把或压缩空气清理干净，操作工人应带防护面具。

（3）薄抹一层抹面胶浆：

1）涂抹抹面胶浆前，应先检查聚苯板是否干燥，表面是否平整，去除板面的有害物质、杂质或表面变质部分，并用细麻面的木抹子将聚苯板表面扫毛，扫净聚苯浮屑。

2）薄抹一层抹面胶浆。

（4）贴压玻纤网布：

1）在一薄层抹面胶浆上，从上而下铺贴标准玻纤网布。

2）平整、不皱折，网布对接，用木抹子将网布压入抹面胶浆内。

3）对于设计切成 V 型或 U 型分格缝，网布不应切断，将网布压入 V 型或 U 型分格缝内，用抹面胶浆在表面做成 V 型或 U 型缝。

（5）细部处理和加贴玻纤网布：

1）网格布翻包：膨胀缝两侧、孔洞边的保温板上预贴窄幅网格布。

2）抹聚合物砂浆（压平）：抹完砂浆后，压入网格布后待砂浆干至不粘手时，抹面层聚合物砂浆，厚度以盖住网格布为准，约 1mm 左右。使砂浆保护层总厚度约（2.5±0.5）mm 左右。首层墙面为提高其抗冲击能力应辅加一层网格布。

3）补洞和对墙面损坏处的修理：应采用与基材相同材料及时对孔洞及损坏处进行修补。

4）变形缝的处理：在变形缝处填塞发泡聚乙烯圆棒，其直径应为变形缝宽的 1.3 倍，然后分两次勾填嵌缝膏，深度为缝宽的 50～70%。

第 2 讲　胶粉 EPS 颗粒保温浆料外墙外保温系统工程施工

一、系统构造

胶粉 EPS 颗粒保温浆料外墙外保温系统（以下简称保温浆料系统）由界面层、胶粉 EPS 颗粒保温浆料保温层、抗裂砂浆薄抹面层和饰面层组成。

保温层由胶粉料和聚苯颗粒轻骨料经现场加水搅拌成胶粉聚苯颗粒保温浆料后喷涂或抹在基层墙体上形成；薄抹面中满铺玻纤网；饰面层可以是弹性涂料，也可以粘贴面砖或干挂石材。对于轻质框架填充墙，虽然墙体的保温性能可能已经能够满足保温要求，但由于墙体材料的不均匀性，直接抹灰后不仅不能消除热桥，而且在两种材料接触处还易产生裂缝，因此要用胶粉聚苯颗粒保温浆料进行补充保温和均质化处理。该系统采用了逐层渐变、柔性释放应力的技术路线及无空腔的构造，可适用于不同气候区、不同基层墙体、不同建筑高度的各类建筑外墙的保温与隔热。

二、施工工艺

（1）施工工艺流程，见图 3—112。

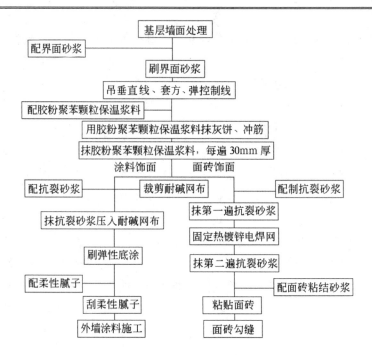

图 3—112 胶粉聚苯颗粒外墙外保温系统施工程序

（2）施工要点：

1）配制砂浆。

①界面砂浆的配制：水泥：中砂：界面剂=1：1：1（重量比），准确计量，搅拌均匀成浆状。

②胶粉聚苯颗粒保温浆料的配制：先将 35～40kg 水倒入砂浆搅拌机内，然后倒入一袋 25kg 胶粉料搅拌 3～5min 后，再倒入一袋 200L 聚苯颗粒继续搅拌 3min，搅拌均匀后倒出。该浆料应随搅随用，在 4h 内用完。

③抗裂砂浆的配制：水泥：中砂：抗裂剂=1：3：1（重量比），准确计量，用砂浆搅拌机或手提搅拌器搅拌均匀。抗裂砂浆加料次序是先加入抗裂剂，后加中砂搅拌均匀，然后再加入水泥继续搅拌 2min 倒出。抗裂砂浆不得任意加水，应在 2h 内用完。

2）基层墙面处理：将墙表面凸出大于 10mm 的混凝土剔平，用钢丝刷满刷一遍，并用扫帚将表面的浮尘清扫干净。表面沾有油污时，用清洗剂或去污剂除去，用清水冲洗晾干。穿墙螺栓孔用干硬性砂浆分层填塞密实，砖墙面舌头灰、残余砂浆、浮尘等清理干净，堵好脚手眼，并浇水湿润。

3）涂刷界面砂浆：用滚刷或扫帚将配好的界面砂浆均匀涂刷（甩）在清理干净的基层上，干燥后应有较高强度（用手掰不掉为准）。

4）吊垂直、套方、贴饼冲筋：根据建筑物高度，采用经纬仪或大线坠吊垂直，检查墙的垂直度和平整度，根据外墙墙面和大角的垂直度确定保温层厚度（应保证设计厚度），弹厚度控制线，拉垂直、水平通线，套方做口，并按厚度用胶粉聚苯颗粒保温浆料做灰饼、冲筋。

5）保温浆料施工：

①保温层一般做法（建筑物檐高小于或等于 30m）。

a.根据冲筋厚度，抹胶粉聚苯颗粒保温浆料，至少分 2 遍抹成，每遍厚度不应大于 20mm，以 8mm～10mm 为宜，每遍间隔应在 24h 以上。

b.后 1 遍施工厚度要比前 1 遍施工厚度小，最后 1 遍厚度宜为 10mm。最后 1 遍操作时抹灰厚度略高于冲筋厚度，并用大杠刮平，木抹子搓平。抹完保温层 30min 后，用抹子再赶抹一次，用靠尺检查平整度。

c.保温层固化干燥（用手按不动表面为宜）后方可进行抗裂层施工。

②建筑物高度大于 30m 时，抹保温浆料方法同上，但需采取加强措施。

其做法有两种：一是在每个楼层处加 30mm×40mm×0.7mm 的水平通长镀锌轻型角钢分层条，角钢用射钉（间距 500mm）固定在墙体上。二是在基层墙面上每间隔 500mm 钉直径 5mm 的带尾孔射钉一枚，呈梅花点布置，用 22# 双股镀锌铅丝与尾孔绑紧，铅丝预留长度不少于 100mm。保温浆料抹至距表面 20mm 时，安装钢丝网（金属网在保温层中的位置：距基层墙面不宜小于 30mm，距保温层表面不宜大于 20mm，搭接宽度不小于 50mm），用预留镀锌铅丝与钢丝网绑牢，并将钢丝网压入刚抹的保温层中，然后抹最后 1 遍保温浆料，找平并达到设计厚度。

6）做分格缝：

①根据建筑物立面设计，分格缝宜分层设置，分块面积单边长度应小于 15m。在胶粉聚苯颗粒保温面层上弹出分格缝和滴水槽的位置。

②用壁纸刀沿弹好的分格缝开出设定的凹槽。分格缝宽度按设计要求，当设计无要求时，一般宽 50mm，槽深 15mm。开槽时比设计要求宽 10mm、深 5mm，嵌满抗裂砂浆。

7）抹抗裂砂浆，铺贴玻纤网格布：保温砂浆层固化后抹抗裂砂浆，一般分两遍完成，第 1 遍厚度约 3mm～4mm，随即将事先裁好的网格布竖向铺贴，用抹子将玻纤网格布压入砂浆，搭接宽度不应小于 50mm。先压入一侧，抹抗裂砂浆，再压入另一侧，抹平压实，严禁干搭。玻纤网格布铺贴要平整无皱褶、空鼓、翘边，饱满度应达到 100%。随即抹第 2 遍找平抗裂砂浆。抹完抗裂砂浆后，应检查平整、垂直及阴阳角方正。

建筑物首层应铺贴双层玻纤网格布，先铺贴一层加强型玻纤网格布，铺贴方法与前面相同，铺贴加强型网格布时宜对接。随即可进行第二层普通网格布的铺贴。铺贴普通网格布的方法也与前面相同，但应注意两层网格布之间抗裂砂浆应饱满，严禁干贴。

当抗裂砂浆抹至分格缝时，在凹槽中嵌满抗裂砂浆，将网格布在分格缝处搭接，搭接时应用上沿网格布压下沿网格布,搭接宽度应为分格缝宽度。此时将分格条(滴水槽)嵌入凹槽中粘结牢固,并用抗裂砂浆将接槎找平。

8)特殊部位加强:建筑物首层外保温墙阳角应在双层玻纤网格布之间加专用金属护角,护角高度一般为2m,在第1遍玻纤网格布施工后加入,其余各层阴阳角、门窗口角应用双层玻纤网格布包裹增强,包角网格布单边长度不应小于150mm,并在门窗洞口四角增加200mm×400mm的附加网格布,铺贴方向为45°。

9)涂刷高分子乳液防水底层涂料:在抗裂层施工完2h后,即可涂刷高分子乳液防水底层涂料形成防水层。应涂刷均匀,不得漏涂。

10)刮柔性耐水腻子:防水底层涂料干燥后刮柔性耐水腻子,应做到平整、光洁。

11)外墙饰面涂料施工。

(3)季节性施工:

1)雨期施工时应做好防雨措施,准备遮盖物品。

2)冬期不宜进行胶粉聚苯颗粒外保温施工,施工环境温度不得低于 5℃;施工时风力不得大于5级,风速不宜大于10m／s。

第3讲 EPS(钢丝网架)板现浇混凝土外墙外保温系统工程施工

一、系统简介

EPS(钢丝网架)板现浇混凝土外墙外保温系统包括 EPS 钢丝网架板现浇混凝土外墙外保温系统(简称有网体系)和 EPS 板现浇混凝土外墙外保温系统(简称无网体系)两种体系。

(1)EPS 钢丝网架板现浇混凝土外墙外保温系统(简称有网体系)是聚苯板外侧带

有单面钢丝网架与穿过聚苯板的斜插钢丝(又称腹丝)焊接,形成三维空间的保温板,以现浇混凝土为基层,EPS 单面钢丝网架板置于外墙外模板内侧,并安装 φ6 钢筋作为辅助固定件。浇灌混凝土后 EPS 单面钢丝网架板挑头和 φ6 钢筋与混凝土结合为一体。EPS 单面钢丝网架板表面抹掺外加剂的水泥砂浆形成厚抹面层,

外表做饰面层,该体系适宜做贴面型装饰层(如面砖、磁 砖等)。

(2)EPS 板现浇混凝土外墙外保温系统(简称无网体系)是将聚苯板背面加工成矩形齿槽,内外表面均满涂界面砂浆。在施工时将 EPS 板置于外模板内侧,并安装锚栓作为辅助固定件。浇灌混凝土后,墙体与 EPS 板以及锚栓结合为一体。EPS

板表面抹抗裂砂浆薄抹面层，外表面以涂料为饰面层，薄抹面层中满铺玻纤网作为加强防护面层。

两种体系的施工方法基本相同，即在浇灌混凝土墙体前，将

保温板置于外模内侧，浇灌混凝土完毕后，保温层与墙体有机地结合在一起开成复合外墙保温系统。

二、有网体系施工做法

（1）施工工艺流程：

钢丝网架聚苯板分块→钢丝网架聚苯板安装→模板安装→浇筑混凝土→拆除模板→抹水泥砂浆。

（2）施工做法：

1）钢丝网架聚苯板分块。

钢丝网架聚苯板高度等于结构层高，在水平方向的分块，应根据保温板的出厂宽度，以板缝不能留在门窗口四角为原则进行排列分块，并在结构的合适位置（如外墙表面、板顶上）画出分块标记线。

2）钢丝网架聚苯板安装。

①按已画出的分块标记线，将每面墙上的钢丝网架聚苯板从墙的一端向另一端顺序进行安装，要求板面紧贴砂浆垫块，以模板控制线和用线坠引垂线的方法来调整好钢丝网架聚苯板的平面位置和垂直度。

②相邻钢丝网架聚苯板之间的高低槽应用专用的聚苯板胶粘剂粘结，板与板间垂直缝中的钢丝网应用间距≤150mm 的火烧丝绑扎牢固，如图 3—113 所示。每块板必须用不少于 6 根的穿过板的 L 形 φ6 钢筋固定，要求 L 形 φ6 钢筋深入墙内不小于 100mm，穿过聚苯板处做两遍防锈处理，用火烧丝将 φ6 钢筋与墙体钢筋绑扎牢固。L 形 φ6 钢筋位置如图 3—114 所示。

③钢丝网架聚苯板外侧的钢丝网片均应按楼层层高断开，互不连接。设计上需要留置伸缩缝处，应在保温板断开的间隙里放入泡沫塑料棒。

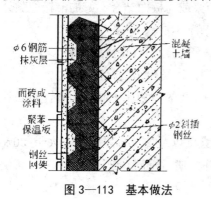

图 3—113　基本做法　　　　图 3—114　L 形 φ6 钢筋位置（单位：mm）

④在阴阳角、窗口四角、板竖向拼缝处安装附加网片（网片由厂家按要求尺寸提供），附加网片与钢丝网架聚苯板上的网片必须用火烧丝绑扎牢固。

⑤对于凸出墙面的挑出部位，如阳台、雨罩、空调室外机搁板等处，其钢丝网架聚苯板安装的细部做法应严格按设计要求进行施工。

⑥钢丝网架聚苯板安装完毕，必须进行验收，做好预检记录。

3）模板安装。

①先安装墙体的外侧模板，再安装墙体的内侧模板，沿墙长度方向从一端向另一端顺序进行，并采取可靠的模板定位措施，使外侧模板紧贴保温板，又不会挤靠保温板。

②模板就位后，用穿墙螺栓穿过钢丝网架聚苯板，以连接墙体内外侧模板。模板水平定位，平模之间、平模与阴阳角模之间的连接及垂直度的控制应严格按模板安装方案施工，确保模板连接牢固、严密。

③模板安装完毕后，必须进行验收，做好预检记录。

4）浇筑混凝土。

①浇筑墙体混凝土前，保温板顶部必须采取遮挡措施，应安放保护套；保护套形状如"Π"形，宽度为保温板厚度加模板厚度。

②混凝土浇筑分层高度、下料点的布置、间隔时间、振捣棒振动间距、振捣时间、施工缝位置等均执行混凝土结构工程施工质量验收规范的要求。

③振捣混凝土时，严禁将振捣棒紧靠钢丝网架聚苯板。

5）模板拆除。

①先拆外侧模板，再拆内侧模板，拆模时确保墙体混凝土棱角不被损坏。

②穿墙套管拆除后，混凝土墙体部分孔洞应用干硬性砂浆捻塞，钢丝网架聚苯板部位孔洞应用保温材料堵塞，其深度应进入混凝土墙体大于等于50mm。

③拆模后钢丝网架聚苯板上的横向钢丝必须对准凹槽，钢丝距槽底应大于等于8mm。

6）抹水泥砂浆。

①抹灰前，先清理面层。要求将板面上的余浆或与板面结合不好的酥松空鼓处的砂浆清理干净，并将灰尘、油渍和污垢清除干净。

②板面及钢丝上的界面剂要涂刷均匀，不得露底。如有缺损应修补。

③根据设计要求，对窗口四周墙面进行处理，以满足节能标准要求。

④抹灰所用水泥砂浆配比为水泥：砂子按 1：3 的体积比配制，按水泥重量加入防裂剂，其收缩值小于等于 0.1%。

⑤根据钢丝网架聚苯板板面的平整度和垂直度以及抹灰总厚度不宜大于 30mm（从保温板凸槽表面起算）的原则，按抹灰工序贴饼、充筋、进行分层抹灰（每层抹灰厚度不宜大于 10mm）。

⑥抹灰层之间及抹灰层与钢丝网架聚苯板之间必须粘结牢固，无脱层、空鼓现象；相邻钢丝网架聚苯板之间的凹槽内砂浆应饱满，并且砂浆应全面包裹住横向钢丝。抹灰层表面应光滑洁净，接槎平整，线条顺直、清晰。

⑦分层抹灰应待底层抹灰初凝后方可进行面层抹灰，底层抹完后均须洒水或喷养护剂养护。

⑧抹灰时，应根据设计要求，设置分格条。要求分格条宽度、深度均匀一致，平整光滑、横平竖直、棱角整齐，滴水线槽流水坡向正确、顺直，槽宽和深度不小于 10mm。

7）外墙贴面砖。

外墙如贴面砖宜采用粘接剂并应按《建筑工程饰面砖粘结强度检验标准》（JGJ 110）进行检验。

8）成品保护。

①墙体施工时外挂架下支点与钢丝网架聚苯板接触面之间必须用 400mm×400mm 的多层板或木板垫实，以免外挂架挤压钢丝网架聚苯板。

②吊运大模板或其他物品时不得碰撞钢丝网架聚苯板。

③首层外墙拆模后，及时用竹胶板或其他方法保护好阳角，不得用重物碰撞、挤靠墙面。

④在钢丝网架聚苯板附近进行电焊、气焊操作时必须加隔挡。

⑤抹灰前应防止钢丝网架聚苯板墙面被污染；抹灰后的保温墙体，不得随意开凿孔洞，如确有开洞需要，应在砂浆强度达到设计要求后进行，并在有关的安装作业结束后及时修补洞口。

三、无网体系施工做法

（1）基本做法：

本体系是采用阻燃型聚苯板，一面带有凹凸型齿槽的聚苯板作为现浇混凝土外墙的外保温材料，为加强与表面保护砂浆层结合牢固和提高聚苯板的阻燃性能，在保温板表面喷涂界面剂。保温板用尼龙锚栓与墙体锚固，安装方式是：当外墙钢筋绑扎完毕后，即在墙体钢筋外侧安装保温板，保温板垂直边高低槽之间用苯板胶粘结，按图 3—11（ 所示位置放入尼龙锚栓，它既是保温板与墙体钢筋的临时固定措施，又是保温板与墙体的连接措施。然后安装墙体内外钢质大模板，浇灌混凝土完毕后，保温层与墙体有机地结合在一起，拆模后在保温板表面抹聚合物水泥砂浆，压入加强玻纤网格布，外做装饰饰面层见图 3—11（。本体系适宜于做涂料面层。

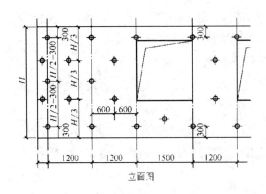

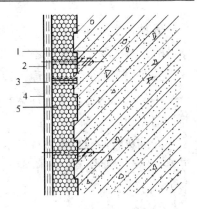

图 3—115 尼龙锚栓位置（单位：mm）　　　图 3—116 基本做法

1—混凝土墙；2—泡沫聚苯板外表面刷界面剂；

3—聚合物水泥抗裂砂浆压入玻纤布；4—装饰面层；5—尼龙锚栓

（2）施工技术要点：

1）安全性。

①保温板与墙体必须连接牢固，安全可靠，按图3-115所示位置将尼龙锚栓插入板内，锚入墙内长度不得小于50mm；

②保温板与墙体的自然粘结强度应大于保温板本身的抗拉强度；

③板与板之间的侧向高低槽应用苯板胶粘结；

④保温板背面所开平直形凹槽，其目的是加大保温板与混凝土墙的粘结面，同时也有利于加强保温板与混凝土墙的抗剪强度。

2）避免和减少"热桥"影响。

①窗口外侧四周墙面，应进行保温处理，做到既满足节能要求，避免"热桥"，但又不影响窗户开启；

②凸出墙面的出挑部位，如阳台、雨罩、室外空调机搁板、靠外墙阳台栏板，两户之间的阳台分隔板和窗台板等，都宜做断桥设计或其他切实可行的措施，做到既减少和避免"热桥"，又要保证结构安全。

3）门窗。

①在适用、经济和符合美观的条件下，窗户尽可能靠墙外侧安装，以减少外窗口外侧四周的"热桥"影响；

②窗户传热系数宜<3.5W／m²·K；

③窗户"三性"指标：空气渗透性　不低于Ⅱ级标准≤1.5m³／m·h；

抗风压性　多层不低于Ⅲ级标准≥2500Pa；

中高层和高层不低于Ⅱ级标准≥3000Pa；

雨水渗透性　不低于Ⅲ级标准≥250Pa；

④窗框与墙体交接部位，除应有牢固连接外，窗框与墙之间的缝隙不得采用普

通水泥砂浆填塞，应采用保温材料，窗框四周抹灰层与窗框之间的界面宜用嵌缝油膏密封，以免在两种不同材料的界面处开裂和提高围护结构的热工性能。

4）抗裂措施。

①防护层是涂抹在聚苯板表面的，由聚合物砂浆及压入其间的耐碱型玻纤网格布加强层共同作用组成的。

②局部加强措施。为防止面层开裂，在薄弱部位应用玻纤网格布加强，如门窗四角（四角网片尺寸为 400mm×200mm 与窗角呈 45°），首层防护层应用两层玻纤网格布，其阳角部位应用专用冲孔镀锌铁皮护角加强。

③膨胀缝和装饰分格缝的处理。在每层层间宜留水平分层膨胀缝，其间嵌入泡沫塑料棒，外表用嵌缝油膏嵌缝。垂直缝一般

设装饰分格缝，其位置宜按墙面面积留缝，在板式建筑中宜≤30m²，在塔式建筑中应视具体情况而定。一般宜留在阴角部位。装饰分格缝保温板不断开，在板上开槽镶嵌塑料分格条。形式见图 3—117 中Ⅱ-Ⅱ。

④装饰装修。本体系适宜做涂料装饰面层。在外墙做完防护层后外墙饰面层宜采用弹性涂料，但应考虑与聚合物砂浆防护层的相容性，如需刮腻子则要考虑腻子、涂料和聚合物砂浆防护层三者之间的相容性。

本体系保温层外表在没有安全可靠的试验数据和切实有效的构造措施时，原则上不得粘贴面砖，但为了满足建筑装饰要求及提高建筑物下部抗冲击强度，允许从室外地坪以上 6m 高度范围内粘贴面砖，但其基层聚合物砂浆内应有两层玻纤网格布加强，并按标准《建筑工程饰面砖粘结强度检验标准》（JGJ-110）进行检验。

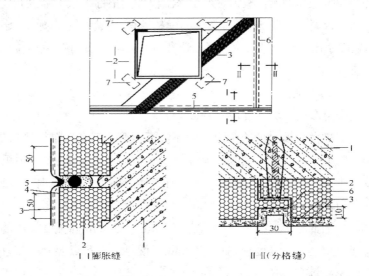

图 3—117　局部加强措施以及膨胀缝和分格缝构造

1—混凝土墙（或其他墙体材料）；2—泡沫聚苯板外表面刷界面剂；3—聚合物水泥抗裂砂浆压入涂塑耐碱玻纤网格布；4—泡沫塑料胶；5—嵌缝油膏；6—塑料分格条；7—门窗口四角粘结玻纤网格布压入抗裂砂浆

（3）施工工艺：

保温板安装→模板安装→混凝土浇灌→模板拆除→混凝土养护→抹聚合物水泥砂浆

1）保温板安装。

①绑扎墙体钢筋时，靠保温板一侧的横向分布筋宜弯成 L 形，以免直筋戳破保温板。绑扎完墙体钢筋后在外墙钢筋外侧绑扎水泥垫块（不得使用塑料卡）。每平方米保温板内不少于 3 块，用以保证保护层厚度并确保保护层厚度均匀一致，然后在墙体钢筋外侧安装保温板。

②安装顺序：先安装阴阳角保温构件，再安装角板之间保温板。

③安装前先在保温板高低槽口处均匀涂刷聚苯胶，将保温板竖缝之间相互粘结在一起。

④在安装好的保温板面上弹线，标出锚栓的位置。用电烙铁或其他工具在锚栓定位处穿孔，然后在孔内塞入胀管。布点位置及形式如图 3-117 所示，其尾部与墙体钢筋绑扎做临时固定。

⑤用 100mm 宽、10mm 厚聚苯片满涂聚苯胶填补门窗洞口两边齿槽形缝隙的凹槽处，以免在浇灌混凝土时在该处跑浆（冬期施工时保温板上可不开洞口，待全部保温板安装完毕后再锯出洞口）。

2）模板安装应采用钢质大模板。

①在楼地面弹出之墙线位置安装大模板：当下一层混凝土强度不低于 7.5MPa 时，开始安装上一层模板，并利用下一层外墙螺栓孔挂三角平台架。

②在安装外墙外侧模板前，须在保温板外侧根部采取可靠的定位措施，以防模板压靠保温板。将放在三角平台架上的模板就位，穿螺栓紧固标正，连接必须严密、牢固，以防止出现错台和漏浆现象。不得在墙体钢筋底部布置定位筋，宜采用模板上部定位。

3）混凝土浇灌。

①现浇混凝土的坍落度应≥180mm。

②为保护保温板上部的企口，应在浇灌混凝土前在保温板槽口处扣上保护帽。保护帽形状如"Ⅱ"形，高度视实际情况而定，宽为保温板厚+模板厚，材质为镀锌铁皮（注：要将保温板与模板一同扣住，遇到模板吊环可在保护槽上侧开口将吊环放在开口内）。

③新、旧混凝土接槎处应均匀浇筑 30mm～50mm 同强度等级的减石混凝土。混凝土应分层浇筑，高度控制在 500mm，混凝土下料点应分散布置，连续进行，间隔时间不超过 2h。

④振捣棒振动间距一般应小于 500mm，每一振动点的延续时间，以表面呈现浮浆和不再沉落为度。严禁将振捣棒紧靠保温板。

⑤洞口处浇灌混凝土时，应沿洞口两边同时下料使两侧浇灌高度大体一致。

⑥施工缝留置在门洞口过梁跨度 1／3 范围内，也可留在纵横墙的交接处。

⑦墙体混凝土浇灌完毕后，须整理上口甩出钢筋，采用预制楼板时，宜采用硬架支模，墙体混凝土表面标高低于板底 30mm～50mm。

4）模板拆除。

①在常温条件下，墙体混凝土强度不低于 1.01MPa，冬期施工墙体混凝土强度不低于 7.5MPa 及达到混凝土设计强度标准值的 30％时，才可以拆除模板，拆模时应以同条件养护试块抗压强度为准。

②先拆外墙外侧模板，再拆除外墙内侧模板，并及时修整墙面混凝土边角和板面余浆。

③穿墙套管拆除后，应以干硬性砂浆捻塞孔洞，保温板孔洞部位须用保温材料堵塞并深入墙内大于 50mm。

5）混凝土养护。

常温施工时，模板拆除后 12h 内喷水或用养护剂养护，不少于 7d，次数以保持混凝土具有湿润状态为准。冬期施工时应定点、定时测定混凝土养护温度，并做好记录。拆模后的混凝土表面应覆盖。

6）抹聚合物水泥砂浆。

①采用泡沫聚氨酯或其他保温材料在保温板部位堵塞穿墙螺栓孔洞。

②板面、门窗口保温板如有缺损应用保温砂浆或聚苯板加以修补。

③清理保温板面层，使面层洁净无污物。

④如局部有凹凸不平处用聚苯颗粒保温砂浆进行局部找平或打磨。

⑤聚合物水泥砂浆由聚合物乳液、水泥、砂按比例用砂浆搅拌机搅拌成聚合物水泥砂浆。将搅拌好的聚合物水泥砂浆均匀的抹在保温板面（也可采用干粉料型聚合物水泥砂浆）。

⑥按层高、窗台高和过梁高将玻璃纤维网格布在施工前裁好备用，待抹完第一层聚合物砂浆后，立即将玻璃纤维网格布垂直铺设，用木抹子压入聚合物砂浆内。网格布之间搭接长度宜≥50mm，紧接再抹一层抗裂聚合物砂浆，以网格布均被浆料覆裹为宜。在首层和窗台部位则要压入二层网格布，工序同上。面层聚合物水泥砂浆，以盖住网格布为宜，距网格布表面厚度应小于 2mm 即可。

7）窗洞口外侧面抹聚苯颗粒保温砂浆，在抹保温砂浆时距窗框边应留出 5mm～10mm 缝隙以备打胶用，做法见图 3—118。

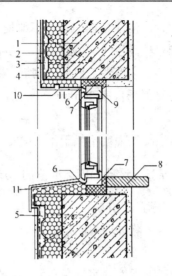

图 3—118　窗口部位保温做法

1—混凝土；2—保温板及钢丝喷涂界面剂；3—单层网丝网架保温板，外抹掺有抗裂剂的水泥砂浆；4—面砖或
涂料；5—φ5L 形钢筋或尼龙锚栓；6—嵌缝油膏；7—保温棉或泡沫塑料；8—窗台板；9—窗框；10—塑料滴水条；
11—聚苯颗粒保温砂浆，外抹聚合物砂浆压入玻纤网格布

8）首层阳角处应加设一根角形（50mm×50mm 宽，2m 高）冲孔镀锌铁皮护角。在抹完第 1 道抗裂聚合物砂浆后将冲孔金属护角调直压入砂浆内（以护角条孔内挤出砂浆为宜），然后同大面一起压入玻璃纤维网格布将金属护角包裹起来，做法见图 3—119。

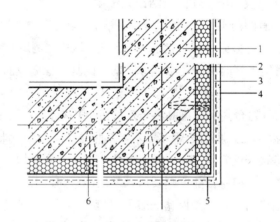

图 3—119　底层阳角部位保温做法

1—混凝土墙；2—泡沫聚苯板外表面刷界面剂；3—聚合物水泥抗裂砂浆压入涂塑抗碱玻纤网格布；4—装饰面
层；5—金属护角；6—尼龙锚栓涂塑抗碱玻纤网格布搭接长度

9）在抗裂聚合物砂浆表面，按设计要求喷涂外装修涂料。

（5）成品保护：

1）保温层的保护。

①塔吊在吊运物品时要避免碰撞保温板。

②首层阳角在脱模后，及时用竹胶板或其他方法加以保护，以免棱角遭到破坏。

③外挂架下端与墙体接触面必须用板垫实，以免外挂架挤压保温层。

2）抹灰层的保护。

①抹完抗裂聚合物砂浆的墙面不得随意开凿孔洞。

②严禁重物、锐器冲击墙面。

第 4 讲　硬泡聚氨酯现场喷涂外墙外保温系统工程施工

一、硬泡聚氨酯现场喷涂外墙外保温系统构造

现场喷涂硬泡聚氨酯外墙外保温系统根据饰面层做法的不同，可分为涂料饰面系统及面砖饰面系统两种。基本构造为：聚氨酯防潮底漆层、聚氨酯保温层、聚氨酯界面砂浆层、胶粉聚苯颗粒保温浆料找平层；抗裂砂浆复合涂塑耐碱玻纤网格布（涂料饰面）或抗裂砂浆复合热镀锌电焊网尼龙胀栓锚固（面砖饰面）抗裂防护层，表面刮涂抗裂柔性耐水腻子、涂刷饰面涂料或面砖粘结砂浆粘贴面砖构成饰面层，其系统构造如图 3—120。

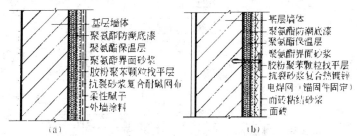

图 3—120　现场喷涂硬泡聚氨酯外墙外保温系统

(a) 涂料饰面；(b) 面砖饰面

二、施工工艺

（1）工艺流程：

现场喷涂硬泡聚氨酯外墙外保温系统施工工艺流程见图 3—121。

（2）施工要点：

1）基层处理。墙面应清理干净，清洗油渍、清扫浮灰等。墙面松动、风化部分应剔除干净。墙表面凸起物大于或等于 10mm 时应剔除。

2）吊垂直、套方、弹控制线。根据建筑要求，在墙面弹出外门窗水平、垂直控制线及伸缩线、装饰线等。在建筑外墙大角及其他必要处挂垂直基准钢线和水平线。对于墙面宽度大于 2m 处，需增加水平控制线，做标准厚度冲筋。

3）粘贴聚氨酯预制块。在大阳角、大阴角或窗口处，安装聚氨酯预制块，并达到标准厚度。窗口、阳台角、小阳角、小阴角等也可用靠尺遮挡做出直角。以预制块标尺为依据，再次检验墙面平整度，对于不达标的墙体部位应补抹水泥砂浆或用其他找平材料进行修补。基层平整度修补后要求允许偏差达到±3mm。

4）涂刷聚氨酯防潮底漆。用滚刷将聚氨酯防潮底漆均匀涂刷，无漏刷透底现象。

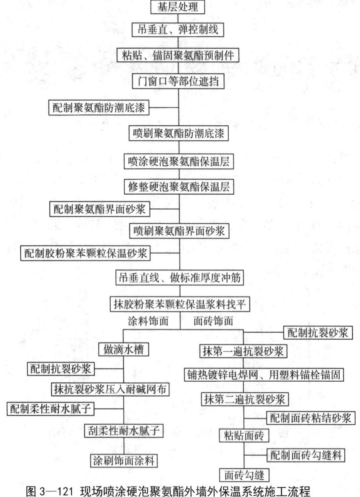

图 3—121 现场喷涂硬泡聚氨酯外墙外保温系统施工流程

5）喷涂硬泡聚氨酯保温层。开启聚氨酯喷涂机将硬泡聚氨酯均匀地喷涂于墙面之上，当厚度达到约 10mm 时，按 300mm 间距、梅花状分布插定厚度标杆，每平方米密度宜控制在 9～10 支。然后继续喷涂硬泡聚氨酯至与标杆齐平（隐约可见标杆头）。施工喷涂可多遍完成，每次厚度宜控制在 10mm 之内。不易喷涂的部位可用胶粉聚苯颗粒保温浆料处理。

6）修整聚氨酯保温层。硬泡聚氨酯保温层喷涂 20min 后用裁纸刀、手据等工具开始清理、修整遮挡部位以及超过垂线控制厚度的突出部分。

7）涂刷聚氨酯界面砂浆。硬泡聚氨酯保温层喷涂 4h 之内，用滚刷均匀地将聚氨酯界面砂浆涂于硬泡聚氨酯保温层表面。

8）吊垂直线，做标准厚度冲筋。吊胶粉聚苯颗粒找平层垂直厚度控制线、套方做口，用胶粉聚苯颗粒保温浆料做标准厚度灰饼。

9）抹 20mm 胶粉聚苯颗粒找平层。胶粉聚苯颗粒保温浆料找平层应分两遍施工，每遍间隔在 24h 以上。抹第一遍胶粉聚苯颗粒保温浆料应压实，厚度不宜超过 10mm。抹第二遍胶粉聚苯颗粒保温浆料应达到厚度要求并用大杠搓平，用抹子局部修补平整，用托线尺检测后达到验收标准。

10）抗裂防护层及饰面层施工。待保温层施工完成 3～7d 且保温层施工质量验收以后，即可进行抗裂层和饰面层施工。抗裂防护层和饰面层施工按胶粉聚苯颗粒外墙外保温系统的抗裂防护层和饰面层的规定进行。

第 5 讲　岩棉板外墙外保温工程施工

岩棉是一种性能良好的高效保温材料。将岩棉设置在主体围护结构的外侧，构成复合外保温墙体，可使建筑物的能耗大大降低，岩棉制品用在外墙外保温体系中的主要品种是岩棉板。

一、岩棉板的技术性能

岩棉外墙外保温体系的主要材料是岩棉板、钢丝网、水泥砂浆、丙烯酸外墙涂料。岩棉板的技术性能见表 3—28。

表 3—28　岩棉板的技术性能

密度 ($kg \cdot m^{-3}$)	密度的极限偏差 (%)			热导率($W/m \cdot K^{-1}$) (平均温度 70℃ ±5℃)	有机物含量 (质量分数,%)	最高使用温度 (℃)	不燃性
	优等品	一等品	合格品				
80				≤0.044		400	
100				≤0.046			
120							
150	±10	±15	±20	≤0.048	≤4.0	600	合格
160							
100				—		600	
120							

二、岩棉外保温墙体构造

岩棉外保温墙体构造如图 3—122 所示。

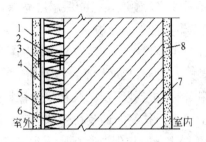

图 3—122 岩棉外保温墙体构造

1—彩色喷塑涂料；2—连接件；3—销杆；4—镀锌点焊钢丝网；5—30mm 防裂水泥砂浆；6—50mm 岩棉板；7—240 实心砖墙；8—20mm 混合砂浆

三、施工方法

（1）采用梅花布点方式在外墙打眼安装连接件。

（2）铺贴岩棉板，错缝铺贴，不得有间隙。

（3）铺挂镀锌点焊钢丝网，并将钢丝网固定在连接件上，钢丝网要求铺设平整。在窗门洞口四周的岩棉板上还要增加一层钢丝网，以增强抵抗应力集中和温度应力的能力，在窗门洞口四周还要做好包角和封边工作。

（4）分层抹防裂保护层，并做好分块留缝，以减少收缩和收缩应力。

（5）喷涂弹性较好的丙烯酸外墙涂料为饰面层，以提高其防水、防裂和耐久性能。

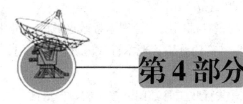

第 4 部分

工程建设标准化相关法律法规

第 1 单元　中华人民共和国标准化法

中华人民共和国标准化法

中华人民共和国主席令　第 11 号

第一章　总则

第一条　为了发展社会主义商品经济，促进技术进步，改进产品质量，提高社会经济效益，维护国家和人民的利益，使标准化工作适应社会主义现代化建设和发展对外经济关系的需要。制定本法。

第二条　对下列需要统一的技术要求，应当制定标准：

（一）工业产品的品种、规格、质量、等级或者安全、卫生要求。

（二）工业产品的设计、生产、检验、包装、储存、运输、使用的方法或者生产、储存、运输过程中的安全、卫生要求。

（三）有关环境保护的各项技术要求和检验方法。

（四）建设工程的设计、施工方法和安全要求。

（五）有关工业生产、工程建设和环境保护的技术术语、符号、代号和制图方法。

重要农产品和其他需要制定标准的项目，由国务院规定。

第三条　标准化工作的任务是制定标准、组织实施标准和对标准的实施进行监督。

标准化工作应当纳入国民经济和社会发展计划。

第四条　国家鼓励积极采用国际标准。

第五条　国务院标准化行政主管部门统一管理全国标准化工作。国务院有关行政主管部门分工管理本部门、本行业的标准化工作。

省、自治区、直辖市标准化行政主管部门统一管理本行政区域的标准化工作。省、自治区、直辖市政府有关行政主管部门分工管理本行政区域内本部门、本行业的标准化工作。

市、县标准化行政主管部门和有关行政主管部门,按照省、自治区、直辖市政府规定的各自的职责,管理本行政区域内的标准化工作。

第二章　标准的制定

第六条　对需要在全国范围内统一的技术要求,应当制定国家标准。国家标准由国务院标准化行政主管部门制定。对没有国家标准而又需要在全国某个行业范围内统一的技术要求,可以制定行业标准。行业标准由国务院有关行政主管部门制定,并报国务院标准化行政主管部门备案,在公布国家标准之后,该项行业标准即行废止。对没有国家标准和行政标准而又需要在省、自治区、直辖市范围内统一的工业产品的安全、卫生要求,可以制定地方标准。地方标准由省、自治区、直辖市标准化行政主管部门制定,并报国务院标准化行政主管部门和国务院有关行政主管部门备案,在公布国家标准或者行业标准之后,该项地方标准即行废止。

企业生产的产品没有国家标准和行业标准的,应当制定企业标准,作为组织生产的依据。企业的产品标准须报当地政府标准化行政主管部门和有关行政主管部门备案。已有国家标准或者行业标准的,国家鼓励企业制定严于国家标准或者行业标准的企业标准,在企业内部适用。

法律对标准的制定另有规定的,依照法律的规定执行。

第七条　国家标准、行业标准分为强制性标准和推荐性标准。保障人体健康,人身、财产安全的标准和法律、行政法规规定强制执行的标准是强制性标准,其他标准是推荐性标准。

省、自治区、直辖市标准化行政主管部门制定的工业产品的安全、卫生要求的地方标准,在本行政区域内是强制性标准。

第八条　制定标准应当有利于保障安全和人民的身体健康,保护消费者的利益,保护环境。

第九条　制定标准应当有利于合理利用国家资源,推广科学技术成果,提高经济效益,并符合使用要求,有利于产品的通用互换,做到技术上先进,经济上合理。

第十条　制定标准应当做到有关标准的协调配套。

第十一条　制定标准应当有利于促进对经济技术合作和对外贸易。

第十二条　制定标准应当发挥行业协会、科学研究机构和学术团体的作用。

制定标准的部门应当组织由专家组成的标准化技术委员会,负责标准的草拟,参加标准草案的审查工作。

第十三条　标准实施后,制定标准的部门应当根据科学技术的发展和经济建设的需要适时进行复审，以确认现行标准继续有效或者予以修订、废止。

第三章　标准的实施

第十四条　强制性标准，必须执行。不符合强制性标准的产品，禁止生产、销售和进口。推荐性标准，国家鼓励企业自愿采用。

第十五条　企业对国家标准或者行业标准的产品，可以向国务院标准化行政主管部门或者国务院标准化行政主管部门授权的部门申请产品质量认证。认证合格的，由认证部门授予认证证书，准许在产品或者其包装上使用规定的认证标志。

已经取得认证证书的产品不符合国家标准或者行业标准的，以及产品未经认证或者认证不合格的，不得使用认证标志出厂销售。

第十六条　出口产品的技术要求，依照合同的约定执行。

第十七条　企业研制新产品、改进产品、进行技术改造，应当符合标准化要求。

第十八条　县级以上政府标准化行政主管部门负责对标准的实施进行监督检查。

第十九条　县级以上政府标准化行政主管部门，可以根据需要设置检验机构，或者授权其他单位的检验机构，对产品是否符合标准进行检验。法律、行政法规对检验机构另有规定的，依照法律、行政法规的规定执行。

处理有关产品是否符合标准的争议，以前款规定的检验机构的检验数据为准。

第四章　法律责任

第二十条　生产、销售、进口不符合强制性标准的产品的，由法律、行政法规规定的行政主管部门依法处理，法律、行政法规未作规定的，由工商行政管理部门没收产品的违法所得，并处罚款；造成严重后果构成犯罪的，对直接责任人员依法追究刑事责任。

第二十一条　已经授予认证证书的产品不符合国家标准或者行业标准而使用认证标志出厂销售的，由标准化行政主管部门责令停止销售，并处罚款；情节严重的，由认证部门撤销其认证证书。

第二十二条　产品未经认证或者认证不合格而擅自使用认证标志出厂销售的，由标准化行政主管部门责令停止销售，并处罚款。

第二十三条　当事人对没收产品、没收违法所得和罚款的处罚不服的，可以在接到处罚通知之日起 15 日内，向作出处罚决定的机关的上一级机关申请复议；对复议决定不服的，可以在接到复议决定之日起 15 日内，向人民法院起诉。当事人也可以在接到处罚通知之日起 15 日内，直接向人民法院起诉。当事人逾期不申请复议或者不向人民法院起诉又不履行处罚决定的，由作出处罚决定的机关申请人民法院强制执行。

第二十四条　标准化工作的监督、检验、管理人员违法失职、徇私舞弊的，给予行政处分；构成犯罪的，依法追究刑事责任。

第五章　附则

第二十五条　本法实施条例由国务院制定。

第二十六条　本法自 1989 年 4 月 1 日起施行。

第 2 单元　中华人民共和国标准化法实施条例

中华人民共和国标准化法实施条例

中华人民共和国国务院令　第 53 号

中华人民共和国标准化法实施条例

第一章　总　则

第一条　根据《中华人民共和国标准化法》（以下简称《标准化法》）的规定，制定本条例。

第二条　对下列需要统一的技术要求，应当制定标准：

（一）工业产品的品种、规格、质量、等级或者安全、卫生要求；

（二）工业产品的设计、生产、试验、检验、包装、储存、运输、使用的方法或者生产、储存、运输过程中的安全、卫生要求；

（三）有关环境保护的各项技术要求和检验方法；

（四）建设工程的勘察、设计、施工、验收的技术要求和方法；

（五）有关工业生产、工程建设和环境保护的技术术语、符号、代号、制图方法、互换配合要求；

（六）农业（含林业、牧业、渔业，下同）产品（含种子、种苗、种畜、种禽，下同）的品种、规格、质量、等级、检验、包装、储存、运输以及生产技术、管理技术的要求；

（七）信息、能源、资源、交通运输的技术要求。

第三条　国家有关计划地发展标准化事业。标准化工作应当纳入各级国民经济和社会发展计划。

第四条　国家鼓励采用国际标准和国外先进标准，积极参与制定国际标准。

第二章　标准化工作的管理

第五条　标准化工作的任务是制定标准、组织实施标准和对标准的实施进行监督。

第六条　国务院标准化行政主管部门统一管理全国标准化工作，履行下列职责：

（一）组织贯彻国家有关标准化工作的法律、法规、方针、政策；

（二）组织制定全国标准化工作规划、计划；

（三）组织制定国家标准；

（四）指导国务院有关行政主管部门和省、自治区、直辖市人民政府标准化行政主管部门的标准化工作，协调和处理有关标准化工作问题；

（五）组织实施标准；

（六）对标准的实施情况进行监督检查；

（七）统一管理全国的产品质量认证工作；

（八）统一负责对有关国际标准化组织的业务联系。

第七条　国务院有关行政主管部门分工管理本部门、本行业的标准化工作，履行下列职责：

（一）贯彻国家标准化工作的法律、法规、方针、政策，并制定在本部门、本行业实施的具体办法；

（二）制定本部门、本行业的标准化工作规划、计划；

（三）承担国家下达的草拟国家标准的任务，组织制定行业标准；

（四）指导省、自治区、直辖市有关行政主管部门的标准化工作；

（五）组织本部门、本行业实施标准；

（六）对标准实施情况进行监督检查；

（七）经国务院标准化行政主管部门授权，分工管理本行业的产品质量认证工作。

第八条　省、自治区、直辖市人民政府标准化行政主管部门统一管理本行政区域的标准化工作，履行下列职责：

（一）贯彻国家标准化工作的法律、法规、方针、政策，并制定在本行政区域实施的具体办法；

（二）制定地方标准化工作规划、计划；

（三）组织制定地方标准；

（四）指导本行政区域有关行政主管部门的标准化工作，协调和处理有关标准化工作问题；

（五）在本行政区域组织实施标准；

（六）对标准实施情况进行监督检查。

第九条　省、自治区、直辖市有关行政主管部门分工管理本行政区域内本部门、本行业的标准化工作，履行下列职责：

（一）贯彻国家和本部门、本行业、本行政区域标准化工作的法律、法规、方针、政策，并制定实施的具体办法；

（二）制定本行政区域内本部门、本行业的标准化工作规划、计划；

（三）承担省、自治区、直辖市人民政府下达的草拟地方标准的任务；

（四）在本行政区域内组织本部门、本行业实施标准；

（五）对标准实施情况进行监督检查。

第十条　市、县标准化行政主管部门和有关行政主管部门的职责分工、由省、自治区、直辖市人民政府规定。

第三章　标准的制定

第十一条　对需要在全国范围内统一的下列技术要求，应当制定国家标准（含标准样品的制作）：

（一）互换配合、通用技术语言要求；

（二）保障人体健康和人身、财产安全的技术要求；

（三）基本原料、燃料、材料的技术要求；

（四）通用基础件的技术要求；

（五）通用的试验、检验方法；

（六）通用的管理技术要求；

（七）工程建设的重要技术要求；

（八）国家需要控制的其他重要产品的技术要求。

第十二条　国家标准由国务院标准化行政主管部门编制计划，组织草拟，统一审批、编号、发布。

工程建设、药品、食品卫生、兽药、环境保护的国家标准，分别由国务院工程建设主管部门、卫生主管部门、农业主管部门、环境保护主管部门组织草拟、审批；其编号、发布办法由国务院标准化行政主管部门会同国务院有关行政主管部门制定。

法律对国家标准的制定另有规定的，依照法律的规定执行。

第十三条　对没有国家标准而又需要在全国某个行业范围内统一的技术要求，可以制定行业标准（含标准样品的制作）。制定行业标准的项目由国务院有关行政主管部门确定。

第十四条　行业标准由国务院有关行政主管部门编制计划，组织草拟，统一审批、编号、发布，并报国务院标准化行政主管部门备案。

行业标准在相应的国家标准实施后，自行废止。

第十五条　对没有国家标准和行业标准而又需要在省、自治区、直辖市范围内统一的工业产品的安全、卫生要求，可以制定地方标准。制定地方标准的项目，由省、自治区、直辖市人民政府标准化行政主管部门确定。

第十六条　地方标准由省、自治区、直辖市人民政府标准化行政主管部门编制计划，组织草拟，统一审批、编号、发布，并报国务院标准化行政主管部门和国务院有关行政主管部门备案。

法律对地方标准的制定另有规定的，依照法律的规定执行。

地方标准在相应的国家标准或行业标准实施后，自行废止。

第十七条 企业生产的产品没有国家标准、行业标准和地方标准的,应当制定相应的企业标准,作为组织生产的依据。企业标准由企业组织制定(农业企业标准制定办法另定),并按省、自治区、直辖市人民政府的规定备案。

对已有国家标准、行业标准或者地方标准的,鼓励企业制定严于国家标准、行业标准或者地方标准要求的企业标准,在企业内部适用。

第十八条 国家标准、行业标准分为强制性标准和推荐性标准。

下列标准属于强制性标准:

(一)药品标准,食品卫生标准,兽药标准;

(二)产品及产品生产、储运和使用中的安全、卫生标准,劳动安全、卫生标准,运输安全标准;

(三)工程建设的质量、安全、卫生标准及国家需要控制的其他工程建设标准;

(四)环境保护的污染物排放标准和环境质量标准;

(五)重要的通用技术术语、符号、代号和制图方法;

(六)通用的试验、检验方法标准,

(七)互换配合标准;

(八)国家需要控制的重要产品质量标准。

国家需要控制的重要产品目录由国务院标准化行政主管部门会同国务院有关行政主管部门确定。

强制性标准以外的标准是推荐性标准。

省、自治区、直辖市人民政府标准化行政主管部门制定的工业产品的安全、卫生要求的地方标准,在本行政区域内是强制性标准。

第十九条 制定标准应当发挥行业协会、科学技术研究机构和学术团体的作用。

制定国家标准、行业标准和地方标准的部门应当组织由用户、生产单位、行业协会、科学技术研究机构、学术团体及有关部门的专家组成标准化技术委员会,负责标准草拟和参加标准草案的技术审查工作。未组成标准化技术委员会的,可以由标准化技术归口单位负责标准草拟和参加标准草案的技术审查工作。

制定企业标准应当充分听取使用单位、科学技术研究机构的意见。

第二十条 标准实施后,制定标准的部门应当根据科学技术的发展和经济建设的需要适时进行复审。标准复审周期一般不超过五年。

第二十一条 国家标准、行业标准和地方标准的代号、编号办法,由国务院标准化行政主管部门统一规定。

企业标准的代号、编号办法,由国务院标准化行政主管部门会同国务院有关行政主管部门规定。

第二十二条 标准的出版、发行办法,由制定标准的部门规定。

第四章 标准的实施与监督

第二十三条　从事科研、生产、经营的单位和个人,必须严格执行强制性标准。不符合强制性标准的产品,禁止生产、销售和进口。

第二十四条　企业生产执行国家标准、行业标准、地方标准或企业标准,应当在产品或其说明书、包装物上标注所执行标准的代号、编号、名称。

第二十五条　出口产品的技术要求由合同双方约定。

出口产品在国内销售时,属于我国强制性标准管理范围的,应当符合强制性标准的要求。

第二十六条　企业研制新产品、改进产品、进行技术改造,应当符合标准化要求。

第二十七条　国务院标准化行政主管部门组织或授权国务院有关行政主管部门建立行业认证机构,进行产品质量认证工作。

第二十八条　国务院标准化行政主管部门统一负责全国标准实施的监督。国务院有关行政主管部门分工负责本部门、本行业的标准实施的监督。

省、自治区、直辖市标准化行政主管部门统一负责本行政区域内的标准实施的监督。

省、自治区、直辖市人民政府有关行政主管部门分工负责本行政区域内本部门、本行业的标准实施的监督。

市、县标准化行政主管部门和有关行政主管部门,按照省、自治区、直辖市人民政府规定的各自的职责,负责本行政区域内的标准实施的监督。

第二十九条　县级以上人民政府标准化行政主管部门,可以根据需要设置检验机构,或者授权其他单位的检验机构,对产品是否符合标准进行检验和承担其他标准实施的监督检验任务。检验机构的设置应当合理布局,充分利用现有力量。

国家检验机构由国务院标准化行政主管部门会同国务院有关行政主管部门规划、审查。地方检验机构由省、自治区、直辖市人民政府标准化行政主管部门会同省级有关行政主管部门规划、审查。

处理有关产品是否符合标准的争议,以本条规定的检验机构的检验数据为准。

第三十条　国务院有关行政主管部门可以根据需要和国家有关规定设立检验机构,负责本行业、本部门的检验工作。

第三十一条　国家机关、社会团体、企业事业单位及全体公民均有权检举、揭发违反强制性标准的行为。

第五章 法律责任

第三十二条　违反《标准化法》和本条例有关规定,有下列情形之一的,由标准化行政主管部门或有关行政主管部门在各自的职权范围内责令限期改进,并可通报批评或给予责任者行政处分:

（一）企业未按规定制定标准作为组织生产依据的；

（二）企业未按规定要求将产品标准上报备案的；

（三）企业的产品未按规定附有标识或与其标识不符的；

（四）企业研制新产品、改进产品、进行技术改造，不符合标准化要求的；

（五）科研、设计、生产中违反有关强制性标准规定的。

第三十三条　生产不符合强制性标准的产品的，应当责令其停止生产，并没收产品，监督销毁或作必要技术处理；处以该批产品货值金额百分之二十至百分之五十的罚款；

对有关责任者处以五千元以下罚款。

销售不符合强制性标准的商品的，应当责令其停止销售，并限期追回已售出的商品，监督销毁或作必要技术处理；没收违法所得；处以该批商品货值金额百分之十至百分之二十的罚款；对有关责任者处以五千元以下罚款。

进口不符合强制性标准的产品的，应当封存并没收该产品，监督销毁或作必要技术处理；处以进口产品货值金额百分之二十至百分之五十的罚款；对有关责任者给予行政处分，并可处以五千元以下罚款。

本条规定的责令停止生产、行政处分，由有关行政主管部门决定；其他行政处罚由标准化行政主管部门和工商行政管理部门依据职权决定。

第三十四条　生产、销售、进口不符合强制性标准的产品，造成严重后果，构成犯罪的，由司法机关依法追究直接责任人员的刑事责任。

第三十五条　条获得认证证书的产品不符合认证标准而使用认证标志出厂销售的，由标准化行政主管部门责令其停止销售，并处以违法所得二倍以下的罚款；情节严重的，由认证部门撤销其认证证书。

第三十六条　产品未经认证或者认证不合格而擅自使用认证标志出厂销售的，由标准化行政主管部门责令其停止销售，处以违法所得三倍以下的罚款，并对单位负责人处以五千元以下罚款。

第三十七条　当事人对没收产品、没收违法所得和罚款的处罚不服的，可以在接到处罚通知之日起十五日内，向作出处罚决定的机关的上一级机关申请复议；对复议决定不服的，可以在接到复议决定之日起十五日内，向人民法院起诉。当事人也可以在接到处罚通知之日起十五日内，直接向人民法院起诉。当事人逾期不申请复议或者不向人

民法院起诉又不履行处罚决定的，由作出处罚决定的机关申请人民法院强制执行。

第三十八条　本条例第三十二条至第三十六条规定的处罚不免除由此产生的对他人的损害赔偿责任。受到损害的有权要求责任人赔偿损失。赔偿责任和赔偿金额纠纷可以由有关行政主管部门处理，当事人也可以直接向人民法院起诉。

第三十九条　标准化工作的监督、检验、管理人员有下列行为之一的，由有关主管部门给予行政处分，构成犯罪的，由司法机关依法追究刑事责任：

（一）违反本条例规定，工作失误，造成损失的；

（二）伪造、篡改检验数据的；

（三）徇私舞弊、滥用职权、索贿受贿的。

第四十条　罚没收入全部上缴财政。对单位的罚款，一律从其自有资金中支付，不得列入成本。对责任人的罚款，不得从公款中核销。

第六章　附　则

第四十一条　军用标准化管理条例，由国务院、中央军委另行制定。

第四十二条　工程建设标准化管理规定，由国务院工程建设主管部门依据《标准化法》和本条例的有关规定另行制定，报国务院批准后实施。

第四十三条　本条例由国家技术监督局负责解释。

第四十四条　本条例自发布之日起施行。

第3单元　工程建设国家标准管理办法

工程建设国家标准管理办法

中华人民共和国建设部令　第 24 号

《工程建设国家标准管理办法》已于一九九二年十二月二十九日经第二十八次部常务会议通过，现予发布，自发布之日起施行。

部长　侯捷

一九九二年十二月三十日

工程建设国家标准管理办法

第一章　总　则

第一条　为了加强工程建设国家标准的管理，促进技术进步，保证工程质量，保障人体健康和人身、财产安全，根据《中华人民共和国标准化法》、《中华人民共和国标准化法实施条例》和国家有关工程建设的法律、行政法规，制定本办法。

第二条　对需要在全国范围内统一的下列技术要求，应当制定国家标准：

（一）工程建设勘察、规划、设计、施工（包括安装）及验收等通用的质量要求；

（二）工程建设通用的有关安全、卫生和环境保护的技术要求；

（三）工程建设通用的术语、符号、代号、量与单位、建筑模数和制图方法；

（四）工程建设通用的试验、检验和评定等方法；

（五）工程建设通用的信息技术要求；

（六）国家需要控制的其他工程建设通用的技术要求。

法律另有规定的，依照法律的规定执行。

第三条　国家标准分为强制性标准和推荐性标准。

下列标准属于强制性标准：

（一）工程建设勘察、规划、设计、施工（包括安装）及验收等通用的综合标准和重要的通用的质量标准；

（二）工程建设通用的有关安全、卫生和环境保护的标准；

（三）工程建设重要的通用的术语、符号、代号、量与单位、建筑模数和制图方法标准；

（四）工程建设重要的通用的试验、检验和评定方法等标准；

（五）工程建设重要的通用的信息技术标准；

（六）国家需要控制的其他工程建设通用的标准。

强制性标准以外的标准是推荐性标准。

第二章　国家标准的计划

第四条　国家标准的计划分为五年计划和年度计划。五年计划是编制年度计划的依据；年度计划是确定工作任务和组织编制标准的依据。

第五条　编制国家标准的计划，应当遵循下列原则：

（一）在国民经济发展的总目标和总方针的指导下进行，体现国家的技术、经济政策；

（二）适应工程建设和科学技术发展的需要；

（三）在充分做好调查研究和认真总结经验的基础上，根据工程建设标准体系表的要求，综合考虑相关标准之间的构成和协调配套；

（四）从实际出发，保证重点，统筹兼顾，根据需要和可能，分别轻重缓急，做好计划的综合平衡。

第六条　五年计划由计划编制纲要和计划项目两部分组成。其内容应当符合下列要求：

（一）计划编制纲要包括计划编制的依据、指导思想、预期目标、工作重点和实施计划的主要措施等；

（二）计划项目的内容包括标准名称、制订或修订、适用范围及其主要技术内容、主编部门、主编单位和起始年限等。

第七条　列入五年计划的国家标准制订项目应当落实主编单位，主编单位应当具备下列条件：

（一）承担过与该国家标准项目相应的工程建设勘察、规划、设计、施工或科研任务的企业、事业单位；

（二）具有较丰富的工程建设经验、较高的技术水平和组织管理水平，能组织解决国家标准编制中的重大技术问题。

第八条 列入五年计划的国家标准修订项目，其主编单位一般由原国家标准的管理单位承担。

第九条 五年计划的编制工作应当按下列程序进行：

（一）国务院工程建设行政主管部门根据国家编制国民经济和社会发展五年计划的原则和要求，统一部署编制国家标准五年计划的任务；

（二）国务院有关行政主管部门和省、自治区、直辖市工程建设行政主管部门，根据国务院工程建设行政主管部门统一部署的要求，提出五年计划建议草案，报国务院工程建设行政主管部门；

（三）国务院工程建设行政主管部门对五年计划建议草案进行汇总，在与各有关方面充分协商的基础上进行综合平衡，并提出五年计划草案，报国务院计划行政主管部门批准下达。

第十条 年度计划由计划编制的简要说明和计划项目两部分组成。计划项目的内容包括标准名称、制订或修订、适用范围及其主要技术内容、主编部门和主编单位、参加单位、起止年限、进度要求等。

第十一条 年度计划应当在五年计划的基础上进行编制。国家标准项目在列入年度计划之前由主编单位做好年度计划的前期工作，并提出前期工作报告。前期工作报告应当包括：国家标准项目名称、目的和作用、技术条件和成熟程度、与各类现行标准的关系、预期的经济效益和社会效益、建议参编单位和起止年限。

第十二条 列入年度计划的国家标准项目，应当具备下列条件：

（一）有年度计划的前期工作报告；

（二）有生产和建设的实践经验；

（三）相应的科研成果经过鉴定和验证，具备推广应用的条件；

（四）不与相关的国家标准重复或矛盾；

（五）参编单位已落实。

第十三条 年度计划的编制工作应当按下列程序进行：

（一）国务院有关行政主管部门和省、自治区、直辖市工程建设行政主管部门，应当根据五年计划的要求，分期分批地安排各国家标准项目的主编单位进行年度计划的前期工作。由主编单位提出的前期工作报告和年度计划项目表，报主管部门审查；

（二）国务院有关行政主管部门和省、自治区、直辖市工程建设行政主管部门，根据国务院工程建设行政主管部门当年的统一部署，做好所承担年度计划项目的落实工作并在规定期限前报国务院工程建设行政主管部门；

（三）国务院工程建设行政主管部门根据各主管部门提出的计划项目，经综合平衡后，编制工程建设国家标准的年度计划草案，在规定期限前报国务院计划行政主管部门批准下达。

第十四条　列入年度计划国家标准项目的主编单位应当按计划要求组织实施。在计划执行中遇有特殊情况，不能按原计划实施时，应当向主管部门提交申请变更计划的报告。各主管部门可根据实际情况提出调整计划的建议，经国务院工程建设行政主管部门批准后，按调整的计划组织实施。

第十五条　国家院各有关行政主管部门和省、自治区、直辖市工程建设行政主管部门对主管的国家标准项目计划执行情况负有监督和检查的责任，并负责协调解决计划执行中的重大问题。各主编单位在每年年底前将本年度计划执行情况和下年度的工作安排报行政主管部门，并报国务院工程建设行政主管部门备案。

第三章　国家标准的制订

第十六条　制订国家标准必须贯彻执行国家的有关法律、法规和方针、政策，密切结合自然条件，合理利用资源，充分考虑使用和维修的要求，做到安全适用、技术先进、经济合理。

第十七条　制订国家标准，对需要进行科学试验或测试验证的项目，应当纳入各级主管部门的科研计划，认真组织实施，写出成果报告。凡经过行政主管部门或受委托单位鉴定，技术上成熟，经济上合理的项目应当纳入标准。

第十八条　制订国家标准应当积极采用新技术、新工艺、新设备、新材料。纳入标准的新技术、新工艺、新设备、新材料，应当经有关主管部门或受委托单位鉴定，有完整的技术文件，且经实践检验行之有效。

第十九条　制订国家标准要积极采用国际标准和国外先进标准，凡经过认真分析论证或测试验证，并且符合我国国情的，应当纳入国家标准。

第二十条　制订国家标准，其条文规定应当严谨明确，文句简练，不得模棱两可；其内容深度、术语、符号、计量单位等应当前后一致，不得矛盾。

第二十一条　制订国家标准必须做好与现行相关标准之间的协调工作。对需要与现行工程建设国家标准协调的，应当遵守现行工程建设国家标准的规定；确有充分依据对其内容进行更改的，必须经过国务院工程建设行政主管部门审批，方可另行规定。凡属于产品标准方面的内容，不得在工程建设国家标准中加以规定。

第二十二条　制订国家标准必须充分发扬民主。对国家标准中有关政策性问题，应当认真研究、充分讨论、统一认识；对有争论的技术性问题，应当在调查研究、试验验证或专题讨论的基础上，经过充分协商，恰如其分地做出结论。

第二十三条　制订国家标准的工作程序按准备、征求意见、送审和报批四个阶段进行。

第二十四条　准备阶段的工作应当符合下列要求：

（一）主编单位根据年度计划的要求，进行编制国家标准的筹备工作。落实国家标准编制组成员，草拟制订国家标准的工作大纲。工作大纲包括国家标准的主要章节内容、需要调查研究的主要问题、必要的测试验证项目、工作进度计划及编制组成员分工等内容；

（二）主编单位筹备工作完成后，由主编部门或由主编部门委托主编单位主持召开编制组第一次工作会议。其内容包括：宣布编制组成员、学习工程建设标准化工作的有关文件、讨论通过工作大纲和会议纪要。会议纪要印发国家标准的参编部门和单位，并报国务院工程建设行政主管部门备案。

第二十五条　征求意见阶段的工作应当符合下列要求：

（一）编制组根据制订国家标准的工作大纲开展调查研究工作。调查对象应当具有代表性和典型性。调查研究工作结束后，应当及时提出调查研究报告，并将整理好的原始调查记录和收集到的国内外有关资料由编制组统一归档；

（二）测试验证工作在编制组统一计划下进行，落实负责单位、制订测试验证工作大纲、确定统一的测试验证方法等。测试验证结果，应当由项目的负责单位组织有关专家进行鉴定。鉴定成果及有关的原始资料由编制组统一归档；

（三）编制组对国家标准中的重大问题或有分歧的问题，应当根据需要召开专题会议。专题会议邀请有代表性和有经验的专家参加，并应当形成会议纪要。会议纪要及会议记录等由编制组统一归档；

（四）编制组在做好上述各项工作的基础上，编写标准征求意见稿及其条文说明。主编单位对标准征求意见稿及其条文说明的内容全面负责；

（五）主编部门对主编单位提出的征求意见稿及其条文说明根据本办法制订标准的原则进行审核。审核的主要内容：国家标准的适用范围与技术内容协调一致；技术内容体现国家的技术经济政策；准确反映生产、建设的实践经验；标准的技术数据和参数有可靠的依据，并与相关标准相协调；对有分歧和争论的问题，编制组内取得一致意见；国家标准的编写符合工程建设国家标准编写的统一规定；

（六）征求意见稿及其条文说明应由主编单位印发国务院有关行政主管部门、各有关省、自治区、直辖市工程建设行政主管部门和各单位征求意见。征求意见的期限一般为两个月。必要时，对其中的重要问题，可以采取走访或召开专题会议的形式征求意见。

第二十六条　送审阶段的工作应当符合下列要求：

（一）编制组将征求意见阶段收集到的意见，逐条归纳整理，在分析研究的基础上提出处理意见，形成国家标准送审稿及其条文说明。对其中有争议的重大问题可以视具体情况进行补充的调查研究、测试验证或召开专题会议，提出处理意见；

（二）当国家标准需要进行全面的综合技术经济比较时，编制组要按国家标准送审稿组织试设计或施工试用。试设计或施工试用应当选择有代表性的工程进行。

试设计或施工试用结束后应当提出报告；

（三）国家标准送审的文件一般应当包括：国家标准送审稿及其条文说明、送审报告、主要问题的专题报告、试设计或施工试用报告等。送审报告的内容主要包括：制订标准任务的来源、制订标准过程中所作的主要工作、标准中重点内容确定的依据及其成熟程度、与国外相关标准水平的对比、标准实施后的经济效益和社会效益以及对标准的初步总评价、标准中尚存在主要问题和今后需要进行的主要工作等；

（四）国家标准送审文件应当在开会之前一个半月发至各主管部门和关单位；

（五）国家标准送审稿的审查，一般采取召开审查会议的形式。经国务院工程建设行政主管部门同意后，也可以采取函审和小型审定会议的形式；

（六）审查会议应由主编部门主持召开。参加会议的代表应包括国务院有关行政主管部门的代表、有经验的专家代表、相关的国家标准编制组或管理组的代表。

审查会议可以成立会议领导小组，负责研究解决会议中提出的重大问题。会议由代表和编制组成员共同对标准送审稿进行审查，对其中重要的或有争议的问题应当进行充分讨论和协商，集中代表的正确意见；对有争议并不能取得一致意见的问题，应当提出倾向性审查意见。

审查会议应当形成会议纪要。其内容一般包括：审查会议概况、标准送审稿中的重点内容及分歧较大问题的审查意见、对标准送审稿的评价、会议代表和领导小组成员名单等。

（七）采取函审和小型审定会议对标准送审稿进行审查时，由主编部门印发通知。参加函审的单位和专家，应经国务院工程建设行政主管部门审查同意、主编部门在函审的基础上主持召开小型审定会议，对标准中的重大问题和有分歧的问题提出审查意见，形成会议纪要，印发各有关部门和单位并报国务院工程建设行政主管部门。

第二十七条　报批阶段的工作应当符合下列要求：

（一）编制组根据审查会议或函审和小型审定会议的审查意见，修改标准送审稿及其条文说明，形成标准报批稿及其条文说明。标准的报批文件经主编单位审查后报主编部门。报批文件一般包括标准报批稿及其条文说明、报批报告、审查或审定会议纪要、主要问题的专题报告、试设计或施工试用报告等。

（二）主编部门应当对标准报批文件进行全面审查，并会同国务院工程建设行政主管部门共同对标准报批稿进行审核。主编部门将共同确认的标准报批文件一式三份报国务院工程建设行政主管部门审批。

第四章　国家标准的审批、发布

第二十八条　国家标准由国务院工程建设行政主管部门审查批准，由国务院标准化行政主管部门统一编号，由国务院标准化行政主管部门和国务院工程建设行政主管部门联合发布。

第二十九条 国家标准的编号由国家标准代号、发布标准的顺序号和发布标准的年号组成，并应当符合下列统一格式：

（一）强制性国家标准的编号为：

GB 50＊＊＊－＊＊
——强制性国家标准的代号
——发布标准的顺序号
——发布标准的年号

（二）推荐性国家标准编号为：

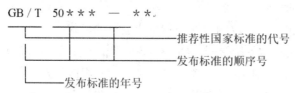

GB／T 50＊＊＊ － ＊＊
——推荐性国家标准的代号
——发布标准的顺序号
——发布标准的年号

第三十条 国家标准的出版由国务院工程建设行政主管部门负责组织。国家标准的出版印刷应当符合工程建设标准出版印刷的统一要求。

第三十一条 国家标准属于科技成果。对技术水平高、取得显著经济效益或社会效益的国家标准，应当纳入各级科学技术进步奖励范围，予以奖励。

第五章 国家标准的复审与修订

第三十二条 国家标准实施后，应当根据科学技术的发展和工程建设的需要，由该国家标准的管理部门适时组织有关单位进行复审。复审一般在国家标准实施后五年进行一次。

第三十三条 国家标准复审的具体工作由国家标准管理单位负责。复审可以采取函审或会议审查，一般由参加过该标准编制或审查的单位或个人参加。

第三十四条 国家标准复审后，标准管理单位应当提出其继续有效或者予以修订、废止的意见，经该国家标准的主管部门确认后报国务院工程建设行政主管部门批准。

第三十五条 对确认继续有效的国家标准，当再版或汇编时，应在其封面或扉页上的标准编号下方增加"＊＊＊＊年＊月确认继续有效"。对确认继续有效或予以废止的国家标准，由国务院工程建设行政主管部门在指定的报刊上公布。

第三十六条 对需要全面修订的国家标准，由其管理单位做好前期工作。国家标准修订的准备阶段工作应在管理阶段进行，其他有关的要求应当符合制订国家标准的有关规定。

第三十七条 凡属下列情况之一的国家标准应当进行局部修订：

（一）国家标准的部分规定已制约了科学技术新成果的推广应用；

（二）国家标准的部分规定经修订后可取得明显的经济效益，社会效益，环境效益；

（三）国家标准的部分规定有明显缺陷或与相关的国家标准相抵触；

（四）需要对现行的国家标准做局部补充规定。

第三十八条　国家标准局部修订的计划和编制程序，应当符合工程建设技术标准局部修订的统一规定。

第六章　国家标准的日常管理

第三十九条　国家标准发布后，由其管理单位组建国家标准管理组，负责国家标准的日常管理工作。

第四十条　国家标准管理组设专职或兼职若干人。其人员组成，经国家标准管理单位报该国家标准管理部门审定后报国务院工程建设行政主管部门备案。

第四十一条　国家标准日常管理的主要任务是：

（一）根据主管部门的授权负责国家标准的解释；

（二）对国家标准中遗留的问题，负责组织调查研究、必要的测试验证和重点科研工作；

（三）负责国家标准的宣传贯彻工作；

（四）调查了解国家标准的实施情况，收集和研究国内外有关标准、技术信息资料和实践经验，参加相应的国际标准化活动；

（五）参与有关工程建设质量事故的调查和咨询；

（六）负责开展标准的研究和学术交流活动；

（七）负责国家标准的复审、局部修订和技术档案工作。

第四十二条　国家标准管理人员在该国家标准管理部门和管理单位的领导下工作。管理单位应当加强对其的领导，进行经常性的督促检查，定期研究和解决国家标准日常管理工作中的问题。

第七章　附　则

第四十三条　推荐性国家标准可由国务院工程建设行政主管部门委托中国工程建设标准化协会等单位编制计划、组织制订。

第四十四条　本办法由国务院工程建设行政主管部门负责解释。

第四十五条　本办法自发布之日起施行。

第4单元　工程建设行业标准管理办法

工程建设行业标准管理办法

中华人民共和国建设部令　第25号

《工程建设行业标准管理办法》已于一九九二年十二月二十九日经第二十八次部常务会议通过，现予发布，自发布之日起施行。

部长　侯捷

一九九二年十二月三十日

工程建设行业标准管理办法

第一条　为加强工程建设行业标准的管理，根据《中华人民共和国标准化法》、《中华人民共和国标准化法实施条例》和国家有关工程建设的法律、行政法规，制定本办法。

第二条　对没有国家标准而需要在全国某个行业范围内统一的下列技术要求，可以制定行业标准：

（一）工程建设勘察、规划、设计、施工（包括安装）及验收等行业专用的质量要求；

（二）工程建设行业专用的有关安全、卫生和环境保护的技术要求；

（三）工程建设行业专用的术语、符号、代号、量与单位和制图方法；

（四）工程建设行业专用的试验、检验和评定等方法；

（五）工程建设行业专用的信息技术要求；

（六）其他工程建设行业专用的技术要求。

第三条　行业标准分为强制性标准和推荐性标准。

下列标准属于强制性标准：

（一）工程建设勘察、规划、设计、施工（包括安装）及验收等行业专用的综合性标准和重要的行业专用的质量标准；

（二）工程建设行业专用的有关安全、卫生和环境保护的标准；

（三）工程建设重要的行业专用的术语、符号、代号、量与单位和制图方法标准；

（四）工程建设重要的行业专用的试验、检验和评定方法等标准；

（五）工程建设重要的行业专用的信息技术标准；

（六）行业需要控制的其他工程建设标准。

强制性标准以外的标准是推荐性标准。

第四条　国务院有关行政主管部门根据《中华人民共和国标准化法》和国务院工程建设行政主管部门确定的行业标准管理范围，履行行业标准的管理职责。

第五条　行业标准的计划根据国务院工程建设行政主管部门的统一部署由国务院有关行政主管部门组织编制和下达，并报国务院工程建设行政主管部门备案。

与两个以上国务院行政主管部门有关的行业标准，其主编部门由相关的行政主管部门协商确定或由国务院工程建设行政主管部门协调确定，其计划出被确定的主编部门下达。

第六条　行业标准不得与国家标准相抵触。有关行业标准之间应当协调、统一、避免重复。

第七条　制订、修订行业标准的工作程序，可以按准备、征求意见、送审和报批四个阶段进行。

第八条　行业标准的编写应当符合工程建设标准编写的统一规定。

第九条　行业标准由国务院有关行政主管部门审批、编号和发布。

其中，两个以上部门共同制订的行业标准，由有关的行政主管部门联合审批、发布，并由其主编部门负责编号。

第十条　行业标准的某些规定与国家标准不一致时，必须有充分的科学依据和理由，并经国家标准的审批部门批准。

行业标准在相应的国家标准实施后，应当及时修订或废止。

第十一条　行业标准实施后，该标准的批准部门应当根据科学技术的发展和工程建设的实际需要适时进行复审，确认其继续有效或予以修订、废止。一般五年复审一次，复审结果报国务院工程建设行政主管部门备案。

第十二条　行业标准的编号由行业标准的代号、标准发布的顺序号和批准标准的年号组成，并应当符合下列统一格式：

（一）强制性行业标准的编号：

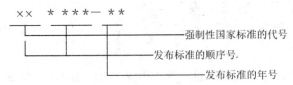

（二）推荐性行业标准的编号：

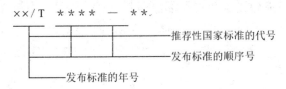

第十三条 行业标准发布后，应当报国务院工程建设行政主管部门备案。

第十四条 行业标准由标准的批准部门负责组织出版，并应当符合工程建设标准出版印刷的统一规定。

第十五条 行业标准属于科技成果。对技术水平高，取得显著经济效益、社会效益和环境效益的行业标准，应当纳入各级科学技术进步奖励范围，并予以奖励。

第十六条 国务院有关行政主管部门可以根据《中华人民共和国标准化法》，《中华人民共和国标准化法实施条例》和本办法制定本行业的工程建设行业标准管理细则。

第十七条 本办法由国务院工程建设行政主管部门负责解释。

第十八条 本办法自发布之日起实施。原《工程建设专业标准规范管理暂行办法》同时废止。

第5单元 建设工程质量管理条例

建设工程质量管理条例

中华人民共和国国务院令第 279 号

《建设工程质量管理条例》已经 2000 年 1 月 10 日国务院第 25 次常务会议通过，现予发布，自发布之日起施行。

总理 朱镕基

2000 年 1 月 30 日

第一章 总则

第一条 为了加强对建设工程质量的管理，保证建设工程质量，保护人民生命和财产安全，根据《中华人民共和国建筑法》，制定本条例。

第二条 凡在中华人民共和国境内从事建设工程的新建、扩建、改建等有关活动及实施对建设工程质量监督管理的，必须遵守本条例。

本条例所称建设工程，是指土木工程、建筑工程、线路管道和设备安装工程及装修工程。

第三条 建设单位、勘察单位、设计单位、施工单位、工程监理单位依法对建设工程质量负责。

第四条 县级以上人民政府建设行政主管部门和其他有关部门应当加强对建设工程质量的监督管理。

第五条 从事建设工程活动，必须严格执行基本建设程序，坚持先勘察、后设计、再施工的原则。

县级以上人民政府及其有关部门不得超越权限审批建设项目或者擅自简化基本建设程序。

第六条　国家鼓励采用先进的科学技术和管理方法，提高建设工程质量。

第二章　建设单位的质量责任和义务

第七条　建设单位应当将工程发包给具有相应资质等级的单位。

建设单位不得将建设工程肢解发包。

第八条　建设单位应当依法对工程建设项目的勘察、设计、施工、监理以及与工程建设有关的重要设备、材料等的采购进行招标。

第九条　建设单位必须向有关的勘察、设计、施工、工程监理等单位提供与建设工程有关的原始资料。

原始资料必须真实、准确、齐全。

第十条　建设工程发包单位，不得迫使承包方以低于成本的价格竞标，不得任意压缩合理工期。

建设单位不得明示或者暗示设计单位或者施工单位违反工程建设强制性标准，降低建设工程质量。

第十一条　建设单位应当将施工图设计文件报县级以上人民政府建设行政主管部门或者其他有关部门审查。施工图设计文件审查的具体办法，由国务院建设行政主管部门会同国务院其他有关部门制定。

施工图设计文件未经审查批准的，不得使用。

第十二条　实行监理的建设工程，建设单位应当委托具有相应资质等级的工程监理单位进行监理，也可以委托具有工程监理相应资质等级并与被监理工程的施工承包单位没有隶属关系或者其他利害关系的该工程的设计单位进行监理。

下列建设工程必须实行监理：

（一）国家重点建设工程；

（二）大中型公用事业工程；

（三）成片开发建设的住宅小区工程；

（四）利用外国政府或者国际组织贷款、援助资金的工程；

（五）国家规定必须实行监理的其他工程。

第十三条　建设单位在领取施工许可证或者开工报告前，应当按照国家有关规定办理工程质量监督手续。

第十四条　按照合同约定，由建设单位采购建筑材料、建筑构配件和设备的，建设单位应当保证建筑材料、建筑构配件和设备符合设计文件和合同要求。

建设单位不得明示或者暗示施工单位使用不合格的建筑材料、建筑构配件和设备。

第十五条　涉及建筑主体和承重结构变动的装修工程，建设单位应当在施工前委托原设计单位或者具有相应资质等级的设计单位提出设计方案；没有设计方案的，不得施工。

房屋建筑使用者在装修过程中，不得擅自变动房屋建筑主体和承重结构。

第十六条　建设单位收到建设工程竣工报告后，应当组织设计、施工、工程监理等有关单位进行竣工验收。

建设工程竣工验收应当具备下列条件：

（一）完成建设工程设计和合同约定的各项内容；

（二）有完整的技术档案和施工管理资料；

（三）有工程使用的主要建筑材料、建筑构配件和设备的进场试验报告；

（四）有勘察、设计、施工、工程监理等单位分别签署的质量合格文件；

（五）有施工单位签署的工程保修书。

建设工程经验收合格的，方可交付使用。

第十七条　建设单位应当严格按照国家有关档案管理的规定，及时收集、整理建设项目各环节的文件资料，建立、健全建设项目档案，并在建设工程竣工验收后，及时向建设行政主管部门或者其他有关部门移交建设项目档案。

第三章　勘察、设计单位的质量责任和义务

第十八条　从事建设工程勘察、设计的单位应当依法取得相应等级的资质证书，并在其资质等级许可的范围内承揽工程。

禁止勘察、设计单位超越其资质等级许可的范围或者以其他勘察、设计单位的名义承揽工程。禁止勘察、设计单位允许其他单位或者个人以本单位的名义承揽工程。

勘察、设计单位不得转包或者违法分包所承揽的工程。

第十九条　勘察、设计单位必须按照工程建设强制性标准进行勘察、设计，并对其勘察、设计的质量负责。

注册建筑师、注册结构工程师等注册执业人员应当在设计文件上签字，对设计文件负责。

第二十条　勘察单位提供的地质、测量、水文等勘察成果必须真实、准确。

第二十一条　设计单位应当根据勘察成果文件进行建设工程设计。

设计文件应当符合国家规定的设计深度要求，注明工程合理使用年限。

第二十二条　设计单位在设计文件中选用的建筑材料、建筑构配件和设备，应当注明规格、型号、性能等技术指标，其质量要求必须符合国家规定的标准。

除有特殊要求的建筑材料、专用设备、工艺生产线等外，设计单位不得指定生产厂、供应商。

第二十三条　设计单位应当就审查合格的施工图设计文件向施工单位作出详细说明。

第二十四条 设计单位应当参与建设工程质量事故分析，并对因设计造成的质量事故，提出相应的技术处理方案。

第四章 施工单位的质量责任和义务

第二十五条 施工单位应当依法取得相应等级的资质证书，并在其资质等级许可的范围内承揽工程。

禁止施工单位超越本单位资质等级许可的业务范围或者以其他施工单位的名义承揽工程。禁止施工单位允许其他单位或者个人以本单位的名义承揽工程。

施工单位不得转包或者违法分包工程。

第二十六条 施工单位对建设工程的施工质量负责。

施工单位应当建立质量责任制，确定工程项目的项目经理、技术负责人和施工管理负责人。

建设工程实行总承包的，总承包单位应当对全部建设工程质量负责；建设工程勘察、设计、施工、设备采购的一项或者多项实行总承包的，总承包单位应当对其承包的建设工程或者采购的设备的质量负责。

第二十七条 总承包单位依法将建设工程分包给其他单位的，分包单位应当按照分包合同的约定对其分包工程的质量向总承包单位负责，总承包单位与分包单位对分包工程的质量承担连带责任。

第二十八条 施工单位必须按照工程设计图纸和施工技术标准施工，不得擅自修改工程设计，不得偷工减料。

施工单位在施工过程中发现设计文件和图纸有差错的，应当及时提出意见和建议。

第二十九条 施工单位必须按照工程设计要求、施工技术标准和合同约定，对建筑材料、建筑构配件、设备和商品混凝土进行检验，检验应当有书面记录和专人签字；未经检验或者检验不合格的，不得使用。

第三十条 施工单位必须建立、健全施工质量的检验制度，严格工序管理，作好隐蔽工程的质量检查和记录。隐蔽工程在隐蔽前，施工单位应当通知建设单位和建设工程质量监督机构。

第三十一条 施工人员对涉及结构安全的试块、试件以及有关材料，应当在建设单位或者工程监理单位监督下现场取样，并送具有相应资质等级的质量检测单位进行检测。

第三十二条 施工单位对施工中出现质量问题的建设工程或者竣工验收不合格的建设工程，应当负责返修。

第三十三条 施工单位应当建立、健全教育培训制度，加强对职工的教育培训；未经教育培训或者考核不合格的人员，不得上岗作业。

第五章 工程监理单位的质量责任和义务

第三十四条 工程监理单位应当依法取得相应等级的资质证书，并在其资质等级许可的范围内承担工程监理业务。

禁止工程监理单位超越本单位资质等级许可的范围或者以其他工程监理单位的名义承担工程监理业务。禁止工程监理单位允许其他单位或者个人以本单位的名义承担工程监理业务。

工程监理单位不得转让工程监理业务。

第三十五条 工程监理单位与被监理工程的施工承包单位以及建筑材料、建筑构配件和设备供应单位有隶属关系或者其他利害关系的，不得承担该项建设工程的监理业务。

第三十六条 工程监理单位应当依照法律、法规以及有关技术标准、设计文件和建设工程承包合同，代表建设单位对施工质量实施监理，并对施工质量承担监理责任。

第三十七条 工程监理单位应当选派具备相应资格的总监理工程师和监理工程师进驻施工现场。

未经监理工程师签字，建筑材料、建筑构配件和设备不得在工程上使用或者安装，施工单位不得进行下一道工序的施工。未经总监理工程师签字，建设单位不拨付工程款，不进行竣工验收。

第三十八条 监理工程师应当按照工程监理规范的要求，采取旁站、巡视和平行检验等形式，对建设工程实施监理。

第六章 建设工程质量保修

第三十九条 建设工程实行质量保修制度。

建设工程承包单位在向建设单位提交工程竣工验收报告时，应当向建设单位出具质量保修书。质量保修书中应当明确建设工程的保修范围、保修期限和保修责任等。

第四十条 在正常使用条件下，建设工程的最低保修期限为：

（一）基础设施工程、房屋建筑的地基基础工程和主体结构工程，为设计文件规定的该工程的合理使用年限；

（二）屋面防水工程、有防水要求的卫生间、房间和外墙面的防渗漏，为5年；

（三）供热与供冷系统，为2个采暖期、供冷期；

（四）电气管线、给排水管道、设备安装和装修工程，为2年。

其他项目的保修期限由发包方与承包方约定。

建设工程的保修期，自竣工验收合格之日起计算。

第四十一条 建设工程在保修范围和保修期限内发生质量问题的，施工单位应当履行保修义务，并对造成的损失承担赔偿责任。

第四十二条　建设工程在超过合理使用年限后需要继续使用的,产权所有人应当委托具有相应资质等级的勘察、设计单位鉴定,并根据鉴定结果采取加固、维修等措施,重新界定使用期。

第七章　监督管理

第四十三条　国家实行建设工程质量监督管理制度。

国务院建设行政主管部门对全国的建设工程质量实施统一监督管理。国务院铁路、交通、水利等有关部门按照国务院规定的职责分工,负责对全国的有关专业建设工程质量的监督管理。

县级以上地方人民政府建设行政主管部门对本行政区域内的建设工程质量实施监督管理。县级以上地方人民政府交通、水利等有关部门在各自的职责范围内,负责对本行政区域内的专业建设工程质量的监督管理。

第四十四条　国务院建设行政主管部门和国务院铁路、交通、水利等有关部门应当加强对有关建设工程质量的法律、法规和强制性标准执行情况的监督检查。

第四十五条　国务院发展计划部门按照国务院规定的职责,组织稽察特派员,对国家出资的重大建设项目实施监督检查。

国务院经济贸易主管部门按照国务院规定的职责,对国家重大技术改造项目实施监督检查。

第四十六条　建设工程质量监督管理,可民由建设行政主管部门或者其他有关部门委托的建设工程质量监督机构具体实施。

从事房屋建筑工程和市政基础设施工程质量监督的机构,必须按照国家有关规定经国务院建设行政主管部门或者省、自治区、直辖市人民政府建设行政主管部门考核;从事专业建设工程质量监督的机构,必须按照国家有关规定经国务院有关部门或者省、自治区、直辖市人民政府有关部门考核。经考核合格后,方可实施质量监督。

第四十七条　县级以上地方人民政府建设行政主管部门和其他有关部门应当加强对有关建设工程质量的法律、法规和强制性标准执行情况的监督检查。

第四十八条　县级以上人民政府建设行政主管部门和其他有关部门履行监督检查职责时,有权采取下列措施:

(一)要求被检查的单位提供有关工程质量的文件和资料;

(二)进入被检查单位的施工现场进行检查;

(三)发现有影响工程质量的问题时,责令改正。

第四十九条　建设单位应当自建设工程竣工验收合格之日起15日内,将建设工程竣工验收报告和规划、公安消防、环保等部门出具的认可文件或者准许使用文件报建设行政主管部门或者其他有关部门备案。

建设行政主管部门或者其他有关部门发现建设单位在竣工验收过程中有违反

国家有关建设工程质量管理规定行为的，责令停止使用，重新组织竣工验收。

第五十条　有关单位和个人对县级以上人民政府建设行政主管部门和其他有关部门进行的监督检查应当支持与配合，不得拒绝或者阻碍建设工程质量监督检查人员依法执行职务。

第五十一条　供水、供电、供气、公安消防等部门或者单位不得明示或者暗示建设单位、施工单位购买其指定的生产供应单位的建筑材料、建筑构配件和设备。

第五十二条　建设工程发生质量事故，有关单位应当在 24 小时内向当地建设行政主管部门和其他有关部门报告。对重大质量事故，事故发生地的建设行政主管部门和其他有关部门应当按照事故类别和等级向当地人民政府和上级建设行政主管部门和其他有关部门报告。

特别重大质量事故的调查程序按照国务院有关规定办理。

第五十三条　任何单位和个人对建设工程的质量事故、质量缺陷都有权检举、控告、投诉。

第八章　罚则

第五十四条　违反本条例规定，建设单位将建设工程发包给不具有相应资质等级的勘察、设计、施工单位或者委托给不具有相应资质等级的工程监理单位的，责令改正，处 50 万元以上 100 万元以下的罚款。

第五十五条　违反本条例规定，建设单位将建设工程肢解发包的，责令改正，处工程合同价款 0.5% 以上 1% 以下的罚款；对全部或者部分使用国有资金的项目，并可以暂停项目执行或者暂停资金拨付。

第五十六条　违反本条例规定，建设单位有下列行为之一的，责令改正，处 20 万元以上 50 万元以下的罚款：

（一）迫使承包方以低于成本的价格竞标的；

（二）任意压缩合理工期的；

（三）明示或者暗示设计单位或者施工单位违反工程建设强制性标准，降低工程质量的；

（四）施工图设计文件未经审查或者审查不合格，擅自施工的；

（五）建设项目必须实行工程监理而未实行工程监理的；

（六）未按照国家规定办理工程质量监督手续的；

（七）明示或者暗示施工单位使用不合格的建筑材料、建筑构配件和设备的；

（八）未按照国家规定将竣工验收报告、有关认可文件或者准许使用文件报送备案的。

第五十七条　违反本条例规定，建设单位未取得施工许可证或者开工报告未经批准，擅自施工的，责令停止施工，限期改正，处工程合同价款 1% 以上 2% 以下的罚款。

第五十八条　违反本条例规定，建设单位有下列行为之一的，责令改正，处工程合同价款2%以上4%以下的罚款；造成损失的，依法承担赔偿责任：

（一）未组织竣工验收，擅自交付使用的；

（二）验收不合格，擅自交付使用的；

（三）对不合格的建设工程按照合格工程验收的。

第五十九条　违反本条例规定，建设工程竣工验收后，建设单位未向建设行政主管部门或者其他有关部门移交建设项目档案的，责令改正，处1万元以上10万元以下的罚款。

第六十条　违反本条例规定，勘察、设计、施工、工程监理单位超越本单位资质等级承揽工程的，责令停止违法行为，对勘察、设计单位或者工程监理单位处合同约定的勘察费、设计费或者监理酬金1倍以上2倍以下的罚款；对施工单位处工程合同价款2%以上4%以下的罚款，可以责令停业整顿，降低资质等级；情节严重的，吊销资质证书；有违法所得的，予以没收。

未取得资质证书承揽工程的，予以取缔，依照前款规定处以罚款；有违法所得的，予以没收。

以欺骗手段取得资质证书承揽工程的，吊销资质证书，依照本条第一款规定处以罚款；有违法所得的，予以没收。

第六十一条　违反本条例规定，勘察、设计、施工、工程监理单位允许其他单位或者个人以本单位名义承揽工程的，责令改正，没收违法所得，对勘察、设计单位和工程监理单位处合同约定的勘察费、设计费和监理酬金1倍以上2倍以下的罚款；对施工单位处工程合同价款2%以上4%以下的罚款；可以责令停业整顿，降低资质等级；情节严重的，吊销资质证书。

第六十二条　违反本条例规定，承包单位将承包的工程转包或者违法分包的，责令改正，没收违法所得，对勘察、设计单位处合同约定的勘察费、设计费25%以上50%以下的罚款；对施工单位处工程合同价款0.5%以上1%以下的罚款；可以责令停业整顿，降低资质等级；情节严重的，吊销资质证书。

工程监理单位转让工程监理业务的，责令改正，没收违法所得，处合同约定的监理酬金25%以上50%以下的罚款；可以责令停业整顿，降低资质等级；情节严重的，吊销资质证书。

第六十三条　违反本条例规定，有下列行为之一的，责令改正，处10万元以上30万元以下的罚款：

（一）勘察单位未按照工程建设强制性标准进行勘察的；

（二）设计单位未根据勘察成果文件进行工程设计的；

（三）设计单位指定建筑材料、建筑构配件的生产厂、供应商的；

（四）设计单位未按照工程建设强制性标准进行设计的。

有前款所列行为，造成重大工程质量事故的，责令停业整顿，降低资质等级；情节严重的，吊销资质证书；造成损失的，依法承担赔偿责任。

第六十四条　违反本条例规定，施工单位在施工中偷工减料的，使用不合格的建筑材料、建筑构配件和设备的，或者有不按照工程设计图纸或者施工技术标准施工的其他行为的，责令改正，处工程合同价款2%以上4%以下的罚款；造成建设工程质量不符合规定的质量标准的，负责返工、修理，并赔偿因此造成的损失；情节严重的，责令停业整顿，降低资质等级或者吊销资质证书。

第六十五条　违反本条例规定，施工单位未对建筑材料、建筑构配件、设备和商品混凝土进行检验，或者未对涉及结构安全的试块、试件以及有关材料取样检测的，责令改正，处10万元以上20万元以下的罚款；情节严重的，责令停业整顿，降低资质等级或者吊销资质证书；造成损失的，依法承担赔偿责任。

第六十六条　违反本条例规定，施工单位不履行保修义务或者拖延履行保修义务的，责令改正，处10万元以上20万元以下的罚款，并对在保修期内因质量缺陷造成的损失承担赔偿责任。

第六十七条　工程监理单位有下列行为之一的，责令改正，处50万元以上100万元以下的罚款，降低资质等级或者吊销资质证书；有违法所得的，予以没收；造成损失的，承担连带赔偿责任：

（一）与建设单位或者施工单位串通，弄虚作假、降低工程质量的；

（二）将不合格的建设工程、建筑材料、建筑构配件和设备按照合格签字的。

第六十八条　违反本条例规定，工程监理单位与被监理工程的施工承包单位以及建筑材料、建筑构配件和设备供应单位有隶属关系或者其他利害关系承担该项建设工程的监理业务的，责令改正，处5万元以上10万元以下的罚款，降低资质等级或者吊销资质证书；有违法所得的，予以没收。

第六十九条　违反本条例规定，涉及建筑主体或者承重结构变动的装修工程，没有设计方案擅自施工的，责令改正，处50万元以上100万元以下的罚款；房屋建筑使用者在装修过程中擅自变动房屋建筑主体和承重结构的，责令改正，处5万元以上10万元以下的罚款。

有前款所列行为，造成损失的，依法承担赔偿责任。

第七十条　发生重大工程质量事故隐瞒不报、谎报或者拖延报告期限的，对直接负责的主管人员和其他责任人员依法给予行政处分。

第七十一条　违反本条例规定，供水、供电、供气、公安消防等部门或者单位明示或者暗示建设单位或者施工单位购买其指定的生产供应单位的建筑材料、建筑构配件和设备的，责令改正。

第七十二条　违反本条例规定，注册建筑师、注册结构工程师、监理工程师等注册执业人员因过错造成质量事故的，责令停止执业1年；造成重大质量事故的，吊销执业资格证书，5年以内不予注册；情节特别恶劣的，终身不予注册。

第七十三条 依照本条例规定，给予单位罚款处罚的，对单位直接负责的主管人员和其他直接责任人员处单位罚款数额5%以上10%以下的罚款。

第七十四条 建设单位、设计单位、施工单位、工程监理单位违反国家规定，降低工程质量标准，造成重大安全事故，构成犯罪的，对直接责任人员依法追究刑事责任。

第七十五条 本条例规定的责令停业整顿，降低资质等级和吊销资质证书的行政处罚，由颁发资质证书的机关决定；其他行政处罚，由建设行政主管部门或者其他有关部门依照法定职权决定。

依照本条例规定被吊销资质证书的，由工商行政管理部门吊销其营业执照。

第七十六条 国家机关工作人员在建设工程质量监督管理工作中玩忽职守、滥用职权、徇私舞弊，构成犯罪的，依法追究刑事责任；尚不构成犯罪的，依法给予行政处分。

第七十七条 建设、勘察、设计、施工、工程监理单位的工作人员因调动工作、退休等原因离开该单位后，被发现在该单位工作期间违反国家有关建设工程质量管理规定，造成重大工程质量事故的，仍应当依法追究法律责任。

第九章 附则

第七十八条 本条例所称肢解发包，是指建设单位将应当由一个承包单位完成的建设工程分解成若干部分发包给不同的承包单位的行为。

本条例所称违法分包，是指下列行为：

（一）总承包单位将建设工程分包给不具备相应资质条件的单位的；

（二）建设工程总承包合同中未有约定，又未经建设单位认可，承包单位将其承包的部分建设工程交由其他单位完成的；

（三）施工总承包单位将建设工程主体结构的施工分包给其他单位的；

（四）分包单位将其承包的建设工程再分包的。

本条例所称转包，是指承包单位承包建设工程后，不履行合同约定的责任和义务，将其承包的全部建设工程转给他人或者将其承包的全部建设工程肢解以后以分包的名义分别转给其他单位承包的行为。

第七十九条 本条例规定的罚款和没收的违法所得，必须全部上缴国库。

第八十条 抢险救灾及其他临时性房屋建筑和农民自建低层住宅的建设活动，不适用本条例。

第八十一条 军事建设工程的管理，按照中央军事委员会的有关规定执行。

第八十二条 本条例自发布之日起施行。

附 刑法有关条款

第一百三十七条 建设单位、设计单位、施工单位、工程监理单位违反国家规定，降低工程质量标准，造成重大安全事故的，对直接责任人员处五年以下有期徒刑或者拘役，并处罚金；后果特别严重的，处五年以上十年以下有期徒刑，并处罚金。

第6单元　实施工程建设强制性标准监督规定

实施工程建设强制性标准监督规定

中华人民共和国建设部令　第81号

《实施工程建设强制性标准监督规定》已于2000年8月21日经第27次部常务会议通过，现予以发布，自发布之日起施行。

部长　俞正声

二○○○年八月二十五日

实施工程建设强制性标准监督规定

第一条　为加强工程建设强制性标准实施的监督工作，保证建设工程质量，保障人民的生命、财产安全，维护社会公共利益，根据《中华人民共和国标准化法》、《中华人民共和国标准化法实施条例》和《建设工程质量管理条例》，制定本规定。

第二条　在中华人民共和国境内从事新建、扩建、改建等工程建设活动，必须执行工程建设强制性标准。

第三条　本规定所称工程建设强制性标准是指直接涉及工程质量、安全、卫生及环境保护等方面的工程建设标准强制性条文。

国家工程建设标准强制性条文由国务院建设行政主管部门会同国务院有关行政主管部门确定。

第四条　国务院建设行政主管部门负责全国实施工程建设强制性标准的监督管理工作。

国务院有关行政主管部门按照国务院的职能分工负责实施工程建设强制性标准的监督管理工作。

县级以上地方人民政府建设行政主管部门负责本行政区域内实施工程建设强制性标准的监督管理工作。

第五条　工程建设中拟采用的新技术、新工艺、新材料，不符合现行强制性标准规定的，应当由拟采用单位提请建设单位组织专题技术论证，报批准标准的建设行政主管部门或者国务院有关主管部门审定。

工程建设中采用国际标准或者国外标准，现行强制性标准未作规定的，建设单位应当向国务院建设行政主管部门或者国务院有关行政主管部门备案。

第六条　建设项目规划审查机构应当对工程建设规划阶段执行强制性标准的情况实施监督。

施工图设计文件审查单位应当对工程建设勘察、设计阶段执行强制性标准的情况实施监督。

建筑安全监督管理机构应当对工程建设施工阶段执行施工安全强制性标准的情况实施监督。

工程质量监督机构应当对工程建设施工、监理、验收等阶段执行强制性标准的情况实施监督。

第七条　建设项目规划审查机关、施工图设计文件审查单位、建筑安全监督管理机构、工程质量监督机构的技术人员必须熟悉、掌握工程建设强制性标准。

第八条　工程建设标准批准部门应当定期对建设项目规划审查机关、施工图设计文件审查单位、建筑安全监督管理机构、工程质量监督机构实施强制性标准的监督进行检查，对监督不力的单位和个人，给予通报批评，建议有关部门处理。

第九条　工程建设标准批准部门应当对工程项目执行强制性标准情况进行监督检查。监督检查可以采取重点检查、抽查和专项检查的方式。

第十条　强制性标准监督检查的内容包括：

（一）有关工程技术人员是否熟悉、掌握强制性标准；

（二）工程项目的规划、勘察、设计、施工、验收等是否符合强制性标准的规定；

（三）工程项目采用的材料、设备是否符合强制性标准的规定；

（四）工程项目的安全、质量是否符合强制性标准的规定；

（五）工程中采用的导则、指南、手册、计算机软件的内容是否符合强制性标准的规定。

第十一条　工程建设标准批准部门应当将强制性标准监督检查结果在一定范围内公告。

第十二条　工程建设强制性标准的解释由工程建设标准批准部门负责。

有关标准具体技术内容的解释，工程建设标准批准部门可以委托该标准的编制管理单位负责。

第十三条　工程技术人员应当参加有关工程建设强制性标准的培训，并可以计入继续教育学时。

第十四条　建设行政主管部门或者有关行政主管部门在处理重大工程事故时，应当有工程建设标准方面的专家参加；工程事故报告应当包括是否符合工程建设强制性标准的意见。

第十五条　任何单位和个人对违反工程建设强制性标准的行为有权向建设行政主管部门或者有关部门检举、控告、投诉。

第十六条　建设单位有下列行为之一的，责令改正，并处以 20 万元以上 50 万元以下的罚款：

（一）明示或者暗示施工单位使用不合格的建筑材料、建筑构配件和设备的；

（二）明示或者暗示设计单位或者施工单位违反工程建设强制性标准，降低工程质量的。

第十七条　勘察、设计单位违反工程建设强制性标准进行勘察、设计的，责令改正，并处以 10 万元以上 30 万元以下的罚款。

有前款行为，造成工程质量事故的，责令停业整顿，降低资质等级；情节严重的，吊销资质证书；造成损失的，依法承担赔偿责任。

第十八条　施工单位违反工程建设强制性标准的，责令改正，处工程合同价款 2% 以上 4% 以下的罚款；造成建设工程质量不符合规定的质量标准的，负责返工、修理，并赔偿因此造成的损失；情节严重的，责令停业整顿，降低资质等级或者吊销资质证书。

第十九条　工程监理单位违反强制性标准规定，将不合格的建设工程以及建筑材料、建筑构配件和设备按照合格签字的，责令改正，处 50 万元以上 100 万元以下的罚款，降低资质等级或者吊销资质证书；有违法所得的，予以没收；造成损失的，承担连带赔偿责任。

第二十条　违反工程建设强制性标准造成工程质量、安全隐患或者工程事故的，按照《建设工程质量管理条例》有关规定，对事故责任单位和责任人进行处罚。

第二十一条　有关责令停业整顿、降低资质等级和吊销资质证书的行政处罚，由颁发资质证书的机关决定；其他行政处罚，由建设行政主管部门或者有关部门依照法定职权决定。

第二十二条　建设行政主管部门和有关行政主管部门工作人员，玩忽职守、滥用职权、徇私舞弊的，给予行政处分；构成犯罪的，依法追究刑事责任。

第二十三条　本规定由国务院建设行政主管部门负责解释。

第二十四条　本规定自发布之日起施行。

第 7 单元　工程建设地方标准化工作管理规定

工程建设地方标准化工作管理规定

建标[2004]20 号

第一章　总则

第一条　为加强工程建设地方标准化工作的管理，促进工程建设地方标准化工作的健康发展，根据《标准化法》、《建筑法》、《标准化法实施条例》、《建设工程质量管理条例》等有关法律、法规，结合工程建设地方标准工作的实际，制定本规定。

第二条　工程建设地方标准化工作的任务是制定工程建设地方标准，组织工程建设国家标准、行业标准和地方标准的实施，并对实施情况进行监督。

第三条　工程建设地方标准化工作应当纳入本行政区域内建设事业发展的规划和计划。

第四条　工程建设地方标准化工作的经费，可以从财政补贴、科研经费、上级拨款、企业资助、标准培训收入等渠道筹措解决。

第二章　管理机构及职责

第五条　省、自治区、直辖市建设行政主管部门负责本行政区域内工程建设标准化工作的管理，并履行以下职责：

一、组织贯彻国家有关工程建设标准化的法律、法规和方针、政策并制定本行政区哉的具体实施办法；

二、制定本行政区域工程建设地方标准化工作的规划、计划；

三、承担工程建设国家标准、行业标准化制订、修订等任务、

四、组织制定本行政区域的工程建设地方标准；

五、在本行政区域组织实施工程建设标准和对工程建设标准的实施工进行监督；

六、负责本行政区域工程建设企业标准的备案。

第三章　工程建设地方标准的制定和管理

第六条　工程建设地方标准在省、自治区、直辖市范围内由省、自治区、直辖市建设行政主管部门统一计划、统一审批、统一发布、统一管理。

第七条　工程建设地方标准项目的确定，应当从本行政区域工程建设的需要出发，并应体现本行政区域的气候、地理、技术等特点。对没有国家标准、行业标准或国家标准、行业标准规定不具体，且需要在本行政区域内作出统一规定的工程建设技术要求，可制定相应的工程建设地方标准。

第八条　制定工程建设地方标准，应当严格遵守国家的有关法律、法规，贯彻执行国家的技术经济政策，密切结合自然条件，合理利用资源，积极采用新技术、新材料、新工艺、新设备，做到技术先进、经济合理、安全适用。

第九条　制定工程建设地方标准应当以实践经验和科学技术发展的综合成果为依据，估到协商一致，共同确认。

第十条　工程建设地方标准不得与国家标准和行业标准相抵触。对与国家标准或行业标准相抵触的工程建设地方标准的规定，应当自行废止。当确有充分依据，且需要对国家标准或行业标准的条文进行修改的，必须经相应标准的批准部门审批。

第十一条　工程建设地方标准中，对直接涉及人民生命财产安全、人体健康、环境保护和公共利益的条文，经国务院建设行政主管部门确定后，可作为强制性条文。

第十二条　工程建设地方标准应报国务院建设行政主管部门备案，未经备案的工程建设地方标准，不得在建设活动中使用。对有强制性条文的工程建设地方标准，应当在批准发布前报国务院建设行政主管部门备案；对没有强制性条文的工程建设地方标准，应当在批准发布后三十日内报国务院建设行政主管部门备案。

第十三条　工程建设地方标准实施工后，应根据科学技术的发展、本行政区域工程建设的需要以及工程建设国家标准、行业标准的制订、修订情况，适时进行复审，复审周期一般不超过五年。对复审后需要修订或局部修订的工程建设地方标准，应当及时进行修订或局部修订。

第十四条　工程建设地方标准的出版发行由省、自治区、直辖市建设行政主管部门负责组织，未经批准发布的，不得以任何形式出版发行。

第十五条　工程建设地方标准属于科技成果。对技术水平高、取得显著经济效益的，应当纳入科学技术奖励范围，予以奖励。

第四章　工程建设标准的实施与监督

第十六条　省、自治区、直辖市建设行政主管部门、有关部门及县级以上建设行政主管部门，应当有计划、有组织地开展对工程建设国家标准、行业标准以及本行政区域工程建设地方标准的实施与监督工作。

第十七条　各级建设行政主管部门的标准化管理机构，应当根据本行政区域的实际需要，适时对工程建设国家标准、行业标准以及本行政区域工程建设地方标准的宣贯和培训，并应符合下列规定：

一、标准的宣贯和培训活动应当在统一组织下进行。　天下房地产法律服务网编辑

二、标准的宣贯和培训可以纳入专业技术人员继续教育计划。

三、标准的宣贯和培训应当确保质量和水平，负责标准宣讲的人员必须是参加相应标准编制的人员或是经培训合格的师资人员。

四、标准的宣贯和培训活动，应当严格执行国家的有关规定。

五、严禁任何单位或个人擅自举办以赢利为目的的各种形式的标准宣贯班、培训班。

第十八条　对工程建设标准实施情况的监督检查，应当结合本行政区域工程建设管理的实际需要进行，并应符合，实施《工程建设强制性标准监督规定》的有关规定。

第十九条　任何单位和人人从事建设活动违反工程建设强制性国家标准、行业标准、本行政区域地方标准，按照〈建设工程质量管理条例〉等有关法律、法规和规章的规定处罚。

第二十条　标准实施情况的监督检查结果，应当及时报上级建设行政主管部门。当发现标准中的某些规定需要进行修改进，应当组织专家进行论证，并及时向标准的批准部门提出意见或建议。未经标准的批准部门同意，严禁擅自对标准中的技术内容进行解释。

第五章　附则

第二十一条　省、自治区、直辖市建设行政主管部六应当根据本规定，结合本行政区域的实际情况，组织制定具体的实施细则。

第二十二条　本规定由建设部标准定额司负责解释。

第二十三条　本规定自 2004 年 2 月 10 日起施行。

第8单元 "采用不符合工程建设强制性标准的新技术、新工艺、新材料核准"行政许可实施细则

建设部关于印发《"采用不符合工程建设强制性标准的新技术、新工艺、新材料核准"行政许可实施细则》的通知

建标[2005]124号

各省、自治区建设厅，直辖市建委，新疆生产建设兵团建设局，国务院有关部门：

为加强对"采用不符合工程建设强制性标准的新技术、新工艺、新材料核准"行政许可（简称"三新核准"）事项的管理，规范建设市场的行为，确保建设工程的质量和安全，促进建设领域的技术进步，我部根据《行政许可法》、《建设工程勘察设计管理条例》、《关于建设部机关直接实施的行政许可事项有关规定和内容的公告》以及《建设部机关实施行政许可工作规程》等有关规定，结合"三新核准"事项的特点，组织制定了《"采用不符合工程建设强制性标准的新技术、新工艺、新材料核准"行政许可实施细则》。现印发给你们，请遵照执行。

中华人民共和国建设部

二〇〇五年七月二十日

"采用不符合工程建设强制性标准的新技术、新工艺、新材料核准"
行政许可实施细则

第一章 总则

第一条 为加强工程建设强制性标准的实施与监督，规范"采用不符合工程建设强制性标准的新技术、新工艺、新材料核准"行政许可事项的管理，根据《行政许可法》、《建设工程勘察设计管理条例》、《关于建设部机关直接实施的行政许可事项有关规定和内容的公告》以及《建设部机关实施行政许可工作规程》等有关法律、法规和规定，制定本实施细则。

第二条 本实施细则适用于"采用不符合工程建设强制性标准的新技术、新工艺、新材料核准"行政许可（以下简称"三新核准"）事项的申请、办理与监督管理。

本实施细则所称"不符合工程建设强制性标准"是指与现行工程建设强制性标准不一致的情况，或直接涉及建设工程质量安全、人身健康、生命财产安全、环境

保护、能源资源节约和合理利用以及其它社会公共利益，且工程建设强制性标准没有规定又没有现行工程建设国家标准、行业标准和地方标准可依的情况。

第三条　在中华人民共和国境内的建设工程，拟采用不符合工程建设强制性标准的新技术、新工艺、新材料时，应当由该工程的建设单位依法取得行政许可，并按照行政许可决定的要求实施。

未取得行政许可的，不得在建设工程中采用。

第四条　国务院建设行政主管部门负责"三新核准"的统一管理，由建设部标准定额司具体办理。

第五条　国务院有关行政主管部门的标准化管理机构出具本行业"三新核准"的审核意见，并对审核意见负责；

省、自治区、直辖市建设行政主管部门出具本行政区域"三新核准"的审核意见，并对审核意见负责。

第六条　法律、法规另有规定的，按照相关的法律、法规的规定执行。

第二章　申请与受理

第七条　申请"三新核准"的事项，应当符合下列条件：

（一）申请事项不符合现行相关的工程建设强制性标准；

（二）申请事项直接涉及建设工程质量安全、人身健康、生命财产安全、环境保护、能源资源节约和合理利用以及其它社会公共利益；

（三）申请事项已通过省级、部级或国家级的鉴定或评估，并经过专题技术论证。

第八条　建设部标准定额司应在指定的办公场所、建设部网站等公布审批"三新核准"的依据、条件、程序、期限、所需提交的全部资料目录以及申请书示范文本等。

第九条　申请"三新核准"时，建设单位应当提交下列材料：

（一）《采用不符合工程建设强制性标准的新技术、新工艺、新材料核准申请书》（见附件一）；

（二）采用不符合工程建设强制性标准的新技术、新工艺、新材料的理由；

（三）工程设计图（或施工图）及相应的技术条件；

（四）省级、部级或国家级的鉴定或评估文件，新材料的产品标准文本和国家认可的检验、检测机构的意见（报告），以及专题技术论证会纪要；

（五）新技术、新工艺、新材料在国内或国外类似工程应用情况的报告或中试（生产）试验研究情况报告；

（六）国务院有关行政主管部门的标准化管理机构或省、自治区、直辖市建设行政主管部门的审核意见。

第十条　《采用不符合工程建设强制性标准的新技术、新工艺、新材料核准申请书》（示范文本）可向国务院有关行政主管部门的标准化管理机构或省、自治区、直辖市建设行政主管部门申领，也可在建设部网站下载。

第十一条　专题技术论证会应当由建设单位提出和组织，在报请国务院有关行政主管部门的标准化管理机构或省、自治区、直辖市建设行政主管部门的标准化管理机构同意后召开。

专题技术论证会应有相应标准的管理机构代表、相关单位的专家或技术人员参加，专家组不得少于　7 人，专家组成员应具备高级技术职称并熟悉相关标准的规定。

专题技术论证会纪要应当包括会议概况、不符合工程建设强制性标准的情况说明、应用的可行性概要分析、结论、专家组成员签字、会议记录。专题技术论证会的结论应当由专家组全体成员认可，一般包括：不同意、同意、同意但需要补充有关材料或同意但需要按照论证会提出的意见进行修改。

第十二条　国务院有关行政主管部门的标准化管理机构或省、自治区、直辖市建设行政主管部门出具审核意见时，应全面审核建设单位提交的专题技术论证会纪要和其他有关材料，必要时可召开专家会议进行复核。审核意见应加盖公章，审核材料应归档。

审核意见应当包括同意或不同意。对不同意的审核意见应当提出相应的理由。

第十三条　建设单位应对申请材料实质内容的真实性负责。主管部门不得要求建设单位提交与其申请的行政许可事项无关的技术材料和其他材料，对建设单位提出的需要保密的材料不得对外公开。任何单位或个人不得擅自修改申报资料，属特殊情况确需修改的应符合有关规定。

第十四条　建设单位向国务院建设行政主管部门提交"三新核准"材料时应同时提交其电子文本。

第十五条　建设部标准定额司统一受理"三新核准"的申请，并应当在收到申请后，根据下列情况分别做出处理：

（一）对依法不需要取得"三新核准"或者不属于核准范围的，申请人隐瞒有关情况或者提供虚假材料的，按照附件二的要求即时制作《建设行政许可不予受理通知书》，发送申请人；

（二）对申请材料存在可以当场更正的错误的，应当允许申请人当场更正；

（三）对属于符合材料申报要求的申请，按照附件三的要求即时制作《建设行政许可申请材料接收凭证》，发送申请人；

（四）对申请材料不齐全或者不符合法定形式的申请，应按照附件四的要求当场或者在五个工作日内制作《建设行政许可补正材料通知书》，发送申请人。逾期不告知的，自收到申请材料之日起即为受理；

（五）对属于本核准职权范围，材料（或补正材料）齐全、符合法定形式的行政许可申请,按照附件五的要求在五个工作日内制作《建设行政许可受理通知书》,发送申请人。

<h2 style="text-align:center">第三章　审查与决定</h2>

第十六条　建设部标准定额司受理申请后,按照建设部行政许可工作的有关规定和评审细则(另行制定)的要求,组织有关专家对申请事项进行审查,提出审查意见。

第十七条　建设部标准定额司对依法需要听证、检验、检测、鉴定、咨询评估、评审的申请事项,应按照附件六的要求制作《建设行政许可特别程序告知书》,告知申请人所需时间,所需时间不计算在许可期限内。

第十八条　建设部标准定额司自受理“三新核准”申请之日起,在二十个工作日内作出行政许可决定。情况复杂,不能在规定期限内作出决定的,经分管部长批准,可以延长十个工作日,并按照附件七的要求制作《建设行政许可延期通知书》,发送申请人,说明延期理由。

第十九条　建设部标准定额司根据审查意见提出处理意见:

(一)对符合法定条件的,按照附件八的要求制作《准予建设行政许可决定书》;

(二)对不符合法定条件的,按照附件九的要求制作《不予建设行政许可决定书》,说明理由,并告知申请人享有依法申请行政复议或者提起行政诉讼的权利。

第二十条　建设部依法作出建设行政许可决定后,建设部标准定额司应当自作出决定之日起十个工作日内将《准予建设行政许可决定书》或《不予建设行政许可决定书》,发送申请人。

第二十一条　对于建设部作出的“三新核准”准予行政许可决定,建设部标准定额司应在建设部网站等媒体予以公告,供公众免费查阅,并将有关资料归档保存。

第二十二条　对于建设部已经作出准予行政许可决定的同一种新技术、新工艺或新材料,需要在其他相同类型工程中采用,且应用条件相似的,可以由建设单位直接向建设部标准定额司提出行政许可申请,并提供本实施细则第九条(一)、(二)、(三)规定的材料和原《准予建设行政许可决定书》,依法办理行政许可。

<h2 style="text-align:center">第四章　听证、变更与延续</h2>

第二十三条　“三新核准”事项需要听证的,应当按照《建设行政许可听证工作规定》(建法[2004]108号)办理。建设部标准定额司应当按照附件十、十一、十二的要求制作《建设行政许可听证告知书》、《建设行政许可听证通知书》、《建设行政许可听证公告》。

第二十四条　被许可人要求变更“三新核准”事项的,应当向建设部标准定额司提出变更申请。变更申请应当阐明变更的理由、依据,并提供相关材料。

第二十五条　当符合下列条件时,建设部标准定额司应当依法办理变更手续。

(一)被许可人的法定名称发生变更的;

（二）行政许可决定所适用的工程名称发生变更的。

第二十六条　被许可人提出变更行政许可事项申请的，建设部标准定额司按规定在二十个工作日内依法办理变更手续。对符合变更条件的应当按照附件十三的要求制作《准予变更建设行政许可决定书》；对不符合变更条件的，应当按照附件十四的要求制作《不予变更建设行政许可决定书》，发送被许可人。

第二十七条　发生下列情形之一时，建设部可依法变更或者撤回已经生效的行政许可，建设部标准定额司应当按照附件十五的要求制作《变更、撤回建设行政许可决定书》，发送被许可人。

（一）建设行政许可所依据的法律、法规、规章修改或者废止；

（二）建设行政许可所依据的客观情况发生重大变化的。

第二十八条　被许可人在行政许可有效期届满三十个工作日前提出延续申请的，建设部标准定额司应当在该行政许可有效期届满前提出是否准予延续的意见，按照附件十六、十七的要求制作《准予延续建设行政许可决定书》或《不予延续建设行政许可决定书》，发送被许可人。逾期未作决定的，视为准予延续。

被许可人在行政许可有效期届满后未提出延续申请的，其所取得的"三新核准"《准予建设行政许可决定书》将不再有效。

第二十九条　被许可人所取得的"三新核准"《准予建设行政许可决定书》在有效期内丢失，可向建设部标准定额司阐明理由，提出补办申请，建设部标准定额司按规定在二十个工作日内依法办理补发手续。

第五章　监督检查

第三十条　建设部标准定额司应按照《建设部机关对被许可人监督检查的规定》，加强对被许可人从事行政许可事项活动情况的监督检查。

第三十一条　国务院有关行政主管部门或各地建设行政主管部门应当对本行业或本行政区域内"三新核准"事项的实施情况进行监督检查。

第三十二条　建设部标准定额司根据利害关系人的请求或者依据职权，可以依法撤销、注销行政许可，按照附件十八的要求制作《撤销建设行政许可决定书》和附件十九的要求制作《注销建设行政许可决定书》发送被许可人。

第三十三条　国务院有关行政主管部门或各地建设行政主管部门对"三新核准"事项进行监督检查，不得收取任何费用。但法律、行政法规另有规定的，依照其规定。

第六章　附　则

第三十四条　本细则由建设部负责解释。

第三十五条　本细则自发布之日起实施

第 9 单元　工程建设标准解释管理办法

住房城乡建设部关于印发《工程建设标准解释管理办法》的通知

建标[2014]65 号

国务院有关部门，各省、自治区住房城乡建设厅，直辖市建委（建交委、规委），新疆生产建设兵团建设局，有关行业协会，有关单位：

为加强工程建设标准解释工作的管理，规范工程建设标准解释工作，根据《标准化法》、《标准化法实施条例》和《实施工程建设强制性标准监督规定》（建设部令第 81 号）等有关规定，我部组织制定了《工程建设标准解释管理办法》，现印发给你们，自印发之日起实施。

住房城乡建设部

2014 年 5 月 5 日

工程建设标准解释管理办法

第一条　为加强工程建设标准实施管理，规范工程建设标准解释工作，根据《标准化法》、《标准化法实施条例》和《实施工程建设强制性标准监督规定》（建设部令第 81 号）等有关规定，制定本办法。

第二条　工程建设标准解释（以下简称标准解释）是指具有标准解释权的部门（单位）按照解释权限和工作程序，对标准规定的依据、涵义以及适用条件等所作的书面说明。

第三条　本办法适用于工程建设国家标准、行业标准和地方标准的解释工作。

第四条　国务院住房城乡建设主管部门负责全国标准解释的管理工作，国务院有关主管部门负责本行业标准解释的管理工作，省级住房城乡建设主管部门负责本行政区域标准解释的管理工作。

第五条　标准解释应按照"谁批准、谁解释"的原则，做到科学、准确、公正、规范。

第六条　标准解释由标准批准部门负责。

对涉及强制性条文的，标准批准部门可指定有关单位出具意见，并做出标准解释。

对涉及标准具体技术内容的，可由标准主编单位或技术依托单位出具解释意见。当申请人对解释意见有异议时，可提请标准批准部门作出标准解释。

第七条 申请标准解释应以书面形式提出，申请人应提供真实身份、姓名和联系方式。

第八条 符合本办法第七条规定的标准解释申请应予受理，但下列情况除外：

（一）不属于标准规定的内容；

（二）执行标准的符合性判定；

（三）尚未发布的标准。

第九条 标准解释申请受理后，应在15个工作日内给予答复。对于情况复杂或需要技术论证，在规定期限内不能答复的，应及时告知申请人延期理由和答复时间。

第十条 标准解释应以标准条文规定为准，不得扩展或延伸标准条文的规定，如有必要可组织专题论证。办理答复前，应听取标准主编单位或主要起草人员的意见和建议。

第十一条 标准解释应加盖负责部门（单位）的公章。

第十二条 标准解释过程中的全部资料和记录，应由负责解释的部门（单位）存档。对申请人提出的问题及答复情况应定期进行分析、整理和汇总。

第十三条 对标准解释中的共性问题及答复内容，经标准批准部门同意，可在相关专业期刊、官方网站上予以公布。

第十四条 标准修订后，原已作出的标准解释不适用于新标准。

第十五条 本办法由住房城乡建设部负责解释。

第十六条 本办法自印发之日起实施。

参 考 文 献

[1] 中华人民共和国住房和城乡建设部. 建筑与市政工程施工现场专业人员职业标准（JGJ/T 250-2011）[S]. 北京：中国建筑工业出版社，2011.

[2] 住房和城乡建设部标准定额司. 工程建设标准编制指南. [M]. 北京：中国建筑工业出版社，2009.

[3] 本书编委会. 建筑施工手册 [M]. 5版. 北京：中国建筑工业出版社，2012.

[4] 标书编委会. 标准员 [M]. 北京：中国建筑工业出版社，2014.

[5] 中华人民共和国住房和城乡建设部. 混凝土结构工程施工规范（GB 50666-2011）[S]. 北京：中国建筑工业出版社，2011.

[6] 本书编委会. 新版建筑工程施工质量验收规范汇编 [M]. 3版. 北京：中国建筑工业出版社，2014.